全国高职高专建筑类专业规划教材

建设工程项目管理

（第2版）

主　编　钟汉华　高秀清
副主编　张海廷　樊松丽
陈　明　李红娟
苟文权
主　审　方　崇　张天俊

黄河水利出版社
·郑州·

内 容 提 要

本书是全国高职高专建筑类专业规划教材，是根据教育部对高职高专教育的教学基本要求及中国水利教育协会职业技术教育分会高等职业教育教学研究会组织制定的建设工程项目管理课程标准编写完成的。本书共分九章，主要内容包括施工项目管理组织机构构建，施工合同管理，质量管理，成本管理，进度管理，职业健康、安全与环境管理，风险管理，资源管理，信息管理等。

本书主要作为高职高专土建类专业的教学用书，也可作为其他相近专业的教学参考书，同时可供职业岗位培训或土建工程技术人员学习参考使用。

图书在版编目(CIP)数据

建设工程项目管理/钟汉华，高秀清主编. —2 版. —郑州：黄河水利出版社，2018.1

全国高职高专建筑类专业规划教材

ISBN 978-7-5509-1890-0

Ⅰ.①建… Ⅱ.①钟… ②高… Ⅲ.①基本建设项目-项目管理-高等职业教育-教材 Ⅳ.①F284

中国版本图书馆 CIP 数据核字(2017)第 282202 号

组稿编辑：王路平　电话：0371-66022212　E-mail：hhslwlp@163.com

出 版 社：黄河水利出版社　　网址：www.yrcp.com

地址：河南省郑州市顺河路黄委会综合楼 14 层　　邮政编码：450003

发行单位：黄河水利出版社

发行部电话：0371-66026940、66020550、66028024、66022620(传真)

E-mail：hhslcbs@126.com

承印单位：郑州龙洋印务有限公司

开本：787 mm×1 092 mm　1/16

印张：18

字数：420 千字　　印数：1—4 100

版次：2010 年 1 月第 1 版　　印次：2018 年 1 月第 1 次印刷

2018 年 1 月第 2 版

定价：42.00 元

第 2 版前言

本书是贯彻落实《国家中长期教育改革和发展规划纲要(2010～2020 年)》、《国务院关于加快发展现代职业教育的决定》(国发〔2014〕19 号)、《现代职业教育体系建设规划(2014～2020 年)》等文件精神，在中国水利教育协会指导下，由中国水利教育协会职业技术教育分会高等职业教育教学研究会组织编写的第二轮建筑类专业规划教材。本套教材力争体现建筑类专业的实际情况，突出现代职业教育理念，以学生能力培养为主线，体现出实用性、实践性、创新性的教材特色，是一套理论联系实际、教学面向生产的高职教育精品规划教材。

本书第 1 版自 2009 年 1 月出版以来，因其层次分明、条理清晰、结构合理、内容全面等特点，受到全国高职高专院校土建类专业师生及广大建筑从业人员的喜爱。随着我国经济建设的发展，新规范、新材料、新技术、新方法不断推广应用；同时，职业教育的发展，也促使课程教学手段、方法不断更新，需要有新体例的教材与之相适应。为此，编者在第 1 版的基础上对原教材内容进行了全面修订和完善。

本教材修订后，具有以下特点：

(1)综合了目前建筑工程项目管理中常用的基本原理、方法和技术，注意与本专业相关课程基本理论和知识的联系，注意现代管理手段和方法在生产中的运用，突出对解决工程实际问题的能力培养，强调对理论与实际相结合的“复合型人才”培养。

(2)以建筑工程施工项目管理岗位的工作任务为导向，编写建设工程项目管理的相关内容，使教材内容实用且符合行业发展的要求，实现“岗、课、证”相融通的目标。

本书编写人员及编写分工如下：湖北水利水电职业技术学院钟汉华编写第一章，北京农业职业学院高秀清编写第二章，河南水利与环境职业学院张海廷编写第三章，河南职业技术学院樊松丽编写第四章，重庆水利电力职业技术学院陈明编写第五章，黄河水利职业技术学院李红娟、贵州工商职业学院苟文权编写第六章，襄阳市住宅经营公司余辉编写第七章，湖北江利水利建筑工程有限公司罗欣编写第八章，汉川市水利建筑工程有限公司刘俊编写第九章。本书由钟汉华、高秀清担任主编，钟汉华负责全书统稿；由张海廷、樊松丽、陈明、李红娟、苟文权担任副主编；由广西水利电力职业技术学院方崇、湖北水利水电职业技术学院张天俊担任主审。

本书在编写中引用了大量的规范、教材、专业文献和资料，恕未在书中一一注明。在此，对有关作者表示诚挚的谢意！

对书中存在的缺点和疏漏，恳请广大读者批评指正。

编　者

2017 年 11 月

目 录

第一章　施工项目管理组织机构构建

第一节　了解建设工程项目管理类型

一、项目与工程项目

(一)项目

项目是指在一定的约束条件下(主要是限定资源、限定时间),具有特定目标的一次性任务。项目可以包括许多内容:可以是建设一项工程,如建造一幢大楼、一座宾馆、一座工厂、一座桥梁;也可以是完成某项科研课题,或研制一项设备。这些都是一个项目,都有一定的时间、质量要求,也都是一次性的任务。

(二)工程项目

工程项目是以"工程"为最终成果的项目,它在项目中是数量最多的一种,这里的工程不是指一般广义的工作或劳动,而是指最终成果是一个"实体"的工作或劳动,即通过特定的工作劳动所建造的某种"工程实体"。工程项目根据其专业特点和实施阶段的不同,可分为不同的类别。建设工程项目主要是从项目实施的全过程角度分析,而全过程建设项目又可称为建设项目。

工程项目的全寿命周期包括项目的决策阶段、实施阶段和使用阶段(或运营阶段)。工程项目的实施阶段包括设计前的准备阶段、设计阶段、施工阶段、动用前准备阶段和保修期,招投标工作分散在设计前的准备阶段、设计阶段和施工阶段中进行,因此可以不单独列出招标投标阶段。工程项目的生命周期如图1-1所示。

1. 决策阶段

工程项目前期策划主要包括如下工作:

(1)项目构思的产生和选择。是对项目机会的寻求、分析和初步选择。

(2)确定项目建设要达到的预期总体目标。针对上层系统的情况和存在的问题、上层组织的战略,以及环境条件,提出通过项目所要达到的主要指标。

(3)项目的定义和总体方案策划。项目的定义是指划定项目的目标系统的构成、范围界限,并对项目的各个目标指标做出说明。根据项目总目标,对项目的总体实施方案进行策划,如工程总的功能定位和各部分的功能分解,总的产品方案,工程总体的建设方案,工程的总布局,项目阶段的划分,总的融资方案,设计、实施、运营方面的组织策略等。

(4)提出项目建议书。项目建议书是对项目总体目标、情况和问题、环境条件、项目定义和总体方案的说明和细化,同时提出可行性研究的各个细节和指标,作为后继的可行性研究、技术设计和计划的依据。它已将目标转变成具体实在的项目任务。

(5)可行性研究,即对实施方案进行全面的技术经济论证,看能否实现目标。

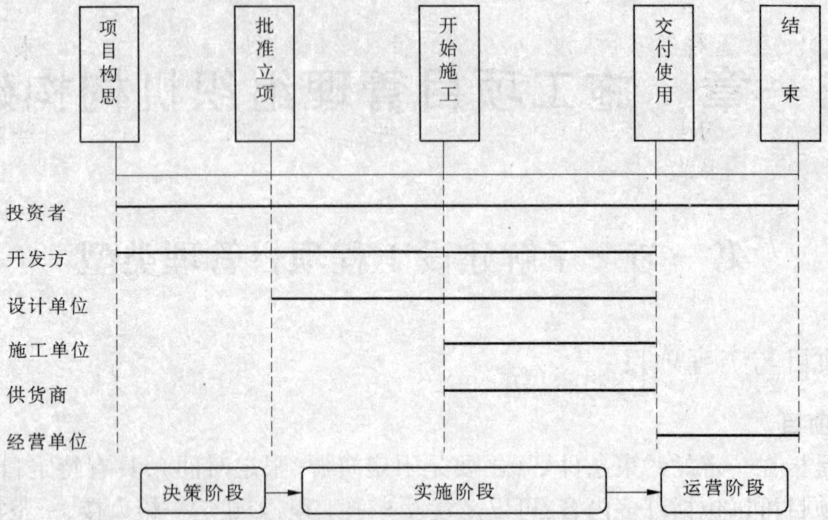

图1-1　工程项目的生命周期

(6)工程项目的评价和决策。在可行性研究的基础上,对工程项目进行财务评价、国民经济评价和环境影响评价。根据可行性研究和评价的结果,由上层组织对工程项目的立项做出最后决策。

可行性研究经过批准,项目即立项,经批准的可行性研究报告就作为工程项目的任务书,作为项目初步设计的依据。

2. 实施阶段

实施阶段包括工程项目的设计和计划过程、施工阶段。

1)工程项目的设计和计划过程

(1)工程项目管理组织筹建。按照我国的情况,在可行性研究报告批准后,项目即立项,就应正式组建工程建设单位,也就是通常意义上的业主,由它负责工程项目的建设管理。尽管有些大型工程项目在可行性研究阶段就有项目管理班子,但由于那时项目尚未立项,经过可行性研究还可能会发现该项目是不可行的,所以那时的项目管理班子还不能算通常意义上的业主。

(2)设计。是对工程的技术系统的定义和说明。通过设计文件,如图纸、规范及模型,对拟建的工程技术系统进行详细的描述。

按照工程规模和复杂程度的不同,工程项目的设计阶段划分会有所不同。对一般的工程项目,设计分为两个阶段:初步设计和施工图设计。对技术比较复杂的工程项目(如工业工程项目),设计分为三个阶段:初步设计、技术设计、施工图设计。

(3)计划。是对工程建设和运营的实施方法、过程、费用(投资、资金)、时间(进度)、采购和供应、组织做详细的安排,以保证项目目标的实现。

在项目立项后应做项目计划。随着设计的不断深入,计划也在同步地细化,即每一步设计,都有相应的计划。例如,初步设计后应做工程项目总概算,技术设计后应做修正总概算,施工图设计后应做施工图预算。同样,实施方案、进度计划、组织结构也在不断细化。

(4)工程招标。是通过招标委托工程项目范围内的设计、施工、供应、项目管理(咨询、监理)等任务,选择这些项目任务的承担者。对这些项目任务的承担者来说,就是通过投标承接项目任务。

根据招标对象的不同,有些招标工作会延伸到工程的施工过程中,如有些装饰工程、部分材料和设备的采购等。

(5)各种审批手续的完成。在工程项目设计和计划阶段有许多审批手续,它们是项目行政性管理工作的一部分。有些必须经过政府部门的审批,如用地许可的审批、工程建设规划的批准、施工许可的批准等;有些必须由投资者、工程项目的上层组织审批,如每一步设计成果的审批、实施计划的审批、设计和实施计划重大修改的审批等。

(6)现场准备。包括征地、拆迁、场地的平整、现场施工用水电气、通信等条件的准备等。

2)工程项目的施工阶段

在这个阶段,工程施工单位、供应商、项目管理(咨询、监理)公司及设计单位按照合同规定完成各自的工程任务,并通力合作,按照实施计划将项目的设计经施工一步步形成符合要求的工程。这个阶段是项目管理最为活跃的阶段,资源的投入量最大,管理的难度也最大、最复杂。

当工程按照项目任务书,或设计文件,或合同完成规定的全部内容后,即可以组织竣工检验和移交。如果工程项目由多个承包商承包,则每个承包商所承包的工程都有竣工检验和移交的过程。整个工程都经过竣工检验,则标志着整个施工任务(阶段)结束。

在施工结束和试运营前应有工程项目的运营准备工作。

有些属于工程施工阶段的工作任务或竣工工作会持续到项目的结束阶段。

3.运营阶段

(1)工程移交运营单位,进入运营(生产或使用)阶段。移交过程有各种手续和仪式,对工业工程项目,在此之前,业主、施工单位、设计单位、供应单位要共同进行试生产(试车)。

(2)工程项目竣工后的工作,包括工程竣工决算、竣工资料的总结、交付、存档等工作。

(3)工程的保修(缺陷通知期)和回访。在运营的初期,施工阶段任务承担者(如设计、施工、供应、项目管理单位)和业主按照项目任务书或合同还要继续承担因建设问题产生的缺陷责任,包括维护、维修、整改、进一步完善等。他们还要对工程做回访,了解工程的运营情况、质量和用户的意见等。

(4)工程项目的后评价。指对已投入运营的项目的目标、实施过程、运营效益、作用、影响进行系统客观的总结、分析和评价。

(5)运营过程中的维护管理,还可能包括对本工程的扩建、更新改造、资本的运作管理等。本项工作原来不作为工程项目生命期的一部分,但现在运营和维护管理已作为工程项目管理的延伸,无论是业主还是承包商都十分注重这项工作。

以上工程项目建设过程中,主要工作内容及其先后顺序见图 1-2,此为工程项目建设程序。

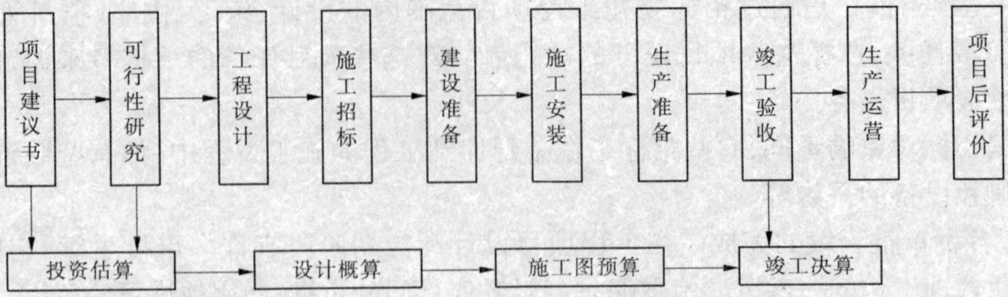

图 1-2　工程项目建设程序

建设工程项目是指按一个总体规划或初步设计进行施工的一个或几个单项工程的总体。建设项目的组成部分单项工程有独立的设计文件，竣工后能够独立发挥生产能力或使用效益，由若干单位工程组成。如×××机械厂中的某一个车间，建成后就可以独立发挥其生产能力。民用建设项目×××学院中的图书楼、教学楼等，都是能够发挥其使用功能的单项工程。单项工程的组成部分单位工程是指具有单独设计文件，可以独立组织施工，但竣工后不能独立发挥生产能力或使用效益的工程。一个工程项目，按照它的构成可分为建筑工程和安装工程等单位工程。单位工程可以进一步分解为分部工程，分部工程可更细致地分解为分项工程，但分部工程和分项工程均不具备项目的特征。

二、建设工程项目管理类型

一个工程项目往往由许多参与单位承担不同的任务，而各参与单位的工作性质、工作任务和利益不同，因此就形成了不同类型的项目管理，并且也都有自己相应的项目管理组织。例如，在同一个工程项目中业主有项目经理、项目经理部，项目管理公司（监理公司）也有项目经理和项目经理部，承包商也有项目经理和项目经理部，设计单位、供应商甚至分包商都可能有类似的组织。由于他们各自在项目中的角色不同，各方“项目管理”的内容、范围和侧重点有一定的区别，所以在一个工程项目中，“项目管理”是分角度和层次的，形成项目管理系统。

（一）工程项目管理的类型

根据工程项目不同参与方的工作性质和组织特征划分，工程项目管理可分为如下类型：

（1）业主方的项目管理。

（2）设计方的项目管理。

（3）施工方的项目管理。

（4）供货方的项目管理。

（5）建设项目总承包方的项目管理。

投资方、开发方和由咨询公司提供的代表业主方利益的项目管理服务都属于业主方的项目管理。施工总承包方和分包方的项目管理都属于施工方的项目管理。材料和设备供应方的项目管理都属于供货方的项目管理。工程项目总承包有多种形式，如设计和施工任务综合的承包，设计、采购和施工任务综合的承包（简称 EPC 承包）等，它们的项目管理都属于建设项目总承包方的项目管理。

其中,由于业主方是建设工程项目生产过程的总组织者,因此对于一个建设工程项目而言,虽然有代表不同利益方的项目管理,但是业主方的项目管理是管理的核心。

(二)工程项目管理的目标和任务

1.业主方项目管理的目标和任务

1)目标

业主方项目管理的目标包括项目的投资目标、进度目标和质量目标。其中,投资目标指的是项目的总投资目标。进度目标指的是项目动用的时间目标,即项目交付使用的时间目标。质量目标不仅涉及施工的质量,还包括设计质量、材料质量、设备质量和影响项目运行或运营的环境质量等。质量目标包括满足相应的技术规范和技术标准的规定,以及满足业主方相应的质量要求。

2)任务

业主方的项目管理工作涉及项目实施阶段的全过程,即设计前的准备阶段、设计阶段、施工阶段、动用前准备阶段和保修期共5个阶段,分别进行以下7个方面的管理:

(1)安全管理。

(2)投资控制。

(3)进度控制。

(4)质量控制。

(5)合同管理。

(6)信息管理。

(7)组织与协调。

这7个方面5个阶段的管理构成业主方35个分块项目管理的任务。其中,安全管理是项目管理中最重要的任务,因为安全管理关系到人身的健康与安全,而投资控制、进度控制、质量控制和合同管理等则主要涉及物质利益。

2.设计方项目管理的目标和任务

1)目标

设计方作为项目建设的一个参与方,其项目管理主要服务于项目的整体利益和设计方本身的利益。其项目管理的目标包括设计方的成本目标、设计的进度目标和设计的质量目标以及项目的投资目标。

2)任务

设计方的项目管理工作主要在设计阶段进行,但它也涉及设计前的准备阶段、施工阶段、动用前准备阶段和保修期。

设计方项目管理的任务包括:

(1)与设计工作有关的安全管理。

(2)设计成本控制和与设计工作有关的工程造价控制。

(3)设计进度控制。

(4)设计质量控制。

(5)设计合同管理。

(6)设计信息管理。

(7)与设计工作有关的组织和协调。

3.建设项目总承包方项目管理的目标和任务

1)目标

建设项目总承包方作为项目建设的一个重要参与方，其项目管理主要服务于项目的整体利益和建设项目总承包方本身的利益。其项目管理的目标包括项目的安全管理目标、项目的总投资目标和总承包方的成本目标、项目的进度目标和项目的质量目标。

2)任务

建设项目总承包方项目管理工作涉及项目实施阶段的全过程，即设计前的准备阶段、设计阶段、施工阶段、动用前准备阶段和保修期。

建设项目总承包方项目管理的任务包括：

(1)安全管理。

(2)投资控制和总承包方的成本控制。

(3)进度控制。

(4)质量控制。

(5)合同管理。

(6)信息管理。

(7)与建设项目总承包方有关的组织和协调。

4.施工方项目管理的目标和任务

1)目标

施工方作为项目建设的一个重要参与方，其项目管理主要服务于项目的整体利益和施工方本身的利益。其项目管理的目标包括施工的成本目标、施工的进度目标和施工的质量目标。

2)任务

施工方的项目管理工作主要在施工阶段进行，但它也涉及设计准备阶段、设计阶段、动用前准备阶段和保修期。在工程实践中，设计阶段和施工阶段往往是交叉的，因此施工方的项目管理工作也涉及设计阶段。在动用前准备阶段和保修期施工合同还未终止，在此期间，还有可能出现涉及工程安全、费用、质量、合同和信息等方面的问题，因此施工方的项目管理也涉及动用前准备阶段和保修期。

施工方项目管理的任务包括：

(1)施工安全管理。

(2)施工成本控制。

(3)施工进度控制。

(4)施工质量控制。

(5)施工合同管理。

(6)施工信息管理。

(7)与施工有关的组织与协调。

5. 供货方项目管理的目标和任务

1）目标

供货方作为项目建设的一个参与方，其项目管理主要服务于项目的整体利益和供货方本身的利益。其项目管理的目标包括供货方的成本目标、供货的进度目标和供货的质量目标。

2）任务

供货方的项目管理工作主要在施工阶段进行，但它也涉及设计准备阶段、设计阶段、动用前准备阶段和保修期。

供货方项目管理的任务包括：

（1）供货的安全管理。

（2）供货方的成本控制。

（3）供货的进度控制。

（4）供货的质量控制。

（5）供货合同管理。

（6）供货信息管理。

（7）与供货有关的组织与协调。

三、施工项目管理工作内容

施工项目管理是施工企业对施工项目进行有效地掌握控制，主要具有如下特征：

（1）施工项目管理者是建筑施工企业，他们对施工项目全权负责。

（2）施工项目管理的对象是施工项目，具有时间控制性，也就是施工项目有运作周期（投标—竣工验收）。

（3）施工项目管理的内容是按阶段变化的。根据建设阶段及要求的变化，管理的内容有很大差异。

（4）施工项目管理要求强化组织协调工作，主要是强化项目管理班子，优选项目经理，科学地组织施工并运用现代化的管理方法。

（一）建立施工项目管理组织

（1）由企业采用适当的方式选聘称职的施工项目经理。

（2）根据施工项目组织原则，选用适当的组织形式，组建施工项目管理机构，明确责任、权利和义务。

（3）在遵守企业规章制度的前提下，根据施工项目管理的需要，制定施工项目管理制度。

（二）编制施工项目管理规划

施工项目管理规划是对施工项目管理目标、组织、内容、方法、步骤、重点进行预测和决策，做出具体安排的纲领性文件。施工项目管理规划的内容主要有：

（1）进行工程项目分解，形成施工对象分解体系，以便确定阶段控制目标，从局部到整体地进行施工活动和进行施工项目管理。

（2）建立施工项目管理工作体系，绘制施工项目管理工作体系图和施工项目管理工作信息流程图。

(3)编制施工管理规划,确定管理点,形成施工组织设计文件,以利于执行。

(三)进行施工项目的目标控制

施工项目的目标有阶段性目标和最终目标。实现各项目标是施工项目管理的目的所在。因此,应当坚持以控制论理论为指导,进行全过程的科学控制。施工项目的控制目标包括进度控制目标、质量控制目标、成本控制目标、安全控制目标和施工现场控制目标。

在施工项目目标控制的过程中,会不断受到各种客观因素的干扰,各种风险因素随时可能发生,故应通过组织协调和风险管理,对施工项目目标进行动态控制。

(四)对施工项目的生产要素进行优化配置和动态管理

施工项目的生产要素是施工项目目标得以实现的保证,主要包括劳动力资源、材料、设备、资金和技术(即5M)。生产要素管理的内容包括:

(1)分析各项生产要素的特点。

(2)按照一定的原则、方法对施工项目生产要素进行优化配置,并对配置状况进行评价。

(3)对施工项目各项生产要素进行动态管理。

(五)施工项目的合同管理

由于施工项目管理是在市场条件下进行的特殊交易活动的管理,这种交易活动从投标开始,持续于项目实施的全过程,因此必须依法签订合同。合同管理的好坏直接关系到项目管理及工程施工技术经济效果和目标的实现,因此要严格执行合同条款约定,进行履约经营,保证工程项目顺利进行。合同管理势必涉及国内和国际上有关法规和合同文本、合同条件,在合同管理中应予高度重视。为了取得经济效益,还必须注意搞好索赔,讲究方法和技巧,提供充分的证据。

(六)施工项目的信息管理

项目信息管理旨在适应项目管理的需要,为预测未来和正确决策提供依据,提高管理水平。项目经理部应建立项目信息管理系统,优化信息结构,实现项目管理信息化。项目信息包括项目经理部在项目管理过程中形成的各种数据、表格、图纸、文字、音像资料等。项目经理部应负责收集、整理、管理本项目范围内的信息。项目信息收集应随工程的进展进行,保证真实、准确。

施工项目管理是一项复杂的现代化的管理活动,要依靠大量信息及对大量信息的管理。进行施工项目管理和施工项目目标控制、动态管理,必须依靠计算机项目信息管理系统,获得项目管理所需要的大量信息,并使信息资源共享。另外,要注意信息的收集与储存,使本项目的经验和教训得到记录和保留,为以后的项目管理提供必要的资料。

(七)组织协调

组织协调是指以一定的组织形式、手段和方法,对项目管理中产生的关系不畅进行疏通,对产生的干扰和障碍给予排除的活动。

(1)协调要依托一定的组织、形式和手段。

(2)协调要有处理突发事件的机制和应变能力。

(3)协调要为控制服务,协调与控制的目的,都是保证目标实现。

（八）施工现场的管理

应认真搞好施工现场管理，做到文明施工、安全有序、整洁卫生、不扰民、不损害公众利益。施工现场管理是承包人和分包人共同的责任。承包人项目经理部负责施工现场场容文明形象管理的总体策划和部署；各分包人在承包人项目经理部的指导和协调下，按照分区划块原则，搞好分包人施工用地区域的场容文明形象管理规划，严格执行，并纳入承包人的现场管理范畴，接受监督、管理与协调。施工现场场容规范化建立在施工平面图设计的科学合理化和物料器具定位管理标准化的基础上。根据承包人企业的管理水平，建立健全施工平面图管理和现场物料器具管理标准，为项目经理部提供场容管理策划的依据。由项目经理部结合施工条件，按照施工方案和施工进度计划的要求，认真进行施工平面图的规划、设计、布置、使用和管理。

第二节　项目经理部的建立

一、建立施工项目经理部的基本原则

（1）根据所设计的项目组织形式设置经理部。不同的组织形式对项目经理部的管理力量和管理职责提出了不同的要求，同时也提供了不同的管理环境。

（2）根据工程项目的规模、复杂程度和专业特点设置项目经理部。规模大小不同，职能部门的设置也不同。

（3）项目经理部是一个具有弹性的、一次性的施工管理组织，可以随工程任务的变化而调整。在工程项目施工开始前建立，在工程竣工交付使用后，项目管理任务全面完成，项目经理部解体。

二、施工项目管理的组织结构模式

组织结构模式反映了一个组织系统中各子系统之间或各元素之间的指令关系。常用的组织结构模式包括职能式、直线性和矩阵式等。这几种常用的组织结构模式既可以在企业管理中运用，也可在建设项目管理中运用。

（一）职能式项目组织

职能式特别强调职能的专业分工，因此组织系统是以职能为划分部门的基础，把管理的职能授权给不同的管理部门。在职能组织结构中，每一个职能部门可根据它的管理职能对其直接和非直接的下属工作部门下达工作指令，如图 1-3 所示。

1. 职能式项目组织形式的优点

（1）由于按职能划分部门，因此各职能部门的工作具有很强的针对性，可以最大限度地发挥人员的专业才能。

（2）如果各职能部门能做好互相协作的工作，对整个项目的完成会起到事半功倍的效果。

2. 职能式项目组织形式的缺点

（1）项目部可能会接到来自不同职能部门的互相矛盾的指令。不同职能部门之间有

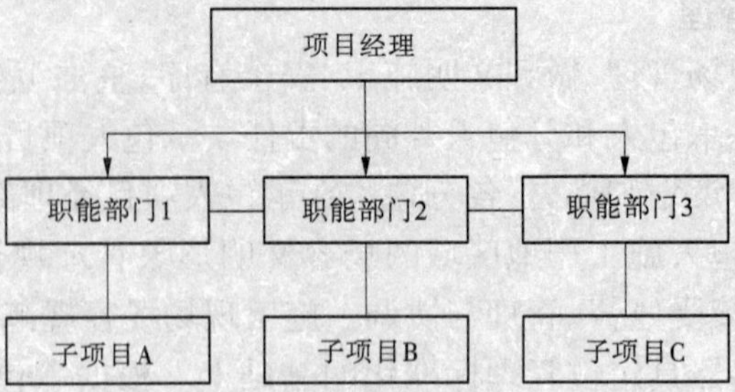

图1-3　职能式项目组织形式示意图

意见分歧、难以统一时，互相协调存在一定的困难。

(2)职能部门直接对项目部下达工作指令，项目经理对工程项目的控制能力在一定程度上被弱化了。

(3)项目信息传递途径不畅。

(二)直线式项目组织

直线式来自于军事组织系统，在直线式组织结构中，每一个工作部门只能对其直接的下属部门下达工作指令，每一个工作部门也只有一个直接的上级部门，其特点是权力系统自上而下形成直线控制，权责分明，如图1-4所示。

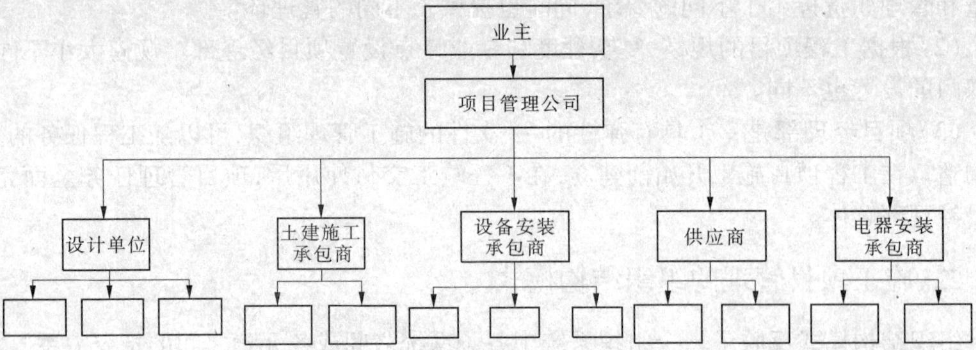

图1-4　直线式项目组织形式示意图

在国际上，直线式组织结构模式是建设项目管理组织系统的一种常用模式，因为一个建设项目的参与单位很多，在项目实施过程中矛盾的指令会给工程项目目标的实现造成很大的影响，而直线式组织结构模式可确保工作指令的唯一性。但在一个较大的组织系统中，由于直线式组织结构模式的指令路径过长，有可能会造成组织系统在一定程度上运行的困难。

通常中小型工程项目都采用直线式组织形式。这种组织结构形式与项目的结构分解图有较好的对应性。

1. 直线式项目组织的优点

(1)保证单头领导，每个组织单元仅向一个上级负责，一个上级对下级直接行使管理和监督的权力，一般不能越级下达指令。项目参加者的工作任务、责任、权力明确，指令唯一，这样可以减少扯皮和纠纷，协调方便。

(2)具有独立的项目组织的优点。特别是项目经理能直接控制资源，向客户负责。

(3)信息流通快,决策迅速,项目容易控制。

(4)项目任务分配明确,责权利关系清楚。

(5)组织结构形式与项目结构分解图式基本一致,这使得目标分解和责任落实比较容易,不会遗漏项目工作,组织障碍较小,协调费用低。

2. 直线式项目组织的缺点

(1)当项目比较多、比较大时,每个项目对应一个组织,使资源不能得到合理使用。

(2)项目经理责任较大,一切决策信息都集中于项目经理处,这要求他能力强、知识全面、经验丰富,否则决策较难、较慢,容易出错。

(3)由于权力争执会使单位之间合作困难,不能保证项目参与单位之间信息流通的速度和质量。

(4)在直线式组织中,如果专业化分工太细,会造成多级分包,进而造成组织层次的增加。

(5)企业的各项目间缺乏信息交流,项目之间的协调、企业的计划和控制比较困难。

(三)矩阵式项目组织

矩阵式组织结构是一种较新型的组织结构模式。它把职能原则和项目对象原则结合起来建立工程项目管理组织机构,使其既能发挥职能部门的纵向优势,又能发挥项目组织的横向优势。

在矩阵式组织结构中最高指挥者(部门)下设纵向和横向两种不同类型的工作部门。一个大型建设项目如采用矩阵式组织结构模式,则纵向工作部门可以是投资控制、进度控制、质量控制、合同管理、信息管理、人事管理、财务管理和物资管理等部门,而横向工作部门可以是各子项目的项目管理部,如图 1-5 所示。矩阵式组织结构是现代大型工程管理中广泛采用的一种组织形式。

在矩阵式组织结构中,每一项纵向和横向交会的工作,指令来自于纵向和横向两个工作部门,因此其指令源为两个。当纵向和横向工作部门的指令发生矛盾时,由该组织系统的最高指挥者(部门)进行协调或决策。

在矩阵式组织结构中为避免纵向和横向工作部门指令矛盾对工作的影响,可以采用以纵向工作部门指令为主,或以横向工作部门指令为主,这样也可减轻该组织系统的最高指挥者(部门)的协调工作量。

1. 矩阵式项目组织的优点

(1)解决了传统模式中企业组织和项目组织相互矛盾的状况,把职能原则与对象原则融为一体,取得了企业长期例行性管理和项目一次性管理的一致性。

(2)能以尽可能少的人力,实现多个项目管理,效率高。通过职能部门的协调,一些项目上的闲置人才可以及时转移到需要这些人才的项目上去,防止人才短缺,项目组织因此具有弹性和应变力。

(3)有利于人才的全面培养。可以使不同知识背景的人在合作中取长补短,在实践中拓宽知识面;发挥纵向的专业优势,可以使人才成长有深厚的专业培训基础。

2. 矩阵式项目组织的缺点

(1)由于人员来自职能部门,且仍受职能部门控制,故凝聚在项目上的力量减弱,往

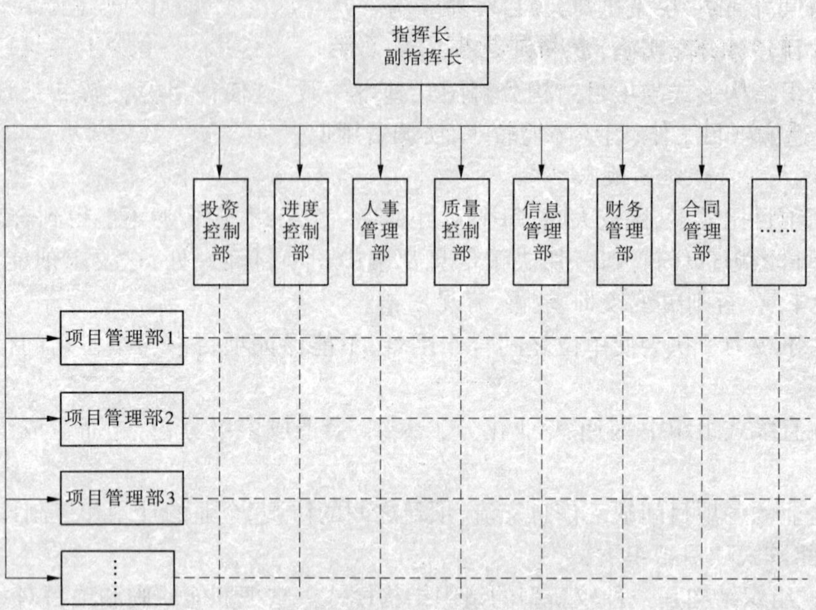

图 1-5　大型建设项目矩阵式组织形式示意图

往使项目组织的作用受到影响。

（2）项目组织中的成员既要接受项目经理的领导，又要接受企业中原职能部门的领导。在这种情况下，如果领导双方意见和目标不一致，乃至有矛盾时，当事人便无所适从。要防止产生这一问题，必须加强项目经理和部门负责人之间的沟通，还要有严格的规章制度和详细的计划，使工作人员尽可能明确在不同时间内应当干什么工作。

（3）由于矩阵式组织的复杂性和结合部多，信息沟通量膨胀和沟通渠道复杂化，致使信息梗阻和失真。因此，对企业管理水平、项目管理水平、领导者的素质、组织机构的办事效率、信息沟通渠道的畅通，均有较高要求，要精于组织，分层授权，疏通渠道，理顺关系。

三、施工项目经理部的部门设置和人员配置

施工项目经理部的部门和人员设置应满足施工全过程项目管理的需要，既要尽量地减小其规模，又要保证能够高效率运转，所确定的各层次的管理跨度要科学合理。

一般情况下，项目经理部下设的部门应包括：

（1）经营核算部门：主要负责预算、合同、索赔、资金收支、成本核算、劳动配置及劳动分配等工作。

（2）工程技术部门：主要负责生产调度、文明施工、技术管理、施工组织设计、计划统计等工作。

（3）物资设备部门：主要负责材料的询价、采购、计划供应、管理、运输、工具管理、机械设备的租赁配套使用等工作。

（4）监控管理部门：主要负责工作质量、安全管理、消防保卫、环境保护等工作。

（5）测试计量部门：主要负责计量、测量、试验等工作。

施工项目经理部的人员配置可根据具体工程项目情况而定，除设置经理、副经理外，

还要设置总工程师、总经济师和总会计师以及按职能部门配置的其他专业人员。技术业务管理人员的数量根据工程项目的规模大小而定，一般情况下不少于现场施工人员的5%。

【案例1-1】 如某工程项目经理部的构成：项目经理部决策领导层由项目经理、项目副经理和项目总工组成。项目经理部设质检科、工程科、财务科、机械科、办公室、安保科，组成现场控制的管理层。

1. 现场施工组织机构设置

现场施工组织机构设置如图1-6所示。

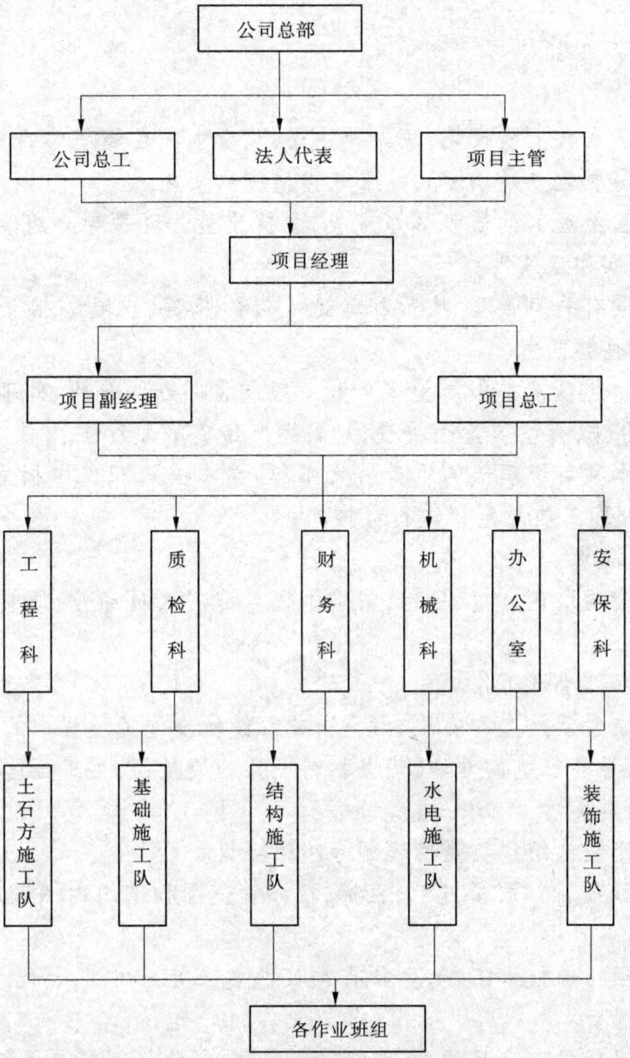

图1-6 现场施工组织机构设置

2. 组织机构的人员配备

项目经理部配备以下人员：

项目经理1人；

项目副经理1人；

项目技术负责人1人；

工程科科长1人、施工员7人；

质检科科长1人、质检员2人；

财务科科长1人、出纳员1人、预算员1人；

机械科科长1人、机械师2人；

办公室主任1人、材料员1人、办事员1人；

安保科科长1人、安全员1人；

技工38人。

3. 主要管理人员职责

1）项目经理职责

（1）组织贯彻国家和上级政策、法规和法令，负责本项目经理部的全面工作。

（2）执行本公司质量方针、目标，并采取措施贯彻实施。

（3）推动本项目经理部的质量体系建设，主持质量管理领导小组会议及管理评审，保证质量体系的适宜性和连续性。

（4）规定与质量有关的管理，执行和验证人员的职责、权限和相互关系，对质量体系各部门人员有权调整和任免。

（5）主持本项目经理部一般质量事故和一般质量问题的分析、处理，领导质量改进工作，审批重大奖惩办法，行使质量否决权，对最终产品负第一责任。

（6）负责领导本项目经理部的质量教育工作，在本公司职工中树立"质量第一"的思想，对本项目部干部职工质量意识进行考核。

2）项目副经理职责

（1）贯彻执行公司质量方针、目标，明确本项目部门人员岗位、质量职责，保证质量体系在本项目部的有效运行。

（2）负责本项目部生产工作。

（3）组织开展质量大检查和安全大检查，并督促检查施工过程中的各种施工记录。

（4）搞好材料、设备系统的管理，确保材料设备的质量，满足工程施工、生产的需要。

3）项目总工职责

（1）协助项目经理部组织质量管理领导小组会议。

（2）贯彻执行本项目部质量方针、目标，在分管范围和部门内保证质量体系的有效运行。

（3）负责领导项目部技术工作，主持贯彻实施施工生产中重大技术质量问题会议并做出决定。

（4）参加本项目部竣工产品的内部竣工验收，对本项目部的工程产品质量负技术责任。

（5）主持本项目部质量事故分析，提出处理意见。

（6）组织领导新技术、新工艺、新材料、新机具在本项目部的推广应用。

（7）提出质量奖惩建议。

4)质检科科长职责

(1)负责项目经理部工程质量及安全生产监督检查。在主管生产副经理及总工程师领导下,把好质量、安全关。有权制止违章作业,并要求做出整改。

(2)组织质量、安全大检查。组织质量和安全事故分析、鉴定,提出处理意见。

(3)组织竣工工程的初验;督促检查工程竣工质量资料的收集整理。

(4)负责贯彻并组织实施项目经理部颁发的有关安全生产、劳动保护的法规,做好劳动防护工作。

(5)组织对不合格品的分级评审,建立不合格评审记录,跟踪验证合格品处置结果。

5)工程科科长

(1)在主管生产副经理及总工程师领导下,负责施工准备,施工组织和施工过程中的工序质量控制。

(2)负责工程施工的组织协调。包括指导和协助组建项目经理部,施工的技术及现场准备,安排和协调工程进度,资源的平衡调度及现场准备,以及分承包方的管理等。

(3)督促检查施工过程中的各种记录,保证工程的可追溯性,以及施工过程中纠正和预防措施的制定、实施和验证。

(4)负责组织标准化文明工地的申报、创建和检查。

(5)负责检查施工中特殊过程及关键过程的控制,组织工艺评定。

(6)督促检查工程成品保护,组织工程交工验收,参加回访和交工后的服务。

(7)在施工组织和工序质量控制中组织推广应用统计技术。

(8)负责组织领导检验、测量和试验设备的周期校正,保证其精度和量值传递的准确。

(9)负责领导中心实验室工作。

6)财务科科长

(1)贯彻执行公司质量方针目标,明确部门人员的岗位质量职责,保证质量体系在本部门有效运行。

(2)开展质量成本管理工作,控制和减少返工、返修、赔偿等质量损失费用。

(3)参与标书和合同的评审及合同纠纷的处理,做好项目经费管理及所属单位的财务监督,为实施质量保证提供资金,组织实施成本管理。

(4)会同有关部门制订奖励办法,加强基础工作,推动质量活动的开展。

(5)对资金的合理使用提出调整、调配意见。

(6)对质量实施成本控制,有权调查公司各单位的质量损失。

(7)按规定要求公司各单位提供有关财务资料及报表,对管理不善、给企业造成损失的责任人提出处理意见。

四、施工项目经理部的运作

成立施工项目经理部,建立有效的管理组织是项目经理的首要职责,它是一个持续的过程,需要有较高的领导技巧。项目经理部应该结构健全,包括项目管理的所有工作。在建立各个管理部门时,要选择适当的人员,形成一个能力和专业知识相互配合、相互补充的统一的工作群体。项目经理部要保持最小规模，最大可能地使用现有部门中的职能人员。项目经理的目标是把所有成员的思想和力量集中起来，形成一个统一整体，使各成员为了一个共同的项目目标而努力。

项目经理要明确经理部中的人员安排，宣布对成员的授权，指出各个成员的职权使用范围和应注意的问题。例如对每个成员的职责及相互间的活动进行明确定义和分工，使大家知道各自的岗位有什么责任，该做什么，如何做，需要什么条件，达到什么效果等项目经理要制定或宣布项目管理规范、各种管理活动的优先级关系，部门间相互沟通的渠道。

项目目标和各项工作明确后，人员开始执行分配到的任务，逐步推进工作。项目经理要与成员们一起参与解决问题，共同做出决策。要能接受和容忍成员的不满和抱怨，积极解决矛盾，不能通过压制手段来使矛盾自行解决。项目经理应创造并保持一种有利的工作环境，激励人们朝预定的目标共同努力，鼓励每个人都把工作做得更出色。

项目经理应当采取参与、指导和顾问式的领导方式，而不能采取等级制的、独断的和指令式的管理方式。项目经理分解工作目标、提出要求和限制、制定规则，由组织成员自己决定怎样完成任务。随着项目工作的深入，各方应互相信任，进行很好的沟通和公开的交流，形成和谐的相互依赖关系。

第三节　项目经理与建造师的确定

项目经理在工程施工的过程中起着重要作用，是施工项目实施过程中所有工作的总负责人，在工程建设过程中起着协调各方面关系、沟通技术、信息等方面的纽带作用，在工程施工的全过程中处于十分重要的地位。

一、项目经理的职责

施工项目经理在承担工程项目施工管理过程中，应履行以下职责：

（1）贯彻执行国家和工程所在地政府有关工程建设和建筑管理的法律、法规和政策，执行企业的各项管理制度，维护企业整体利益和经济权益。

（2）严格财经制度，加强财务管理，积极组织工程款回收，正确处理国家、企业和项目及其单位个人的利益关系。

（3）组织制定项目经理部各类管理人员的职责和权限、各项管理规章制度，并认真贯彻执行。

（4）组织编制施工管理规划及目标实施措施，编制施工组织设计并组织实施。

（5）科学地组织施工和加强各项管理，并做好建设单位、监理和各分包单位之间的协调工作，及时解决施工中出现的问题。

（6）执行经济责任书中由项目经理负责履行的各项条款。

（7）对工程项目施工进行有效控制，执行有关技术规范和标准，积极推广应用新技术、新工艺、新材料和项目管理软件集成系统，确保工程质量和工期，实现安全、文明生产，努力提高经济效益。

二、现代工程项目对项目经理的要求

项目经理部是项目组织的核心，而项目经理领导着项目经理部工作，所以项目经理居于工程项目的核心地位，他对整个项目经理部以及对整个项目起着举足轻重的作用。现代工程项目对项目经理的要求越来越高，人们对项目经理的知识结构、工作能力和个人素质也提出了更高的要求。

（一）项目经理的素质要求

对于专职的项目经理，他不仅应具备一般领导者的素质条件，还应当符合项目管理的特殊要求。

（1）项目经理必须具有良好的职业道德。他要有相当的敬业精神，对工作积极、热情，勇于挑战，勇于承担责任，努力完成自己的职责。不能因为管理工作的效果无法定量评价而怠于自己的工作职责。

（2）项目经理应具有创新精神和不断开拓发展的进取精神。由于每个工程项目都是一次性的，都有自己的特点，管理工作也不是一成不变的，这就要求项目经理不能墨守成规，要不断开拓创新，勇于承担责任和风险做出决策，并努力追求更高目标，确保工作的完成。

（3）项目经理要讲究信用，为人诚实可靠。他要有敢于承担错误的勇气，为人正直，办事公平、公正，实事求是。他不能因为受到业主的误解或批评而放弃自己的职责，项目经理应以项目的总目标和整体利益为出发点开展工作。

（4）项目经理要忠于职守，任劳任怨。在实际工作中，项目管理工作很少能够使各方面都满意，甚至可能都不满意，都不能理解，有时还会出力不讨好。所以，项目经理不仅要化解矛盾，而且要使大家理解自己，同时还要经得住批评指责，有一定的胸怀和容忍性。

（5）项目经理要具有很高的社会责任感和道德观念，具有高瞻远瞩、全局性的观念。

（二）项目经理的能力要求

（1）具有长期的工程管理工作经历和丰富的工程管理经验，特别是同类项目成功的经历。项目经理要有很强的专业技术技能，但又不能是纯技术专家。他应当具有较强的综合能力，能够对项目管理过程和工程技术系统有较成熟的理解，对整个工程项目做出全面细致的观察，能预见到可能出现的各种问题并制订可行的防范措施。

（2）具有处理人事关系的能力。项目经理对下属的领导应当主要依靠自身的影响力和说服力，而不是依靠职位权力和上级命令。项目经理要充分利用合同和项目管理规范赋予的权力进行工程管理和组织运作；采取有效的措施激励项目组成员，调动大家的积极性，提高工作效率。项目经理在项目中要充当教练、活跃气氛者、激励管理者和矛盾调解员等多种角色，因此要有较强的人际关系能力。

（3）具有较强的组织管理能力。项目经理作为领导者，要能胜任项目领导工作，积极研究领导的艺术，知人善用，敢于授权；要协调好项目管理中各个方面的关系，善于人际交往，能够与外界积极交往，与上层积极沟通与交流。项目经理在工作中要善于处理矛盾与冲突，具有追寻目标和跟踪目标的能力。

（4）具有较强的谈判能力。项目经理要有较强的语言表达和逻辑思维能力，讲究谈判技巧，具有较强的说服能力和个人魅力。

（5）项目经理的个人领导风格和管理方式应具有可变性和灵活性，能够适应不同的项目和不同的组织。具备领导才能是成为一个好的施工项目经理的重要条件，团结友爱、知人善任、用其所长、避其所短，善于抓住最佳时机，并能当机立断，坚决果断地处理将要发生或正在发生的问题，避免矛盾或更大矛盾的产生。具有了这些能力就能更好地领导项目经理部的全体员工，唤起大家的积极性和创造性，齐心协力完成施工项目的建设。

（三）项目经理的知识要求

项目经理必须具有专业知识，一般来自工程的主要专业，否则很难在项目中被人们接受和真正介入项目。项目经理不仅要有专业知识，还要接受过项目管理的专门培训或再教育，具有广博的知识，能够对所从事的项目迅速设计解决问题的方法、程序，进行有效的管理。

掌握熟练的专业技术知识是成为优秀项目经理的必要条件。如果没有扎实的专业知识做后盾，在项目的实施过程中遇到难题或模棱两可的问题就无从下手、手忙脚乱，最终导致人力物力上的浪费，甚至造成更大的错误。作为一个好项目经理的同时更要精通本专业各方面的技术知识。在精于本专业各项技术的同时应该有更广泛的知识面，要了解多学科、多个专业的知识，也就是说什么都知道、什么都懂，形成T形的知识结构。这样就可以在施工中轻松自如地领导各方面的工作，化解来自各方面的矛盾，顺利完成项目施工任务。

项目经理具有良好的素质和熟练的项目施工管理、经营技巧，可以为企业创造丰厚的利润。我国是发展中国家，相对于发达国家还有很大差距，基础设施建设还有很长的路要走，所以我们要积极努力学习，在实践中锻炼自己，成长为一名优秀的项目经理，更多地为国家和社会做出自己的贡献，实现自身的人生价值和社会价值。

三、注册建造师

2002年12月5日，人事部、建设部联合下发了《关于印发〈建造师执业资格制度暂行规定〉的通知》，明确规定在我国对从事建设工程项目总承包及施工管理的专业技术人员实行注册建造师执业资格制度。

（一）建造师执业资格的取得

对于拟取得建造师执业资格的人员，应通过建造师执业资格的统一考试，按照规定，一级建造师执业资格的考试，实行全国统一考试大纲、统一命题、统一组织的考试制度，由人事部、建设部共同组织实施，原则上每年举行一次，二级建造师执业资格的考试，实行全国统一考试大纲，由各省、自治区、直辖市负责命题并组织实施，考试内容分为综合知识与能力和专业知识与能力两大部分，报考人员须满足有关规定的相应条件，对于考试合格的人员，将获得建造师执业资格证书。

（二）建造师的级别

按照规定，建造师分为一级建造师和二级建造师。在施工管理中，一级注册建造师可以担任“建筑业企业资质等级标准”中规定的特级、一级企业资质项目施工的项目经理，二级注册建造师只能担任二级及二级以下企业资质项目施工的项目经理。这样规定，有利于保证一级注册建造师具有较高的专业素质和管理水平，以逐步取得国际认证；而设立二级注册建造师，则可以满足我国量大面广的工程项目施工管理的实际需求。

（三）建造师的执业范围

按照国际通行的做法，许多注册执业资格与岗位职务是实行一师多岗或多师一岗，而我国往往是实行一师一岗，这在一定程度上造成一些不应有的壁垒，不利于一些注册人员的发挥，注册建造师拟先开始实行一师一岗，即取得注册建造师执业资格的人员，可以受聘担任建设工程总承包或施工的项目经理，可以受聘担任质量监督工程师，可以从事其他施工管理以及法律法规的有关业务。一级建造师执业资格证书在全国范围内有效，二级建造师执业资格证书在其所发证书的所在省、自治区、直辖市范围内有效。

（四）建造师的专业

不同类型、不同性质的建设工程项目，有着各自的专业性和技术特点，对项目经理的专业要求也有很大不同。建造师实行分专业管理，就是为了适应各类工程项目对建造师专业技术的要求，也是为了与现行建设管理体制相衔接，充分发挥各有关专业部门的作用。建造师共划分为 14 个专业：房屋建筑工程、公路工程、铁路工程、民航机场工程、港口与航道工程、水利水电工程、电力工程、矿山工程、冶炼工程、石油化工工程、市政公用与城市轨道工程、通信与广电工程、机电安装工程、装饰装修工程。

（五）建造师的注册

凡取得建造师执业资格证书并满足有关注册规定的人员，经注册管理机构注册后方可用建造师的名义执业，准予注册的申请人员，将分别获得一级建造师注册证书、二级建造师注册证书。

已通过注册的建造师必须接受继续教育，不断提高业务水平。建造师注册有效期一般为 3 年，期满前 3 个月要办理再次注册手续。

复习思考题

1. 项目管理的主要内容有哪些？
2. 简述项目经理部设立的基本原则。
3. 简述现代工程项目对项目经理的要求。

第二章　施工合同管理

第一节　建设工程施工合同

一、合同概念

合同是契约的一种，是法人与法人之间、法人与公民之间以及公民与公民之间为实现某个目的确定相互的民事权利义务关系而签订的书面协议。所谓法人，就是有独立支配的财产或进行独立核算，能够以自己的名义进行经济活动，享受权利和承担义务，依照法定程序成立的企业、国家机关、事业单位、社会团体等组织。

工程承包合同是经济合同的一种，是业主与工程咨询公司、设计、施工单位或其他有关单位之间，以及这些单位之间，为明确在完成项目建设的各种活动中双方责、权、利等经济关系而达成的书面协议。

合同一经签订即具有法律特征，受到法律保护。

合同具有如下特征：

(1)签订合同是双方或多方的法律行为，是各方表示一致意见的行为，不是单方的法律行为。

(2)合同是当事人之间确立、变更、终止双方或多方特定权利义务关系的协议文件。

(3)签订合同是双方(或多方)按法律规定程序和形式达成协议的法律行为。不履行合同或未按法律规定程序及未经双方同意，单方变更或解除合同都属非法行为，要负相应的法律责任。

国际承包工程合同除具有上述法律特征外，还有一个重要特征就是它是跨国的合同，合同双方往往分居两个或两个以上的国家，因而决定了承包合同法律关系的复杂性。合同当事人是依照本国法律组成的法人，他们的经济活动受到本国法律的监督，经济利益受到本国法律的保护；而双方当事人又要接受合同执行地国家法律的约束。为了解决履行合同过程中不可协商的纠纷，双方应在合同中规定仲裁地点、仲裁机构及仲裁法律。

二、合同要素与订立过程

合同的要素包括合同的主体、客体和内容等三大要素。

主体，是签约双方的当事人，也是合同的权利与义务的承担者。它包括法人和自然人。

客体，是合同的标的，是签约当事人权利与义务所指向的对象。

内容，是合同签约当事人之间的具体的权利与义务。

合同订立过程划分“要约”和“承诺”两个阶段。

要约是一方当事人以缔结合同为目的向对方表达意愿的行为。提出要约的一方称为要约人,对方称为受要约人。要约人在要约时,除表示订立合同的愿望外,还必须明确提出合同的主要条款,以使对方考虑是否接受要约。显然,工程招标文件就是要约,业主为要约人,而投标人就是受要约人。

承诺是受要约人按照要约规定的方式,对要约的内容表示同意的行为。一项有效的承诺必须具备以下条件:

(1)承诺必须在要约的有效期内做出。

(2)承诺要由受要约人或其授权的代理人做出。

(3)承诺必须与要约的内容一致。如果受要约人对要约的内容加以扩充、限制或变更,这就不是承诺而是新要约。新要约须经原要约人承诺才能订立合同。

(4)承诺的传递方式要符合要约提出的要求。

从有效承诺的四个条件分析,投标标书是承诺的一种特殊形式。它包含着新要约的必然过程。因为投标人(受要约人)在接受招标文件内容(要约)的同时,必然要向业主(要约人)提出接受要约的代价(即投标标价)。这就是一项新要约,业主接受了投标人的新要约之后才能订立合同。

三、合同的作用

合同在工程承包中的作用,表现在以下几个方面:

(1)合同是双方行为的准则。在工程承包合同执行过程中,无论是业主还是承包商,其一切行为和工作都是以合同为根据的,双方都必须按合同的规定办事。

(2)合同的制约作用。合同规定了双方的权利和义务。双方这种权利义务的相互关系是一种法律关系,因为双方签订的合同,受到国家法律(或惯例)的制约、保护和监督。双方都必须履行合同。

(3)合同的惩罚作用。合同一经签订,不经双方同意,任何一方都无权变更合同。双方都必须按合同规定的条款认真履行合同。如果一方不履行合同或不完全按合同条款履行责任,都要受到惩罚,承担对方由此而造成的损失。

(4)合同是解决双方纠纷的准则。在执行合同的过程中,难免要出现这样或那样的争执和纠纷,有些争执和纠纷通过双方友好协商,可以得到合理解决。而有些争执和纠纷虽经协商仍得不到解决,这时就要由第三者出面调解或提交仲裁机构仲裁。不管这些争执和纠纷是否通过协商、调解或仲裁来解决,合同都是解决双方纠纷的唯一准则。因此,订立合同条款时应对纠纷的协商、调解和仲裁做出相应的规定。

四、工程承包合同的类型

如上所述,工程承包合同是为明确业主与承包商双方权利义务而订立的必须共同遵守的协议文件。由于权利义务内容不同就有不同的承包合同类型。

(一)合同的类型

1. 按标约分类

按照标约的不同,工程承包合同主要分如下几种。

1）交钥匙承包合同

交钥匙承包合同也称统包合同，或建设全过程承包合同。采用这种承包方式，建设单位一般只提出建设要求和竣工期限，要求承包单位对项目可行性研究、项目建成投产或使用实行全过程总承包。由承包单位作为项目主持人将各项建设工作分包给设计、施工、设备物资供应单位，自己负责各项建设活动的计划、组织、协调和监督工作。这种承包方式要求业主与承包单位密切配合，涉及决策性质的重大问题仍应由业主或其上级主管部门做出决策。

2）施工承包合同

施工承包合同也叫工程总包合同，即由工程承包公司、具有组织施工能力的设计单位或具有设计能力的施工企业，或由设计单位与施工单位联合对项目建设阶段（由初步设计到项目建成投产）实行总承包。总承包单位可用自己的力量完成设计和施工中的部分工作，也可将设计施工中专业性较强的工作分包出去，甚至将全部实质性工作分包出来，自己充当项目建设的管理者来完成承包任务。

这种承包合同，也要求业主与承包商紧密配合，但承包商对项且建设仍负全部责任。这种合同一般可采用总价、成本加酬金，或设计用成本加酬金，施工用总价的计价方式来订立合同。

3）设计合同

设计合同是业主与设计单位或工程咨询单位之间为该项目的设计工作而签订的合同。我国勘察设计合同，系根据批准的设计任务书由建设单位与设计单位签订的，明确规定了提交设计文件及施工、采购合同文件的内容。时间和质量要求及其他必要的资料、协作条件等。勘察与设计任务不由同一单位承担时，建设单位应分别与勘测单位和设计单位签订相应的合同。经业主同意，主体设计的承担人可以将设计任务中的专业设计部分分包给专业设计单位，但它仍应对项目的设计工作负全部责任。

4）工程施工合同

由于承包施工任务的范围不同，基本上可以分为施工总包合同、分别承包合同、施工分包合同、劳务分包合同、劳务合同等几种。这种合同层次是项目法组织施工的需要。

（1）施工总包合同。是业主将整个项目的施工工作交给一个有能力的施工企业来负责而与该企业签订的施工总承包合同。总包单位对施工任务实行层层分包，与专业分包和劳务分包单位签订分包合同，在总包对整个工程施工的计划组织协调下共同完成施工任务。

（2）分别承包合同。是业主将整个工程的施工任务采用分阶段分项目招标发包时，分别与承包各阶段或工程分项施工任务的主要承包单位签订的合同。各主要承包人直接向业主负责。

（3）施工分包合同。在层层分包的体系中，总包制中的总包、分别直接发包的各个承包商，以及各个分包商为履行合同，均需要将其承担的部分施工任务分包给专业性更强的专业承包商承担，与之签订分包合同，并在合同执行过程中协调监督分包商的工作。分包商须对其分包的部分工程或单项工程提供材料、设备和劳务，为完成该分包合同规定的任务承担一切责任。分包商只对总承包商承担义务并在总承包商那里享有一定的权利，不直接和业主发生关系，但要承担总包商对业主承担的有关义务。

(4)劳务分包合同。承包商承包施工任务,往往本身只有技术和管理力量,而缺乏劳务,因此将工程的施工任务以劳务分包的形式包给由劳务公司,或综合性工程公司组成的劳务队伍,由总包商提供技术、装备和材料,按总包商的计划、技术要求,由乙方组织劳务进行施工,这种合同就叫劳务分包合同。合同甲方应按工程进度及时向乙方提供施工材料、施工机械、施工技术并支付价款,合同乙方应及时派遣足够的施工和管理人员,组织劳力进行施工,保证工程质量,按期完成施工任务。工程任务完成后,乙方除获得以固定总价方式结算的合同价款外,还可能分享到甲方利润。

(5)劳务合同。从本质上讲它是一种雇佣合同,是业主或承包商或分包商为建设某一工程施工任务,因缺少劳力而与劳务提供者签订雇佣所需人员的合同。乙方在商定的各种条件下,按照合同甲方的进度要求向甲方提供其所需的人员,由雇主组织安排从事劳务工作。每个受雇人员以工作时间为单位向雇主领取一定的报酬。这种合同的特点是劳务提供者不承担任何风险,也不分享雇主的利润,而仅由甲方付给劳务提供者一笔管理费。

劳务合同分成建制和个别劳务合同两种,前者是派遣单位根据业主或总承包商的具体要求,配备全套人马的劳务队伍供甲方组织使用。个别劳务合同是按雇主需要派遣个别或少量专业技术人员进行服务。

5)材料供应合同

根据建设单位或施工单位商定的分工,建设单位或施工单位按年度计划与生产厂商、预制构配件加工厂签订供应合同。

6)设备供应与安装合同

为完成永久工程的设备供应及安装工程部分,建设单位可根据具体情况,与设备供应商(或设备成套公司)或制造厂家签订五种范围不同的合同。

(1)单纯设备供应合同。是一种设备的买卖合同。

(2)设备供应与安装合同。是一种承包合同,承包人除供应设备外,还负责设备的安装和对安装完毕的设备进行试车验收等项工作。

(3)单纯安装合同。是承包性服务合同,它可计工收费,也可以总价承包。

(4)监督安装合同。是业主愿意自己组织成套设备安装,设备供应商根据与业主签订的合同,派出工程师及其他技术人员进行技术援助,对安装工作进行指导与监督。

(5)成套设备服务合同。实际上是设备供应与咨询服务的综合性合同。对于复杂的或采用新技术的工程项目,业主可委托设备制造公司除供应成套设备以外,也可以在出让许可证、指导安装、监督施工、进行试生产、培训技术人员等项工作各方面进行综合服务。

7)建设施工管理合同

聘请工程建设经理对项目建设进行全过程管理,由业主与工程建设经理的派遣单位(工程咨询公司、工程建设公司等)签订服务性合同,向业主提供项目可行性研究及与设计阶段有关的市场、技术、费用等方面的咨询服务,招标文件与招标签订合同方面的服务并承担在施工阶段监理工程师所负责的施工管理与合同监督工作。与传统的工程师不同,建设经理参与了项目全过程,并全面领导和组织项目建设工作,在施工阶段不仅负责合同监督工作,而且要负责组织整个施工现场各个承包商及有关单位和个人协调地进行施工工作等项施工管理工作。

8）咨询服务合同

由咨询单位为项目建设向业主提供业主所需各类服务而签订的咨询服务合同。它包括项目建设前期的勘测、科研、试验、可行性研究、资金筹措、设计、采购招标发包咨询和项目施工监督、中间验收、试车投产、竣工验收，以及项目生产阶段的生产准备、人员培训、生产指导、经营管理等方面的专业咨询或综合性咨询服务。

2. 按工程价款的结算方式分类

按照工程价款的结算方式不同，可分为总价合同、单价合同、实际成本加酬金合同和混合型合同四个类型。前两种又称固定价格合同。

1）总价合同

总价合同是普遍采用的一种合同类型，即业主与承包人按议标和投标标价，经过谈判签订。承包人负责按合同总价完成合同规定的全部工程。其特点是承包人签订总价合同，要承担全部风险，不管实际支出，只能按总价结算工程价款，发包人也同意按合同总价付款而不管承包人遭受的巨大损失或是取得异乎寻常的超额利润。

这种总价合同，适用于工期不长，物价变幅不会太大，设计深度满足精确计算工程量要求，施工条件稳定，建设工程的形式、规模、内容都很典型的工程，或是业主为了省事，愿意以较大富裕度价格发包的工程。

2）单价合同

单价合同是水利、土木工程中广泛采用的一种合同类型。承包人以合同确定的工程项目的工程单价向业主承包，负责完成施工任务，然后按实际发生的工程量和合同中规定的工程单价结算工程价款。这种合同又有纯单价合同与估计工程量单价合同之分。前者无论实际工程量变化多大，其单价均不变。后者系发包人按估计工程量让投标人报价，当实际工程量与估计工程量相差过大，超过规定的幅度时，允许调整单价以补偿承包人因施工力量不足或过剩所造成的损失。

这种合同适用于招标时尚无详细图纸或设计内容尚不十分明确，只是结构形式已经确定，工程量还不够准确的情况。当采用总承包合同时，可以一部分项目采用总价合同，另一部分项目采用单价合同，建设工程的主体工程项目一般采用单价合同。

3）实际成本加酬金合同

这种合同的基本特点是以工程实际成本加上商定的酬金来确定工程总造价。这种合同方式主要适用于开工前对工程内容尚不十分确定的情况，例如设计未全部完成就要求开工，或工程内容估计有很大变化，工程量及人工材料用量有较大出入，质量要求高或采用新技术的工程项目等。采用这种合同方式，承包商不承担任何风险，因为工程费用实报实销，所以获利也最小，但却有保证。在实践中有以下四种不同的具体做法：

（1）实际成本加固定百分数酬金合同。工程造价为实际成本，再加上实际成本的百分数（一般为5%）付给承包人的酬金。

这种计价方式，酬金随工程成本的水涨而船高，显然不能鼓励承包人不顾一切地降低成本或缩短工期，这对业主是不利的，现在已较少采用。

（2）实际成本加固定酬金合同。工程成本实报实销，但酬金是事先按预算成本的一定百分比计算的。这种合同方式，虽不能鼓励承包人降低造价，但为尽快取得酬金，承包人将会努力缩短工期。这是它的可取之处。为了鼓励承包商更好地工作,也有在固定酬金外,再根据工程质量、工期和成本情况另外再加奖金的。在这种情况下,奖金所占比例的上限可大于固定酬金,可以起很大的激励作用。

(3)实际成本加浮动酬金合同。这种合同方式要事先商定工程预算成本和酬金的预期金额,如果实际成本恰好等于预计成本,工程造价就是实际成本加固定酬金;如果实际成本低于预算成本,则增加酬金;如果实际成本高于预算成本,即减少酬金。酬金增减部分,可以是一个百分数,也可以是一个固定数。

采用这种方式通常规定,当实际成本超支而减少酬金时,以原定的固定酬金为减少的最高限度。也就是在最坏的情况下,承包人将得不到任何酬金,但也不承担赔偿超支的责任。这种方式对承发包双方都没有太多风险,又能促使承包人关心降低成本和缩短工期。

(4)目标成本加奖罚合同。在仅有初步设计和工程说明书就迫切要求开工的情况下,可根据粗略估算的工程量和适当的单价表编制概算,作为目标成本,另外规定一个百分数作为酬金。最后结算时,如果实际成本高于目标成本并超过事先商定的界限(如5%),或低于目标成本(也有一个幅度)时,承包人应按商定比例承担超支或分享节余。此外,还可另加工期奖励。

这种合同方式可以促使承包人关心降低成本和缩短工期,而且目标成本是随设计工作进展而加以调整才确定下来的,故承发包双方都不会承担太大的风险。

以上几种实际成本加酬金合同,都是按实际成本报销,所不同的只是酬金的计算方式不同,为的是使承包人关心降低成本,缩短工期。所以,支付酬金的方式是多种多样的,不限于上述四种方式。保证最高成本加固定酬金合同也是常用的另一种方式。这种方式,先定预计成本和酬金,再定保证最高成本金额。当实际成本超过最高限额时,超过部分全部由承包人承担,不仅要用预定酬金充抵,甚至要用承包人自有资金充抵。当实际成本低于预定成本时,节余部分由承包人与业主按规定比例分享。

4)混合型合同

混合型合同有部分固定价格、部分实际成本合同和阶段转换合同方式两种。前者是对重要的设计内容已具体化的项目采用固定价格合同;而对次要的,设计还未具体化的项目采用实际成本加酬金合同。后者则是指在一个项目的前阶段和后阶段采取不同的结算方式。如开始采用实际成本加酬金合同,等项目进行了一段时间,情况比较明朗时,改用固定价格合同。

上述各种合同的核心是要明确双方的经济责任,以调动双方的积极性,通力协作完成合同任务。在国内除招标时采用国外常用的固定价格合同、实际成本加酬金合同和混合型合同外,在向下安排计划任务时,普遍推行投资包干责任制。下面介绍这类计价合同:

我国项目建设中长期存在工期长、造价高、浪费大、投资超概算的问题。为了克服上述问题,避免敞口花钱搞建设的局面,国家除实行"拨改贷"以外,还在项目建设中实行投资包干制,由建设单位向国家负责。投资包干合同基本上有如下三种形式:

(1)概算包干合同。主要由建设单位与主管部门,下级主管部门与上级主管部门,施工单位与建设单位,工程承包公司与项目主管部门,或项目建设单位之间签订。包干合同的特点是一次包死,超支不补,节约归己。

(2)施工图预算加系数包干合同。由施工单位与建设单位签订。包干系数一般按工业项目为3%，民用项目为2%计。除工程结构、设计标准、建筑面积、材料设备价格等变动外，全部包死。

(3)每平方米造价包干合同。由施工单位与建设单位签订，适用民用房屋建筑。

(4)施工图预算结算合同。由施工单位与建设单位签订，这实际是单价结算合同。这种方式在结算时，甲乙双方争执较大，一般不采用。

包干合同实行五包五保，五包是指乙方向甲方包投资、包工期、包质量、包主要材料用量、包形成综合生产能力，但甲方不得扩大建设规模，搞计划外工程。五保是甲方向乙方保建设资金，保设备、材料供应，保外部配套条件，保生产定员配备，保工业项目投料试车所需原料、燃料供应。

上述五包五保指标定好以后一次包死，不得变动，包而不死，等于不包，但是情况是变化的，特别是多年工期的建设项目、建设条件的变化，物价上涨，通货膨胀，对包干指数影响很大。国外一次包死的总价合同，承包单位的风险大，合同总价中的不可预见费用和利润就定得很高。不包死的合同一般也规定了随物价变动的浮动计价方式。所以，包干合同规定当出现建设自然条件的重大变化，不可抗拒力的自然灾害，国家价格调整，国家建设计划调整，设计有重大修改时，可以调整包干合同。

(二)合同类型的选择

合同结算类型的选择，取决于下列因素：

(1)业主的意愿。有的业主宁愿多出钱，一次以总价合同包死，以免以后加强对承包人的监督而带来的麻烦。

(2)工程设计的具体、明确程度。如果承包合同不能规定得比较明确，双方都不会同意采用固定价格合同，只能订立实际成本加酬金合同。

(3)项目的规模及其复杂程度。规模大而复杂的项目，承包风险较大，不易估算准确，不宜采用固定价格合同。即使采用限额成本加酬金或目标成本加酬金也困难，故以实际成本加固定酬金再加奖励为宜，或者有把握的部分采用固定价格合同，估算不准的部分采用实际成本加酬金合同。

(4)工程项目技术先进性程度。若属新技术开发项，甲乙方过去都没有这方面的经验，一般以实际成本加酬金为宜，不宜采用固定价格合同。

(5)承包人的意愿和能力。有的工程项目，对承包人来说已有相当的建设经验，如果要它建设这种类似的工程项目，只要项目不太大，它是愿意也有能力采用固定价格合同来承包工程的。因为总价合同可以取得更多的利润。然而有的承包人在总包项目建设时，考虑到自己的承担能力有限，决定一律采用实际成本加酬金合同，不采用固定价格。

(6)工程进度的紧迫程度。招标过程是费时间的，对工程设计要求也高，所以工程进度太紧，一般不宜采用固定价格合同，可以采用实际成本加酬金的合同方式，可选择有信誉有能力的承包人提前开工。

(7)市场情况。如果只有一家承包人参加投标，又不同意采用固定价格合同，那么业主只能同意采用实际成本加酬金合同。如果有好几家承包人参加竞标，业主提出的要求，承包人均愿意考虑。当然如果承包人技术、管理水平高，信誉好，愿意采取什么合同，业主也会考虑。

(8)甲方的工程监督力量如果比较弱,最好将工程由承包人以固定价格合同总承包。如果采用实际成本加酬金合同,就要求甲方有足够的合格监督人员,对整个工程实行有效的控制。

(9)外部因素或风险的影响。政治局势、通货膨胀、物价上涨、恶劣的气候条件等都会影响承包工程的合同结算方式。如果业主和承包人对工程建设期间这些影响无法估计,乙方一般不愿采用固定价格合同,除非业主愿意承担在固定价格中附加一笔相当大的风险费用(即预备费)。

一个项目究竟应该采取哪种合同形式不是固定不变的。有时候一个项目中各个不同的工程部分,或不同阶段就可能采取不同形式的合同。业主在制定项目分包合同规划时,必须根据实际情况,全面地反复地权衡各种利弊,做出最佳决策,选定本项目的分项合同种类和形式。

第二节　施工招标与投标

一、建设工程施工招标

招标是工程建设任务委托或被委托的交易方式。所谓招标,是招标人(业主或发包人)就拟建工程准备招标文件,发布招标广告或信函以吸引或邀请投标人(潜在承包商)来购买招标文件进行投标,通过评标择优选择承包商,并与之签订施工承包合同的过程。所谓投标,是投标人根据业主的招标条件,以递交投标文件的形式争取承包工程项目的过程。

在我国社会主义市场经济条件下推行工程项目招标投标制,其目的是保证工程质量,降低工程造价,控制工期,提高经济效益,健全建筑市场竞争机制。

按《中华人民共和国招标投标法》(简称《招标投标法》)规定,凡在中华人民共和国境内进行下列工程项目建设,包括项目的勘察、设计、施工、监理以及与工程建设有关的重要设备、材料等的采购,必须进行招标的范围:

(1)大型基础设施、公共事业等关系社会公共利益、公共安全的项目。

(2)全部或者部分使用国有资金投资或国家融资的项目。

(3)使用国际组织或者外国政府贷款、援助资金的项目。

(一)工程项目建设招标的类型

《招标投标法》第三条规定:“在中华人民共和国境内进行下列工程建设项目包括项目的勘察、设计、施工、监理以及与工程建设有关的重要设备、材料等的采购,必须进行招标。”据此,工程项目建设招标有全过程招标,勘察设计招标,工程施工招标,监理招标,材料、设备招标等几种类型。

1. 全过程招标

全过程招标是指从项目建议书开始,到包括勘察设计、设备材料采购、工程施工、设备安装与调试、生产准备、试运行,直至竣工投产与交付使用在内的整个项目建设过程实行全面招标,即通常所说的“交钥匙工程”招标。

2. 勘察设计招标

勘察设计招标是招标人通过招标的方式选择承包工程项目勘察设计工作的承包商。它有利于使设计技术和成果作为有价值的技术商品进入建筑市场。

3. 工程施工招标

工程施工招标是指工程项目的初步设计或施工图设计完成后，用招标的方式选择施工单位。工程施工招标，可将整个工程作为一个整体一次发包，也可把全部工程分解成若干个单项工程、单位工程或特殊专业工程进行发包。

4. 监理招标

监理招标是指由招标人通过招标方式择优选择工程监理单位。

5. 材料、设备招标

材料、设备招标是招标人通过招标的方式选择承包材料、设备的供应以及设备安装调试的供应商。这可以做到货比三家，择优选购材料和设备。

（二）工程施工招标的分类

目前建设工程项目招标采用以下不同的方式。

1. 按工程承包的范围分

1）建设项目总承包招标

这种招标又可分两种类型：一种是工程项目建设实施阶段的招标，是在初步设计已经完成，建设项目已获得批准，就工程项目的施工进行招标。另一种是项目全过程的招标，从项目的可行性研究开始到交付使用实行全面招标，包括可行性研究、勘察设计、材料和设备采购、工程施工、生产准备、直到竣工投产交付使用等、工程使用过程保养等。

2）单项或单位工程承包招标

这种招标是把整个工程分成若干单项或单位工程分别进行招标。

3）专业工程承包招标

它是指在工程承包招标中，对其中某些比较复杂或专业性强，或施工和制作有特殊要求的子项工程单独进行招标。

2. 按国界招标分

按招标的国界可分为国际招标和国内招标两种。

1）国际招标

国际招标是在世界范围内发布招标通告，经过招标挑选世界上技术水平高、实力雄厚、信誉好的承包商来参加工程建设。

2）国内招标

国内招标是在本国范围内的招标。我国目前除利用外资的项目外，其他大部分是限于国内招标。

3. 按照发包范围分

按照发包范围可分为包工包料、部分包工包料、包工不包料等三种。

4. 按照计价方式分

按照计价方式可分为固定总价发包、固定单价发包、固定费加一定比率发包、固定费加酬金发包等四种。

(三)工程施工的招标方式

1. 公开招标

公开招标也叫竞争性招标,是由业主在国内外主要报纸或有关刊物上刊登招标广告,凡对此招标建设项目有兴趣的承包商均有同等的机会购买资格预审文件,并参加资格预审,预审合格后均可购买招标文件进行招标。

2. 邀请招标

邀请招标又称有限竞争性招标,一般不在报刊上刊登招标广告,而是业主根据自己的经验和所掌握的有关承包商的资料信息,对那些被认为是有能力,而且信誉好的承包商发出邀请,请他们来参加招标。一般邀请 5 ~ 10 家为宜,不能少于 3 家,因为招标者太少则缺乏竞争力。邀请招标的优点是被邀请的承包商大都有经验、技术、资金、信誉等。缺点则可能漏掉一些在技术上、报价上有竞争力的承包商。

(四)工程施工招标的条件及其程序

工程施工招标应具备以下基本条件:

(1)有经过审批机关批准的设计文件和概算或预算,并已列入国家、地方的年度投资计划。

(2)建设用地已经征用,具备合同规定的开工条件。

(3)建设资金已经落实。

(4)已在相应的质量监督机构办理好监督手续。

(5)施工招标申请书已获上级招标投标管理机构批准。

建设项目的招标程序一般可分为以下三个阶段:

(1)招标准备阶段。其内容有落实招标条件,申请招标,组建招标机构或委托咨询公司承办制订招标计划,确立招标范围、招标方式和招标工作进程,编制招标文件,编制标底等。

(2)招标实施阶段。建设单位在编制出招标文件后,即可开始招标工作,招标阶段的第一项工作为发布招标通告或发邀请书。然后对招标人进行资格预审,发售招标文件,组织人员现场考察,召开标前会议,让投标人充分了解现场自然条件和工程现有资料。

(3)决标阶段。接受投标文件,并由建设单位主持开标,业主、监理工程师和有关专家组成评标组,从技术、商务等方面对所有的招标者逐一进行评议,最后确定中标者,并与中标者进行合同谈判,签署委托合同。

施工招标程序如图 2-1 所示。

(五)工程施工招标文件的内容

按国家发展和改革委员会、财政部、建设部、铁道部、交通部、信息产业部、水利部、民用航空总局、广播电影电视总局〔2007〕56 号令《〈标准施工招标资格预审文件〉和〈标准施工招标文件〉试行规定》,《标准施工招标文件》的主要内容有:

第一卷

第一章　招标公告

1. 招标条件

2. 项目概况与招标范围

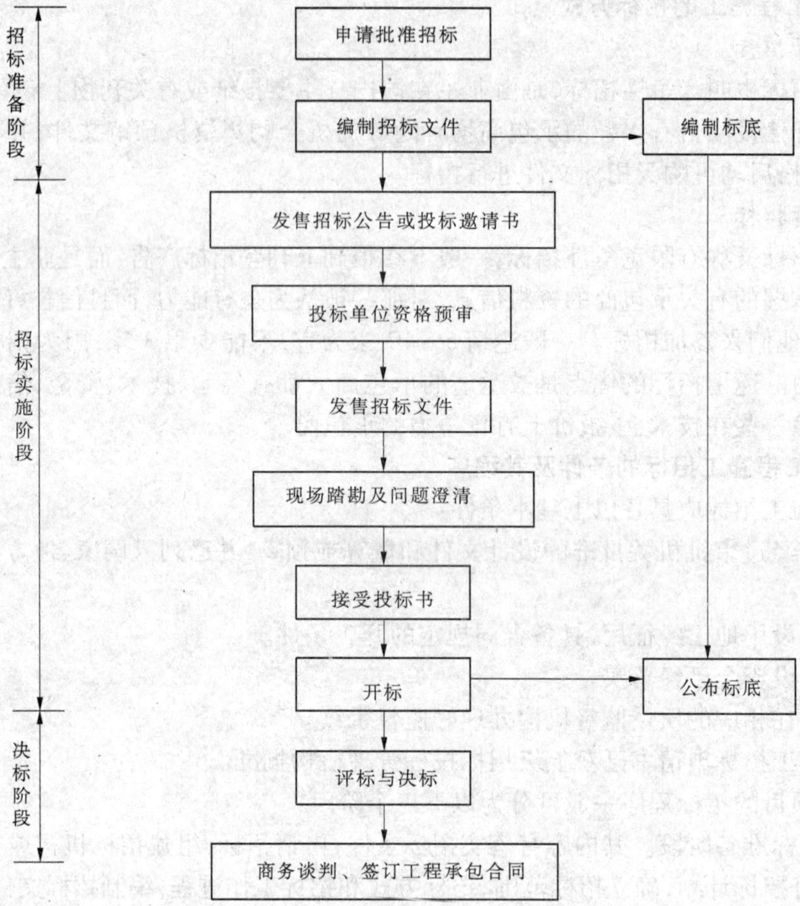

图2-1　施工招标程序

3. 投标人资格要求

4. 招标文件的获取

5. 投标文件的递交

6. 发布公告的媒介

7. 联系方式

第二章　投标人须知

投标人须知前附表

1. 总则（包括项目概况、资金来源和落实情况、招标范围、计划工期和质量要求、投标人资格要求、费用承担、保密、语言文字、计量单位、踏勘现场、投标预备会、分包、偏离）

2. 招标文件（包括招标文件的组成、招标文件的澄清、招标文件的修改）

3. 投标文件（包括投标文件的组成、投标报价、投标有效期、投标保证金、资格审查资料、备选投标方案、投标文件的编制）

4. 投标（包括投标文件的密封和标记、投标文件的递交、投标文件的修改与撤回）

5. 开标（包括开标时间和地点、开标程序）

6. 评标（包括评标委员会、评标原则、评标）

7. 合同授予(包括定标方式、中标通知、履约担保、签订合同)

8. 重新招标和不再招标(包括重新招标、不再招标)

9. 纪律和监督(包括对招标人的纪律要求、对投标人的纪律要求、对评标委员会成员的纪律要求、对与评标活动有关的工作人员的纪律要求、投诉)

10. 需要补充的其他内容

附表一:开标记录表

附表二:问题澄清通知

附表三:问题的澄清

附表四:中标通知书

附表五:中标结果通知书

附表六:确认通知

第三章　评标办法

评标办法前附表

1. 评标方法

2. 评审标准

2.1 初步评审标准

2.2 详细评审与评分标准

3. 评标程序

3.1 初步评审

3.2 详细评审

3.3 投标文件的澄清和补正

3.4 评标结果

第四章　合同条款及格式

第一节　通用合同条款

1. 一般约定

2. 发包人义务

3. 监理人

4. 承包人

5. 材料和工程设备

6. 施工设备和临时设施

7. 交通运输

8. 测量放线

9. 施工安全、治安保卫和环境保护

10. 进度计划

11. 开工和竣工

12. 暂停施工

13. 工程质量

14. 试验和检验

15. 变更

16. 价格调整

17. 计量与支付

18. 竣工验收

19. 缺陷责任与保修责任

20. 保险

21. 不可抗力

22. 违约

23. 索赔

24. 争议的解决

第二节　专用合同条款

第三节　合同附件格式

附件一：合同协议书

附件二：履约担保格式

附件三：预付款担保格式

第五章　工程量清单

第二卷

第六章　工程图纸

第三卷

第七章　技术标准和要求

第四卷

第八章　投标文件格式

（六）工程施工招标资格预审

1. 资格预审的目的

通常公开招标采用资格预审，只有资格预审合格的施工单位才准许参加投标；不采用资格预审的公开招标应进行资格后审，即在开标后进行资格审查。通过资格预审可以达到下列目的：

（1）了解投标人的财务状况、技术力量以及类似本工程的施工经验，为招标人选择优秀的承包人打下良好的基础。

（2）事后淘汰不合格的投标人，排除将合同授予不合格的投标人的风险。

（3）减少评标阶段的工作时间，减少评标费用。

（4）避免不合格的投标人增加购买招标文件、现场考察和投标的费用。

2. 资格预审通告

资格预审通告应当通过国家指定的报纸、信息网络或者其他媒介发布，邀请有意参加工程投标的承包人申请投标资格预审。

资格预审通告的内容包括：

（1）工程项目名称、建设地点、工程规模、资金来源。

（2）对申请资格预审施工单位的要求。

(3)招标人和招标代理机构(如果采用代理招标形式)名称、工程承包的方式、工程招标的范围、工程计划开工时间和竣工的时间。

(4)要求投标人就工程的施工、竣工、保修所需的劳务、材料、设备和服务的供应提交资格预审申请书。

(5)获取进一步信息和资格预审文件的办公室名称和地址,负责人姓名,购买资格预审文件的时间和价格。

(6)资格预审申请文件递交的截止日期、地址和负责人姓名。

(7)向所有参加资格预审的投标人发出资格预审通知书的时间。

3. 资格预审文件

由招标人组织有关专业人员编制,或委托招标代理机构编制。资格预审文件的主要内容包括下列两个方面。

1)资格预审须知

资格预审须知应包括以下内容:

(1)总则,包括工程招标人名称、资金来源、工程概况等。

(2)要求投标人应提供的资格和证明,主要包括申请人的身份及组织机构、管理和执行本合同所配备的主要人员资历和经验、执行本合同拟采用的主要施工机械设备情况、财务状况等。

(3)资格预审通过的强制性标准,如强制性财务、人员、设备、分包、诉讼等。

(4)对联合体提交资格预审申请的要求。

(5)对通过资格预审投标人所建议的分包人的要求。

(6)其他规定,主要包括递交资格预审文件的份数,送交单位的地址、邮编、电话、传真、负责人、截止日期等。

2)资格预审申请书的表格

为了让资格预审申请人按统一的格式递交申请书,在资格预审文件中按通过资格预审的条件编制成统一的表格,让申请人填报,以便申请人公平竞争。申请书的表格通常包括申请人表、申请合同表、组织机构表、组织机构框图、财务状况表、公司人员表、施工机械设备表、分包商表、业绩、在建项目表、介入诉讼事件表。

4. 资格预审评审

由评标委员会进行资格预审评审工作。评审委员会一般由招标人负责组织,参加人员由招标人的代表、有关专业技术和财务经济等方面的专家5人以上单数组成。

资格预审评审一般分两个阶段进行。第一阶段审查投标人的申请是否对资格预审文件做出了实质性的响应,只有对资格预审文件做出实质性响应的投标人的申请才有资格进入第二阶段的审查;第二阶段采用百分制评分法按一定评分标准逐项进行评分,总分高于60分的投标人才能通过资格预审。

5. 资格后审

对于工期要求紧或不复杂的工程项目,为了争取早日开工,有时招标时不预先进行资格预审,而进行资格后审。

资格后审是在招标文件中加入资格审查的内容。投标人在填报投标文件的同时,按要求填写资格审查资料。评标委员会在正式评标前先对投标人进行资格审查，对资格审查合格的投标人进行评标，对不合格的投标人不进行评标。

资格后审的内容与资格预审的内容大致相同，主要包括投标人的组织机构、财务状况、人员与设备情况、施工经验等方面。

二、建设工程施工投标

（一）工程投标的基本概念

工程投标是经过招标人审查获得投标资格的投标人，按照招标文件，在规定的期限内向招标人填报标书，并争取中标获得工程承包权，达成协议的过程。

社会主义市场经济对投标的要求是诚信守法、公平竞争、创新挖潜、保质增效、规范操作、兴利除弊、和谐共处、协谋发展。对承包商来说，参加投标就如同参加一场赛事竞争，因此需要有专门的机构和人员对要投标的全部活动过程加以组织管理。当前市场经济条件下，企业要占领市场首先依靠竞争，而招标投标是市场最普遍、最常见的竞争方式。投标的成败关系到企业的兴衰存亡。这场赛事不仅是比报价的高低，而且是比技术、经验、实力和信誉。特别是我国加入世界贸易组织（WTO）后，在国际承包市场上，工程越来越多的是技术密集型项目，势必要给承包商带来两方面的挑战，一方面是技术上的挑战，要求承包商具有先进的科学技术，能够完成高、新、尖、难工程，另一方面是管理上的挑战，要求承包商具有现代先进的组织管理水平，能够以合理低价中标，靠管理和索赔获利。

（二）投标单位应具备的基本条件

（1）必须具有相应经营范围的营业执照，具有法人资格。

（2）取得承建相应工程的企业资质等级证书。

（3）由银行出具的企业资信证明和三年内的资产负债表。

（4）施工企业的业绩证明文件。

（三）投标程序

建设项目的投标程序、投标的过程和招标过程相对应，其一般程序如图 2-2 所示。

下面分别介绍投标过程中的主要步骤：

（1）资格预审。首先将一般资格预审的有关资料准备齐全，最好全部储存在计算机内，到针对某一个项目填写资格预审调查表时再将有关资料调出来，并加以完善。其次要在填表时加强分析，针对工程特点，下功夫填好重点部位，特别是要反映出公司的施工经验、施工水平和施工组织能力，这往往是业主考虑的重点。再次研究确定本公司发展的地区和项目时，注意收集信息，如果有合适的项目，及早动手做资格预审的申请准备。如果发现某个方面的缺陷（如资金、技术水平、经验年限等）不是本公司自身可以解决的，则应考虑寻找适宜的伙伴组成联营体来参加资格预审。

（2）投标前的调查与现场考察。现场考察主要指的是去工地现场进行踏勘，了解工程的性质以及与其他工程之间的关系，了解投标的哪一部分工程与其他承包商或分包商之间的关系，了解工地地形、地貌、交通、供电、当地材料价格、水源等情况，了解工地附近有无住宿条件、料场开采条件、设备维修条件等。

（3）选择咨询单位。在投标时，可以考虑选择一个咨询机构，在激烈的公开招标形势

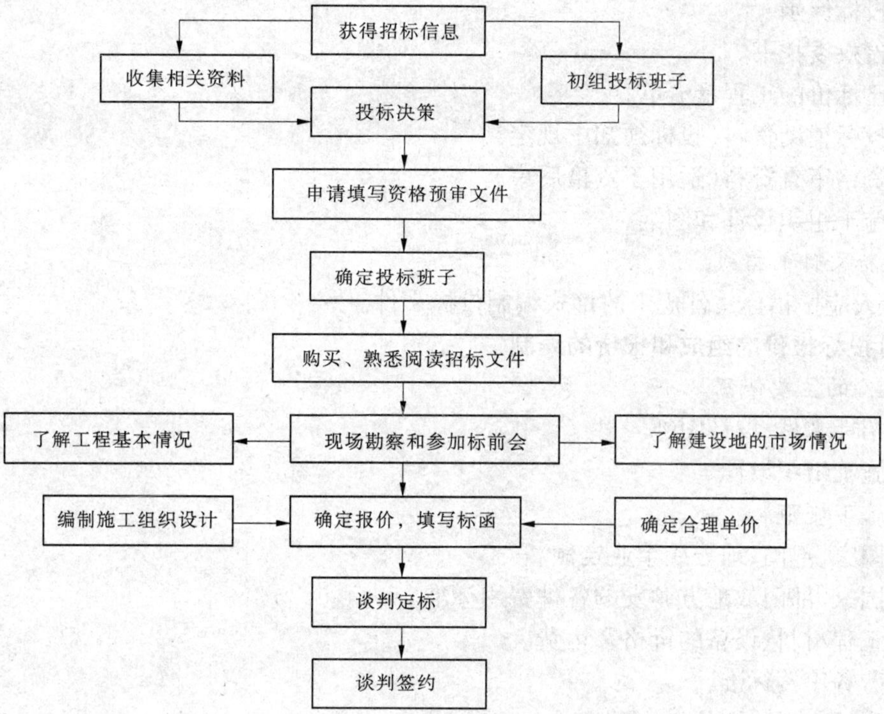

图 2-2　施工投标一般程序

下,一些专门的咨询机构拥有经济、技术、法律和管理等各方面的专家,经常收集、积累各种资料、信息,因而能比较全面而又比较快地为投标者提供进行决策所需要的资料。特别是投标者到一个新的地区去投标时,如能选择一个理想的咨询机构,为你提供情报、出谋划策以至协助编制投标书等,将会大大提高中标机会。

(4)分析招标文件,校核工程量,编制施工规划。

(5)报价的计算。投标报价计算包括定额分析、单价分析,计算工程成本,确定利润方针,最后确定标价。

(6)编制投标文件。有时也叫填写投标书,或是编制报价书。投标文件应完全按照招标文件中的各项要求编制,应做到以下几点:

①充分理解招标文件和项目法人(或建筑单位)对投标者的要求。

②弄清工程性质、规模和质量标准。

③确定本企业各种定额水平,单价中应计入企业应得的利润。

(7)递送投标文件。是指投标商在规定的投标截止日期之前,将准备好的所有投标文件密封递送到招标单位的行为。

(四)工程施工投标文件的内容和格式

1. 投标文件的内容

投标人应按招标文件规定的内容编制投标文件,投标文件的内容一般包括:

(1)投标报价书。

（2）投标保函。

（3）授权委托书。

（4）已标价的工程量清单。

（5）投标辅助资料（投标须知中规定）。

（6）资格审查资料（适用于资格后审）。

（7）施工组织设计和图纸。

2. 投标文件的格式

投标人应按招标文件规定的格式编制投标文件。

（五）投标报价的组成和报价的编制

1. 报价的主要依据

（1）招标文件、设计图纸。

（2）施工组织设计。

（3）施工规范。

（4）国家、部门、地方或企业定额。

（5）国家、部门或地方颁发的各种费用标准。

（6）工程材料、设备的价格及运费。

（7）劳务工资标准。

（8）当地生活物资价格水平。

2. 投标报价的组成

投标报价是承包商采取投标方式承揽工程项目时，确定的承包该项工程所要的总价。业主常把承包商的报价作为选择中标者的主要依据，报价是投标者投标的核心，报价过高会失去中标机会，而报价过低虽易得标，但会给承包工程带来亏本的风险。

一般工程投标报价费用的基本组成见图 2-3，不同工程项目可能有差别，要注意的是不要漏掉项目或重复计算，以免造成不应有的损失。

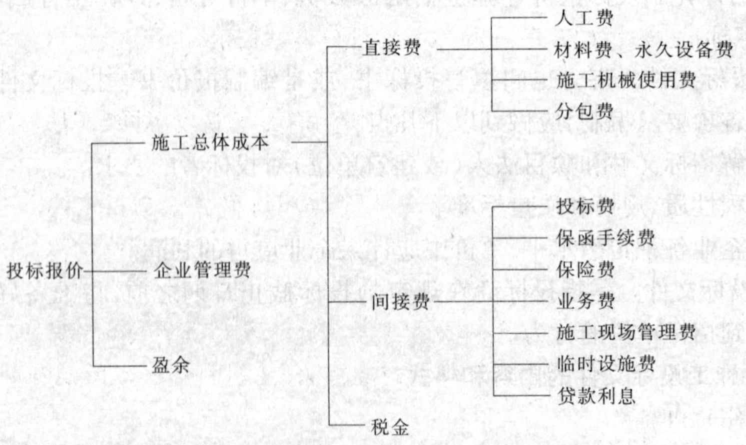

图 2-3　投标报价的基本组成

投标报价包括：

(1)直接费。一般包括：①人工费；②材料费；③永久设备费；④施工机械使用费；⑤分包费。其中人工费一般由劳动工时消耗乘以当时当地劳动力单价。材料费、永久设备费均应以到工地价计算。施工机械使用费以台时乘以台时费。

(2)间接费。一般包括：①投标费；②保函手续费，收取保函金额的4% ~6%的手续费；③保险费；④业务费，代理人佣金、法律顾问费；⑤施工现场管理费，一般为直接费的1%左右；⑥临时设施费，包括生活、办公、临时用房、水电、道路、通信等费用。

(3)税金。

(4)企业管理费，也称公司管理费，为总成本的3% ~5%。

(5)企业利润。一般包括利润和风险费两部分，利润随市场变化而变化，一般为5% ~10%；风险为工程总成本的4% ~6%。对招标文件应有较高的响应性和完整性，投标人各项单价的分析方法应合理可行，实事求是，施工方法及所选设备应与投标书中施工组织设计相一致，这样可提高单价的可信度与合理性。投标人在计算出总报价后应按照招标文件的要求，认真清晰地填写各项表格。

3. 投标报价的计算步骤

投标报价的计算步骤为：

(1)研究招标文件。

(2)现场考虑收集有关基础资料。

(3)复核工程量。

(4)依据施工组织设计确定施工方法，选用现行定额进行分析计算分项工程直接费。

(5)施工间接费率确定。在报价中，施工间接费占有一定的比重，要做到合理报价应分析本企业和工程条件的实际情况，并科学地确定本企业的间接费开支水平。

(6)预期利润的确定。我国建筑业实行低利润率政策，但在实行招标承包制的条件下，为了鼓励竞争，企业在投标报价时，应允许采取有适当弹性的利润率，即为了争取中标，预期利润取值应根据企业条件和工程条件等因素自主做出决策。

(7)确定基础报价。将分别确定的直接费、间接费以及预期利润汇总，即得出造价，汇总后须进行检查，必要时加以适当调整，最后形成基础标价。

4. 投标报价的编制方法

投标报价编制方法与标底编制方法基本相同，但由于立场不同、作用不同，因而方法有所不同，现在把主要不同点介绍如下：

(1)人工费单价。人工费单价计算不但要参照现行概算编制规定的人工费组成，还要合理结合本企业的具体情况。如果按编制规定计算的人工费单价偏高，为提高投标的竞争力可适当降低，可考虑的降低途径有：各项工资性津贴及附加工资的标准等按调查资料计算，工人年有效工作日和工作小时数按工地实际工作情况进行调整。

(2)施工机械台时费、施工机械台时费与机械来源密切相关，机械设备可以是施工企业已有的和租借的。

①已有的施工机械。其施工机械台时费的计算可参照水利工程施工机械台时费定额和规定进行计算。

②租借的施工机械。对于租借的施工机械其基本费用是支付给设备租赁公司的租金。编制标价时,往往要加上操作人员的工资燃料动力费、润滑油费、其他消耗性材料费等。

(3)工程直接费单价编制。按照工程量报价单中各个项目的具体情况,可采用编制标底的几种方法,即定额法、直接填入法。采用定额法计算工程单价应根据施工组织设计所确定的施工方法,套用相应水利工程预算定额计算单价。

(4)间接费计算。间接费计算时要按施工规划、施工进度、施工要求等确定的现场管理机构设置及人员配置数量,人员工作时间和工资标准,人均所需办公、差旅、通信等费用及上缴合同的管理费用等资料粗略算出间接费率并与主管部门规定的间接费率相比较,前者一般不应大于后者。间接费计算既要考虑企业的具体情况,更要注意投标竞争情况,过高的间接费率,不仅竞争能力弱,也表示企业的管理水平较低。

(5)利润、税金。投标人应根据企业状况、施工水平、竞争情况、工作饱满程度等合理确定企业利润率。税金应按国家规定税率计算。

(6)确定报价。在投标报价编制工作基本完成后,造价人员应向投标决策人员汇报工程报价情况供讨论修改和决策。

(7)填写投标报价书。投标总报价确定后,在保持总价不变的前提下,对工程单价进行适当调整,有些单价可以高一些,而另一些单价则低一些。其目的在于:①在工程量报价单中的某些工程量,经造价或设计人员核对,可能少了,或者某些工程量最后会增加,于是可能在结算时通过提高这些工程项目的单价和利用实际结算工程量的增加来获得额外收入。②造价人员常用提高先期完工项目的工程单价来增加前期收入,从而缓解承包商的资金压力。

(六)评标、决标与投标报价策略

1.评标

(1)评标组织,通常由业主组织评标委员会负责评标。为保证评标工作的科学性和公正性,评标委员会由业主单位、设计单位、监理单位、投资方、工程建设主管部门的专家组成。评标委员会的成员不代表各自的单位或组织,也不应受任何个人或单位的干扰。

(2)投标文件的审查,主要是指投标文件的符合性审查和投标报价的核对。

审查的内容为:投标书是否按要求填写,投标书附件有无实质性修改、是否按规定的格式和数额提交了投标保证书、是否提交了已标价的工程量表,招标文件提交单价分析表时,投标书是否提供,投标文件是否齐全、是否按规定签了名、是否提出了招标单位无法接受或违背招标文件的保留条件等。上述内容一般在招标文件的“投标人须知”中做了明确的规定。如果投标文件的内容与招标文件不符或某些特殊要求和保留条件事先未得到招标单位的同意,则这类投标书将被视为废标。

(3)投标者的比较,通过招标文件的审查的投标者,就可以参加最后的评比,具有中标的机会。土建项目评比的内容包括:价格比较既要比较总价,也要比较子项目的单价;施工方案的比较,即对主体工程施工方法、施工进度、施工机械设备、施工质量保证措施和施工进度等进行评议;对该项目主要管理人员及工程技术人员的数量及其经历进行比较。拥有一定数量有资历、有丰富施工经验的管理人员和工程技术人员,是中标的一个重要因素；商务、法律条款方面的比较，主要是评判在此方面是否符合招标文件合同条款，支付条件、外汇兑换率条件等方面的要求；有关优惠条件的比较，包括施工设备赠予、软贷款技术协作、专利转让以及雇用当地劳动力条件等。

2. 决标

评标委员会推荐中标者经项目业主批准后即为正式中标者，并由业主向其发出书面通知。中标者接到中标通知后，一般应在 14 天内与招标人谈判签订合同，如果借故拖延谈判合同，招标单位有权没收其投标保证金，并取消其中标资格，另定中标人。招标单位也不得借故改变中标单位或拖延签订合同的时间，否则招标人应按投标保证金同样数额赔偿中标人经济损失。

3. 投标策略

投标策略是指在投标报价中采用什么手法使业主可以接受，而中标后又能获得较多的利润，常见的有：

(1)不平衡报价法。是指一个项目的投标报价在总价基本确定后，如何调整内部各个子项目的报价，以期既不影响总报价，又在中标后可以获得较好的经济效益。

(2)多方案报价法。对于某些招标文件，若要求过于苛刻，则可采用多方案报价法对付，即先按原招标文件报一个价，然后再提出对某些条件做些修改。可降低报价，报另一个较低的价，以此来吸引业主。

(3)突然降价法。报价是一项保密的工作，市场竞争激烈，其对手往往通过各种渠道或手段来刺探情况。因此，在报价时可采用一些迷惑对方的手法。如不打算投标，或准备报高价，表现出无利可图不干等假象，并有意泄露一些情报，而到投标截止前几小时，突然前去投标，并压低报价，使对手措手不及。

(4)优惠条件法。在投标中能给业主一些优惠条件，如贷款、垫资、提供材料设备等，解决业主的某些困难，有时这是投标取胜的重要因素。

(5)先亏后盈法。有的承包商为了占领某一地区的建筑市场或对一些大型工程中的第一期工程，不计利润，只求中标。这样在后续工程或第二期工程招标时，凭借经验，临时设施及创立的信誉等因素，比较容易拿到工程，并争取获利。

第三节 建设工程施工合同订立

一、建设工程施工合同

为了规范和指导合同当事人双方的行为，我国于 1999 年 12 月 24 日颁发了修改的《建设工程施工合同示范文本》(GF—1999—0201)。该文本适用于各类公用建筑、民用住宅、工业厂房、交通设施及线路、管道的施工和设备安装等工程。针对各种工程中普遍存在专业工程分包的实际情况，为了规范管理，减少或避免纠纷，建设部和国家工商行政管理总局于 2003 年又发布了《建设工程施工专业分包合同(示范文本)》(GF—2003—0213)和《建设工程施工劳务分包合同(示范文本)》(GF—2003—0214)。住房和城乡建设部、国家工商行政管理总局对《建设工程施工合同(示范文本)》(GF—1999—0201)进行了两次修订，制定了《建设工程施工合同（示范文本）》（GF—2017—0201）（简称《示范文本》），自2017年10月1日起执行。

建设工程施工合同有施工总承包合同和施工分包合同之分。施工总承包合同的发包人是建设工程的建设单位或取得建设项目、总承包资格的项目总承包单位，在合同中一般称为业主或发包人。施工总承包合同的承包人是承包单位，在合同中一般称为承包人。

施工分包合同又有专业工程分包合同和劳务作业分包合同之分。分包合同的发包人一般是取得施工总承包合同的承包单位，在分包合同中一般仍沿用施工总承包合同中的名称，即仍称为承包人。而分包合同的承包人一般是专业化的专业工程施工单位或劳务作业单位，在分包合同中一般称为分包人或劳务分包人。

（一）建设工程施工合同的概念

建设工程施工合同是发包人（建设单位、业主或总包单位）与承包人（施工单位）之间为完成商定的建设工程项目施工任务，确定双方权利和义务的协议。建设工程施工合同也称为建筑安装承包合同，其中建筑是指对工程项目营造的行为；安装主要是指与工程项目有关的线路、管道、设备等设施的装配。依照施工合同，承包人应完成约定的建筑、安装工程任务，发包人应提供必要的施工条件并支付工程价款。

（二）建设工程施工合同的主要内容

1.《示范文本》的结构

《示范文本》由合同协议书、通用合同条款和专用合同条款三部分组成，并附有11个附件，如表2-1。

表2-1 《示范文本》的内容

组成文件	文件内容
合同协议书	一、工程概况 包括工程名称、工程地点、工程内容、工程立项批准文号、资金来源、工程内容、工程承包范围等。 二、合同工期 包括开工日期、竣工日期、合同工期总日历天数。 三、质量标准 四、签约合同价与合同价格形式 包括签约合同价（其中安全文明施工费、材料和工程设备暂估价金额、专业工程暂估价金额、暂列金额单列）、合同价格形式。 五、项目经理 六、合同文件构成 协议书与下列文件一起构成合同文件： （1）中标通知书（如果有）； （2）投标函及其附录（如果有）； （3）专用合同条款及其附件； （4）通用合同条款； （5）技术标准和要求；

续表 2-1

组成文件	文件内容
合同协议书	(6)图纸； (7)已标价工程量清单或预算书； (8)其他合同文件。 七、承诺 (1)发包人承诺按照法律规定履行项目审批手续、筹集工程建设资金，并按照合同约定的期限和方式支付合同价款。 (2)承包人承诺按照法律规定及合同约定组织完成工程施工，确保工程质量和安全，不进行转包及违法分包，并在缺陷责任期及保修期内承担相应的工程维修责任。 (3)发包人和承包人通过招投标形式签订合同的，双方理解并承诺不再就同一工程另行签订与合同实质性内容相背离的协议。 八、词语含义 九、签订时间 十、签订地点 十一、补充协议 十二、合同生效 十三、合同份数
通用合同条款	1　一般约定 1.1　词语定义与解释 1.2　语言文字 1.3　法律 1.4　标准和规范 1.5　合同文件的优先顺序 1.6　图纸和承包人文件 1.7　联络 1.8　严禁贿赂 1.9　化石、文物 1.10　交通运输 1.11　知识产权 1.12　保密 1.13　工程量清单错误的修正 2　发包人 2.1　许可或批准 2.2　发包人代表 2.3　发包人人员 2.4　施工现场、施工条件和基础资料的提供 2.5　资金来源证明及支付担保 2.6　支付合同价款 2.7　组织竣工验收 2.8　现场统一管理协议 3　承包人 3.1　承包人的一般义务 3.2　项目经理

续表 2-1

组成文件	文件内容
通用合同条款	3.3 承包人人员 3.4 承包人现场查勘 3.5 分包 3.6 工程照管与成品、半成品保护 3.7 履约担保 3.8 联合体 4 监理人 4.1 监理人的一般规定 4.2 监理人员 4.3 监理人的指示 4.4 商定或确定 5 工程质量 5.1 质量要求 5.2 质量保证措施 5.3 隐蔽工程检查 5.4 不合格工程的处理 5.5 质量争议检测 6 安全文明施工与环境保护 6.1 安全文明施工 6.2 职业健康 6.3 环境保护 7 工期和进度 7.1 施工组织设计 7.2 施工进度计划 7.3 开工 7.4 测量放线 7.5 工期延误 7.6 不利物质条件 7.7 异常恶劣的气候条件 7.8 暂停施工 7.9 提前竣工 8 材料与设备 8.1 发包人供应材料与工程设备 8.2 承包人采购材料与工程设备 8.3 材料与工程设备的接收与拒收 8.4 材料与工程设备的保管与使用 8.5 禁止使用不合格的材料和工程设备 8.6 样品 8.7 材料与工程设备的替代 8.8 施工设备和临时设施 8.9 材料与设备专用要求 9 试验与检验 9.1 试验设备与试验人员 9.2 取样

续表 2-1

组成文件	文件内容
通用合同条款	9.3 材料、工程设备和工程的试验和检验 9.4 现场工艺试验 10 变更 10.1 变更的范围 10.2 变更权 10.3 变更程序 10.4 变更估价 10.5 承包人的合理化建议 10.6 变更引起的工期调整 10.7 暂估价 10.8 暂列金额 10.9 计日工 11 价格调整 11.1 市场价格波动引起的调整 11.2 法律变化引起的调整 12 合同价格、计量与支付 12.1 合同价格形式 12.2 预付款 12.3 计量 12.4 工程进度款支付 12.5 支付账户 13 验收和工程试车 13.1 分部分项工程验收 13.2 竣工验收 13.3 工程试车 13.4 提前交付单位工程的验收 13.5 施工期运行 13.6 竣工退场 14 竣工结算 14.1 竣工结算申请 14.2 竣工结算审核 14.3 甩项竣工协议 14.4 最终结清 15 缺陷责任与保修 15.1 工程保修的原则 15.2 缺陷责任期 15.3 质量保证金 15.4 保修 16 违约 16.1 发包人违约 16.2 承包人违约 16.3 第三人造成的违约 17 不可抗力 17.1 不可抗力的确认

续表 2-1

组成文件	文件内容
通用合同条款	17.2　不可抗力的通知 17.3　不可抗力后果的承担 17.4　因不可抗力解除合同 18　保险 18.1　工程保险 18.2　工伤保险 18.3　其他保险 18.4　持续保险 18.5　保险凭证 18.6　未按约定投保的补救 18.7　通知义务 19　索赔 19.1　承包人的索赔 19.2　对承包人索赔的处理 19.3　发包人的索赔 19.4　对发包人索赔的处理 19.5　提出索赔的期限 20　争议解决 20.1　和解 20.2　调解 20.3　争议评审 20.4　仲裁或诉讼 20.5　争议解决条款效力
专用合同条款	专用合同条款的条款号与通用合同条款相一致，但主要是空格，由当事人根据工程的具体情况予以明确或者对通用合同条款进行修改
附件	附件1　承包人承揽工程项目一览表 专用合同条款附件： 附件2　发包人供应材料设备一览表 附件3　工程质量保修书 附件4　主要建设工程文件目录 附件5　承包人用于本工程施工的机械设备表 附件6　承包人主要施工管理人员表 附件7　分包人主要施工管理人员表 附件8　履约担保格式 附件9　预付款担保格式 附件10　支付担保格式 附件11　暂估价一览表

(1)合同协议书是《示范文本》中总纲性文件。主要包括工程概况、合同工期、质量标准、签约合同价和合同价格形式、项目经理、合同文件构成、承诺以及合同生效条件等重要

内容，集中约定了合同当事人基本的合同权利义务。

(2)通用合同条款是合同当事人根据《中华人民共和国建筑法》《中华人民共和国合同法》等法律法规的规定，就工程建设的实施及相关事项，对合同当事人的权利义务做出的原则性约定。

通用合同条款共计20条，具体条款分别为一般约定，发包人，承包人，监理人，工程质量，安全文明施工与环境保护，工期和进度，材料与设备，试验与检验，变更，价格调整，合同价格、计量与支付，验收和工程试车，竣工结算，缺陷责任与保修，违约，不可抗力，保险，索赔和争议解决。前述条款安排既考虑了现行法律法规对工程建设的有关要求，也考虑了建设工程施工管理的特殊需要。

(3)专用合同条款是对通用合同条款原则性约定的细化、完善、补充、修改或另行约定的条款。合同当事人可以根据不同建设工程的特点及具体情况，通过双方的谈判、协商对相应的专用合同条款进行修改补充。在使用专用合同条款时，应注意以下事项：

①专用合同条款的编号应与相应的通用合同条款的编号一致。

②合同当事人可以通过对专用合同条款的修改，满足具体建设工程的特殊要求，避免直接修改通用合同条款。

③在专用合同条款中有横道线的地方，合同当事人可针对相应的通用合同条款进行细化、完善、补充、修改或另行约定；如无细化、完善、补充、修改或另行约定，则填写“无”或画“/”。

2. 施工合同文件的组成及解释顺序

《示范文本》规定了合同文件的优先顺序。

组成合同的各项文件应互相解释，互为说明。除专用合同条款另有约定外，解释合同文件的优先顺序如下：

(1)合同协议书；

(2)中标通知书(如果有)；

(3)投标函及其附录(如果有)；

(4)专用合同条款及其附件；

(5)通用合同条款；

(6)技术标准和要求；

(7)图纸；

(8)已标价工程量清单或预算书；

(9)其他合同文件。

上述各项合同文件包括合同当事人就该项合同文件所做出的补充和修改，属于同一类内容的文件，应以最新签署的为准。

在合同订立及履行过程中形成的与合同有关的文件均构成合同文件组成部分，并根据其性质确定优先解释顺序。

3. 施工合同双方的一般权利和义务

了解施工合同中承发包双方的一般权利和义务，是建筑施工企业项目经理最基本的要求。在市场经济条件下，施工任务的最终确认是以施工合同为依据的，项目经理必须代表施工企业(承包人)完成应当由施工企业完成的工作;了解发包人的工作则是项目经理在施工中要求发包人合作的基础,也是维护己方权益的基础。《示范文本》规定了施工合同双方的一般权利和义务。

1)发包方义务

根据专用合同条款约定的内容和时间,发包人应完成以下义务:

A. 许可或批准

发包人应遵守法律,并办理法律规定由其办理的许可、批准或备案,包括但不限于建设用地规划许可证、建设工程规划许可证、建设工程施工许可证、施工所需临时用水、临时用电、中断道路交通、临时占用土地等许可和批准。发包人应协助承包人办理法律规定的有关施工证件和批件。

因发包人原因未能及时办理完毕前述许可、批准或备案,由发包人承担由此增加的费用和(或)延误的工期,并支付承包人合理的利润。

B. 发包人代表

发包人应在专用合同条款中明确其派驻施工现场的发包人代表的姓名、职务、联系方式及授权范围等事项。发包人代表在发包人的授权范围内,负责处理合同履行过程中与发包人有关的具体事宜。发包人代表在授权范围内的行为由发包人承担法律责任。发包人更换发包人代表的,应提前7天书面通知承包人。

发包人代表不能按照合同约定履行其职责及义务,并导致合同无法继续正常履行的,承包人可以要求发包人撤换发包人代表。

不属于法定必须监理的工程,监理人的职权可以由发包人代表或发包人指定的其他人员行使。

C. 发包人人员

发包人应要求在施工现场的发包人人员遵守法律及有关安全、质量、环境保护、文明施工等规定,并保障承包人免于承受因发包人人员未遵守上述要求给承包人造成的损失和责任。

发包人人员包括发包人代表及其他由发包人派驻施工现场的人员。

D. 施工现场、施工条件和基础资料的提供

(1)提供施工现场。

除专用合同条款另有约定外,发包人应最迟于开工日期7天前向承包人移交施工现场。

(2)提供施工条件。

除专用合同条款另有约定外,发包人应负责提供施工所需要的条件,包括:

①将施工用水、电力、通信线路等施工所必需的条件接至施工现场内。

②保证向承包人提供正常施工所需要的进入施工现场的交通条件。

③协调处理施工现场周围地下管线和邻近建筑物、构筑物、古树名木的保护工作,并承担相关费用。

④按照专用合同条款约定应提供的其他设施和条件。

(3)提供基础资料。

发包人应当在移交施工现场前向承包人提供施工现场及工程施工所必需的毗邻区域内供水、排水、供电、供气、供热、通信、广播电视等地下管线资料，气象和水文观测资料，地质勘查资料，相邻建筑物、构筑物和地下工程等有关基础资料，并对所提供资料的真实性、准确性和完整性负责。

按照法律规定确需在开工后方能提供的基础资料，发包人应尽其努力及时地在相应工程施工前的合理期限内提供，合理期限应以不影响承包人的正常施工为限。

(4)逾期提供的责任。

因发包人原因未能按合同约定及时向承包人提供施工现场、施工条件、基础资料的，由发包人承担由此增加的费用和(或)延误的工期。

E. 资金来源证明及支付担保

除专用合同条款另有约定外，发包人应在收到承包人要求提供资金来源证明的书面通知后28天内，向承包人提供能够按照合同约定支付合同价款的相应资金来源证明。

除专用合同条款另有约定外，发包人要求承包人提供履约担保的，发包人应当向承包人提供支付担保。支付担保可以采用银行保函或担保公司担保等形式，具体由合同当事人在专用合同条款中约定。

F. 支付合同价款

发包人应按合同约定向承包人及时支付合同价款。

G. 组织竣工验收

发包人应按合同约定及时组织竣工验收。

H. 现场统一管理协议

发包人应与承包人、由发包人直接发包的专业工程的承包人签订施工现场统一管理协议，明确各方的权利义务。施工现场统一管理协议作为专用合同条款的附件。

2)承包人义务

承包人指在协议书中约定，被发包人接受的具有工程承包主体资格的当事人以及取得该当事人资格的合法继承人。《中华人民共和国建筑法》规定：承包人必须具有企业法人资格，同时持有工商行政管理机关核发的营业执照和建设行政主管部门颁发的资格证书，在核准的资质等级许可范围内承揽工程。

承包人按照合同规定进行施工、竣工，并完成工程质量保修责任。承包人的工程范围有合同协议书约定或由工程项目一览表确定，并应按专用合同条款约定的内容和时间完成以下义务。

A. 承包人的一般义务

承包人在履行合同过程中应遵守法律和工程建设标准规范，并履行以下义务：

(1)办理法律规定应由承包人办理的许可和批准，并将办理结果书面报送发包人留存。

(2)按法律规定和合同约定完成工程，并在保修期内承担保修义务。

(3)按法律规定和合同约定采取施工安全和环境保护措施，办理工伤保险，确保工程及人员、材料、设备和设施的安全。

(4)按合同约定的工作内容和施工进度要求，编制施工组织设计和施工措施计划，并对所有施工作业和施工方法的完备性和安全可靠性负责。

(5)在进行合同约定的各项工作时，不得侵害发包人与他人使用公用道路、水源、市政管网等公共设施的权利，避免对邻近的公共设施产生干扰。承包人占用或使用他人的施工场地，影响他人作业或生活的，应承担相应责任。

(6)按照《示范文本》第6.3款(环境保护)约定负责施工场地及其周边环境与生态的保护工作。

(7)按《示范文本》第6.1款(安全文明施工)约定采取施工安全措施，确保工程及其人员、材料、设备和设施的安全，防止因工程施工造成的人身伤害和财产损失。

(8)将发包人按合同约定支付的各项价款专用于合同工程，且应及时支付其雇佣人员工资，并及时向分包人支付合同价款。

(9)按照法律规定和合同约定编制竣工资料，完成竣工资料立卷及归档，并按专用合同条款约定的竣工资料的套数、内容、时间等要求移交发包人。

(10)应履行的其他义务。

B. 项目经理

(1)项目经理应为合同当事人所确认的人选，并在专用合同条款中明确项目经理的姓名、职称、注册执业证书编号、联系方式及授权范围等事项，项目经理经承包人授权后代表承包人负责履行合同。项目经理应是承包人正式聘用的员工，承包人应向发包人提交项目经理与承包人之间的劳动合同，以及承包人为项目经理缴纳社会保险的有效证明。承包人不提交上述文件的，项目经理无权履行职责，发包人有权要求更换项目经理，由此增加的费用和(或)延误的工期由承包人承担。

(2)项目经理应常驻施工现场，且每月在施工现场时间不得少于专用合同条款约定的天数。项目经理不得同时担任其他项目的项目经理。项目经理确需离开施工现场时，应事先通知监理人，并取得发包人的书面同意。项目经理的通知中应当载明临时代行其职责的人员的注册执业资格、管理经验等资料，该人员应具备履行相应职责的能力。

承包人违反上述约定的，应按照专用合同条款的约定，承担违约责任。

(3)项目经理按合同约定组织工程实施。在紧急情况下为确保施工安全和人员安全，在无法与发包人代表和总监理工程师及时取得联系时，项目经理有权采取必要的措施保证与工程有关的人身、财产和工程的安全，但应在48 h内向发包人代表和总监理工程师提交书面报告。

(4)承包人需要更换项目经理的，应提前14天书面通知发包人和监理人，并征得发包人书面同意。通知中应当载明继任项目经理的注册执业资格、管理经验等资料，继任项目经理继续履行《示范文本》第3.2.1项约定的职责。未经发包人书面同意，承包人不得擅自更换项目经理。承包人擅自更换项目经理的，应按照专用合同条款的约定承担违约责任。

(5)发包人有权书面通知承包人更换其认为不称职的项目经理，通知中应当载明要求更换的理由。承包人应在接到更换通知后14天内向发包人提出书面的改进报告。发包人收到改进报告后仍要求更换的，承包人应在接到第二次更换通知的28天内进行更换，并将新任命的项目经理的注册执业资格、管理经验等资料书面通知发包人。继任项目经理继续履行《示范文本》第 3.2.1 项约定的职责。承包人无正当理由拒绝更换项目经理的,应按照专用合同条款的约定承担违约责任。

(6)项目经理因特殊情况授权其下属人员履行其某项工作职责的,该下属人员应具备履行相应职责的能力,并应提前 7 天将上述人员的姓名和授权范围书面通知监理人,并征得发包人书面同意。

C. 承包人人员

(1)除专用合同条款另有约定外,承包人应在接到开工通知后 7 天内,向监理人提交承包人项目管理机构及施工现场人员安排的报告,其内容应包括合同管理、施工、技术、材料、质量、安全、财务等主要施工管理人员名单及其岗位、注册执业资格等,以及各工种技术工人的安排情况,并同时提交主要施工管理人员与承包人之间的劳动关系证明和缴纳社会保险的有效证明。

(2)承包人派驻到施工现场的主要施工管理人员应相对稳定。施工过程中如有变动,承包人应及时向监理人提交施工现场人员变动情况的报告。承包人更换主要施工管理人员时,应提前 7 天书面通知监理人,并征得发包人书面同意。通知中应当载明继任人员的注册执业资格、管理经验等资料。

特殊工种作业人员均应持有相应的资格证明,监理人可以随时检查。

(3)发包人对于承包人主要施工管理人员的资格或能力有异议的,承包人应提供资料证明被质疑人员有能力完成其岗位工作或不存在发包人所质疑的情形。发包人要求撤换不能按照合同约定履行职责及义务的主要施工管理人员的,承包人应当撤换。承包人无正当理由拒绝撤换的,应按照专用合同条款的约定承担违约责任。

(4)除专用合同条款另有约定外,承包人的主要施工管理人员离开施工现场每月累计不超过 5 天的,应报监理人同意;离开施工现场每月累计超过 5 天的,应通知监理人,并征得发包人书面同意。主要施工管理人员离开施工现场前应指定一名有经验的人员临时代行其职责,该人员应具备履行相应职责的资格和能力,且应征得监理人或发包人的同意。

(5)承包人擅自更换主要施工管理人员,或前述人员未经监理人或发包人同意擅自离开施工现场的,应按照专用合同条款约定承担违约责任。

D. 承包人现场查勘

承包人应对基于发包人提交的基础资料所做出的解释和推断负责,但因基础资料存在错误、遗漏导致承包人解释或推断失实的,由发包人承担责任。

承包人应对施工现场和施工条件进行查勘,并充分了解工程所在地的气象条件、交通条件、风俗习惯以及其他与完成合同工作有关的其他资料。因承包人未能充分查勘、了解前述情况或未能充分估计前述情况所可能产生后果的,承包人承担由此增加的费用和(或)延误的工期。

E. 分包

(1)分包的一般约定。

承包人不得将其承包的全部工程转包给第三人,或将其承包的全部工程肢解后以分包的名义转包给第三人。承包人不得将工程主体结构、关键性工作及专用合同条款中禁止分包的专业工程分包给第三人,主体结构、关键性工作的范围由合同当事人按照法律规定在专用合同条款中予以明确。

承包人不得以劳务分包的名义转包或违法分包工程。

(2)分包的确定。

承包人应按专用合同条款的约定进行分包,确定分包人。已标价工程量清单或预算书中给定暂估价的专业工程,按照《示范文本》第 10.7 款(暂估价)确定分包人。按照合同约定进行分包的,承包人应确保分包人具有相应的资质和能力。工程分包不减轻或免除承包人的责任和义务,承包人和分包人就分包工程向发包人承担连带责任。除合同另有约定外,承包人应在分包合同签订后 7 天内向发包人和监理人提交分包合同副本。

(3)分包管理。

承包人应向监理人提交分包人的主要施工管理人员表,并对分包人的施工人员进行实名制管理,包括但不限于进出场管理、登记造册以及各种证照的办理。

(4)分包合同价款。

①除"分包的确定"约定的情况或专用合同条款另有约定外,分包合同价款由承包人与分包人结算,未经承包人同意,发包人不得向分包人支付分包工程价款;

②生效法律文书要求发包人向分包人支付分包合同价款的,发包人有权从应付承包人工程款中扣除该部分款项。

(5)分包合同权益的转让。

分包人在分包合同项下的义务持续到缺陷责任期届满以后的,发包人有权在缺陷责任期届满前,要求承包人将其在分包合同项下的权益转让给发包人,承包人应当转让。除转让合同另有约定外,转让合同生效后,由分包人向发包人履行义务。

F. 工程照管与成品、半成品保护

(1)除专用合同条款另有约定外,自发包人向承包人移交施工现场之日起,承包人应负责照管工程及工程相关的材料、工程设备,直到颁发工程接收证书之日止。

(2)在承包人负责照管期间,因承包人原因造成工程、材料、工程设备损坏的,由承包人负责修复或更换,并承担由此增加的费用和(或)延误的工期。

(3)对合同内分期完成的成品和半成品,在工程接收证书颁发前,由承包人承担保护责任。因承包人原因造成成品或半成品损坏的,由承包人负责修复或更换,并承担由此增加的费用和(或)延误的工期。

G. 履约担保

发包人需要承包人提供履约担保的,由合同当事人在专用合同条款中约定履约担保的方式、金额及期限等。履约担保可以采用银行保函或担保公司担保等形式,具体由合同当事人在专用合同条款中约定。

因承包人原因导致工期延长的,继续提供履约担保所增加的费用由承包人承担;非因承包人原因导致工期延长的,继续提供履约担保所增加的费用由发包人承担。

H. 联合体

(1)联合体各方应共同与发包人签订合同协议书。联合体各方应为履行合同向发包人承担连带责任。

(2)联合体协议经发包人确认后作为合同附件。在履行合同过程中,未经发包人同意,不得修改联合体协议。

(3)联合体牵头人负责与发包人和监理人联系,并接受指示,负责组织联合体各成员全面履行合同。

二、FIDIC 合同条件

(一)FIDIC 土木工程施工合同条件简介

1. 国际咨询工程师联合会及其合同条款

FIDIC 是国际咨询工程师联合会(Fédération Internationale Des Ingénieurs Conseils)的法文名称的缩写,它是由各国咨询工程师协会创建的,其目标是共同促进成员协会的专业影响,并向各成员协会传播他们感兴趣的信息。第二次世界大战以后,成员的数目迅速发展,到 20 世纪末,已成为拥有遍布全球 67 个成员的协会,是世界上最具有权威性的国际工程咨询工程师组织。

FIDIC 下设五个永久性专业委员会,即业主与咨询工程师关系委员会(CCRC)、合同委员会(CC)、风险管理委员会(RMC)、质量管理委员会(QMC)和环境委员会(ENVC)。各专业委员会编制出版了许多规范性和指南性的文件。

目前,最新的 FIDIC 工程合同条件(1999 年第 1 版)为一系列的标准合同范本:《施工合同条件》(新红皮书)、《生产设备和设计—施工合同条件》(新黄皮书)、《设计采购施工(EPC)/交钥匙工程合同条件》(银皮书)和《简明合同格式》(绿皮书)。

新版 FIDIC 合同继承了以往 FIDIC 合同条件的优点,并根据多年来在实践中取得的经验以及专家、学者和相关各方的意见和建议,做出了重大的调整。在结构、布局和措辞等方面做了重大的修改:统一了条款、定义和措辞,条款数目统一为 20 条。此次出版的新红皮书和新黄皮书,不是在原有合同条件基础上修改的,而是进行了重新编写。银皮书和绿皮书是首次推出的。

(1)《施工合同条件》(新红皮书)。推荐用于由雇主或其代表工程师设计的建筑或工程项目。这种合同的通常情况是,由承包商按照雇主提供的设计进行工程施工。但该工程可以包含由承包商设计的土木、机械、电气和(或)构筑物的某些部分。

(2)《生产设备和设计—施工合同条件》(新黄皮书)。推荐用于电气和(或)机械生产设备供货和建筑或工程的设计与施工。这种合同的通常情况是,由承包商按照雇主要求,设计和提供生产设备和(或)其他工程;可以包括土木、机械、电气和(或)构筑物的任何组合。

(3)《设计采购施工(EPC)/交钥匙工程合同条件》(银皮书)。可适用于以交钥匙方式提供加工或动力设备、工厂或类似设施、基础设施项目或其他类型发展项目。这种方式具有的特点:①项目的最终价格和要求的工期具有更大程度的确定性;②由承包商承担项目的设计和实施的全部职责,雇主卷入很少。交钥匙工程的通常情况是,由承包商进行全部设计、采购和施工(EPC),提供一个配备完善的设施,“转动钥匙”即可运行。

(4)《简明合同格式》(绿皮书)。这是一本全新的合同条件。推荐用于资本金额较小的建筑或工程项目。根据项目的类型和具体情况,这种格式也可用于较大资本金额的合同，特别是适用于简单或重复性的工程或工期较短的工程。这种合同的通常情况是，由承包商按照雇主或其代表（如有时）提供的设计进行工程施工，但这种格式也可适用于包括或全部由承包商设计的土木、机械、电气和（或）建筑物的合同。

2. FIDIC 系列合同条件的特点

1）国际性、广泛的使用性和权威性

FIDIC 系列合同条件是在总结国际工程合同管理各方面经验教训的基础上制定的，是在总结各个国家和地区的业主、咨询工程师和承包商各个方面经验的基础上编制出来的，并且不断地修改完善，是国际上最有权威性的合同文件，也是世界上国际招标的工程项目中使用最多的合同条件。我国有关部委编制的合同条件和协议书范本也都把 FIDIC 系列合同条件作为重要的参考文本。世界银行、亚洲开发银行、非洲开发银行等国际金融机构组织的贷款项目，规定必须采用 FIDIC 系列合同条件。同时，FIDIC 条件包括既保证了一般的、普遍的使用性，又照顾了合同双方的特殊要求和工程特点，因此使用范围非常广泛。

2）程序严谨，易于操作

合同条件中处理各种问题的程序非常严谨，特别强调要及时地处理和解决问题，以避免由于拖拉而产生的不良后果。另外，还特别强调各种书面文件及证据的重要性，这些规定使各方有章可循、易于操作和实施。

3）强化了工程师的作用

FIDIC 合同条件明确规定了工程师的权利和职责，赋予工程师在工程管理方面的充分权利。工程师是独立的、公正的第三方，工程师是受业主聘用，负责合同管理和工程监督。要求承包商严格遵守和执行工程师的指令，简化了工程项目管理中一些不必要的环节，为工程项目的顺利实施创造了条件。

4）公正合理

FIDIC 合同条件较为公正地考虑了合同双方的利益，包括合理地分配工程责任，合理地分配工程风险，为双方确定一个合理的价格奠定了良好的基础。合同在确定工程师权利的同时，又要求其必须公正地行事，从而进一步保证了合同条件的公正性。

3. FIDIC《施工合同条件》的内容构成

FIDIC《施工合同条件》适用于国内外公开招标的土木工程项目承包管理。FIDIC《施工合同条件》的内容构成为：第一部分通用条件，第二部分专用条件，以及一套标准格式。下面分别予以简要介绍。

1）通用条件

FIDIC《施工合同条件》中的通用条件是固定不变的，工民建、水电工程、路桥工程等都适用。通用条件共包括 20 条 163 款，通用条件包括了土木工程项目施工合同中双方的权利、义务和责任，明确规定了执行合同时的法律、经济、技术等各方面的内容与管理方法，以保证工程项目顺利进行。在国际土木工程项目的招标文件中，FIDIC 合同通用条件一般可直接进入招标文件，不需再重新去编写合同通用条件。例如，我国的鲁布革水电站工程项目、引大入秦水利工程项目、京津塘高速公路项目等，都是直接引用 FIDIC 合同通用条件，并得到世界银行的认可。

2)专用条件

FIDIC《施工合同条件》的专用条件共有20条,其20条编号和通用条件的20条相对应,是对通用条件各相应条款的补充或进一步的明确化。一般土木工程项目的合同专用条件,大都由工程项目的招标委员会或咨询公司根据工程项目所在国的情况,或项目自身的特性,对照第一部分合同通用条件,参考工程项目再具体编写。特别是当通用条件中的某些条款不适合时,就可在专用条件中换上本项目合适的内容。另外,当通用条件中一些条款写得不具体不细致时,可以对专用条件相对应的条款进行补充和完善。因此,在阅读合同条件时,应仔细慎重地读懂合同专用条件的具体规定。从法律意义上讲,合同专用条件的法律地位高于合同通用条件。

由此可知,通用条件和专用条件是统一的整体,相互补充完善而不可分割。专用条件的各条款也给出了不同的措辞,供编写具有工程项目合同专用条件时参考选择,以适应工程项目所在国的具体情况。对有些条款,提出了应注意的事项;对于一些特殊情况,还提出补充性的条款,如保密的要求,对联营体的责任划分及对领头公司的要求等;对于疏浚工程和填筑工程,可以在专用条件中予以专门考虑。

3)标准格式

在FIDIC《施工合同条件》通用条件和专用条件的后面,还给出了土木工程承包合同文件的一些标准格式,以便对国际公开招标的工程项目给予指导,也便于评标比较,例如承包商投标书的标准格式、业主和承包商双方的协议书标准格式,以及投标书的附表和附录,反映投标书中的一些重要数据资料等。

合同文件包括的范围,构成合同的几个文件之间应能互相解释。当它们之间出现矛盾和不一致时,FIDIC《施工合同条件》第5.2款对合同文件及其优先顺序规定如下:“构成合同的若干文件应被认为是互相说明的,但在出现含糊或歧义时,则应由工程师对之做出解释或订正,工程师并应就此向承包商发出有关指示。”在此情况下,除合同另有规定外,构成合同的各文件的优先解释顺序应如下:

(1)协议书。

(2)中标函。

(3)投标书及其附件。

(4)合同的专用条件。

(5)合同的通用条件。

(6)构成合同组成部分的其他任何文件。

4. FIDIC合同条件的应用范围

FIDIC合同条件的应用范围如下:

(1)土木工程项目。

(2)业主授权工程师对合同实施监督的项目。

(3)主要使用于单价合同,但单价合同也可带有若干总价(包干)合同。

(二)FIDIC《施工合同条件》

1.业主的权利

(1)业主有权要求承包商按照合同规定的工期提交质量合格的工程。

(2)业主有权批准合同的转让。

未经业主同意，承包商不得将合同的任何部分的权利和义务转让，并不得对合同中或合同名义下的任何权益进行转让。

(3)业主有权指定分包商。

所谓指定分包商，是由业主指定、选定，完成某项特定工作内容并与承包商签订分包合同的特殊分包商。

业主有权对在暂定金额中列出的任何工程的施工，或任何货物、材料、工程设备或服务提供分项指定承担人。该分包商仍与承包商签订分包合同，指定分包商应向承包商负责。承包商应负责管理和协调。对指定分包商的付款，仍由承包商按分包合同进行。然后，承包商提出已向分包商付款的证明，由工程师批准在暂定金额中向承包商支付。如果指定分包商失误，造成承包商损失，承包商可以向业主索赔。同时，承包商如果有理由，可以反对雇佣业主指定的分包商。

(4)在承包商无力或不愿意执行工程师指令时，业主有权雇佣他人完成任务。

如果承包商未执行工程师指令，在规定时间内未更换不符合合同的材料和工程设备，未拆除任何不符合合同规定的工程并重新施工的，业主有权雇佣他人完成上述指令，其费用全部由承包商支付。同时，无论在工程施工期间或在保修期间，如果发生工程事故、故障或其他事件，而承包商没有（无能力或不愿意）执行工程师指令去立即执行修补工作，则业主有权雇佣其他人去完成该项工作并支付费用。如果上述问题由承包商责任引起，则应由承包商负担费用。

(5)除属于业主风险和特殊风险外，业主对承包商的设备、材料和临时工程的损失或损坏不承担责任。

(6)在一定条件下，业主可以终止合同。

如果工程师证明承包商存在下列情况之一，业主有权终止合同：

①承包商破产或失去偿付能力。

②承包商未经业主同意转让合同。

③承包商无视工程师的警告，固执地或公然地忽视合同中规定的义务。

④承包商无正当理由，在接到工程师开工指令后拒不开工。

⑤承包商拖延工期，而又无视工程师的指示，拒不采取加快施工的措施。

⑥承包商否认合同有效。

在合同履行过程中如发生了双方都无法控制的情况，如战争、地震等，业主有权提出终止合同。

(7)业主有权提出仲裁。

当在业主和承包商之间发生合同争议，或承包商未能执行工程师的决定时，业主有权提出仲裁。这是业主借助于法律手段保障合同实施的措施。

2. 业主的义务

(1)业主应编制双方实施项目的合同协议书。

(2)业主应承担拟订和签订合同的费用，并承担合同规定的设计文件以外的其他设计的费用。

(3)业主应委派工程师管理工程施工。

在工程实施过程中,业主通过工程师管理工程,下达指令,行使权力。通常情况下,业主赋予工程师在 FIDIC 合同中明确规定的,或者由该合同引申的权力。但是,如果业主要限定工程师的权力,或要求工程师在行使某些权力之前,需得到业主的批准,则可在 FIDIC 专用条件中予以明确。但 FIDIC 合同是业主和承包商之间的合同,业主必须为工程师的行为承担责任。如果工程师在工程管理中失误,业主必须承担赔偿责任。

(4)业主应批准承包商的履约担保、担保机构及保险条件。

在承包商没有足够的保险证明文件的情况下,业主应代为保险(随后可从承包商处扣回该项费用)。

(5)业主应配合承包商办理有关事务。

在承包商提交投标文件前,业主有义务向承包商提供有关该工程勘察所得的水文地质资料,并协助承包商进行现场勘察工作。在向承包商授标后,业主应尽力协助承包商办理有关设备和材料等工程所需物品进口的海关手续。

(6)业主应按时提供施工现场。

业主可以在施工开始前一次性移交全部施工现场;也允许随着施工进展的实际需要,在合理的时间内分段陆续移交。如果业主没有依据合同约定履行义务,不仅要对承包商因此而受到的损失给予费用补偿和顺延合同工期,而且要由承包商提出新的合理施工进度计划和开工时间。为了明确合同责任,应在合同专用条件内具体规定移交施工现场区域和通行道路的范围,陆续移交的时间、现场和通行道路所应达到的标准等详细条件。

(7)业主应按合同约定时间及时提供施工图纸。

虽然通用条件中规定:“工程师应在合理的时间内向承包商提供施工图纸”,但图纸大多由业主准备或委托设计单位完成,经工程师审核后发放给承包商。大型工程为了缩短施工周期,初步设计完成后就可以开始施工招标,施工图纸在施工阶段陆续发送给承包商。如果施工图纸不能在合理的时间内提供,就会打乱承包商的施工计划,尤其是施工过程中出现的重大设计变更,在相当长时间内不能提供施工图纸就可能会导致施工中断,因此业主应妥善处理好提供图纸的组织工作。

(8)业主应按时支付工程款。

通用条件规定,首次分期预付款,业主应在中标函发出之日起 42 天内,或根据履约担保以及预付款的规定,在收到相关的文件之日起 21 天内,二者中较晚时间内支付;工程师在收到承包商的报表和证明文件后 28 天内,应向业主签发工程进度款支付证书;在工程师收到工程进度款支付报表和证明文件 56 天内,业主应向承包商支付工程款;收到最终支付证书后,要在 56 天内支付工程款。如果业主拖欠支付工程款,在规定日期内未能支付,承包商有权就未付款额按月计复利收取延误期的利息作为融资费,此项融资费的年利率是以支付货币所在国中央银行的贴现率加上三个百分点计算而得的。

(9)业主应负责移交工程的照管责任。

业主根据工程师颁发的工程移交证书,接收按合同规定已基本竣工的任何部分工程或全部工程,并从此承担这些工程的照管责任。

(10)业主应承担有关工程风险。

业主对因自己的风险因素造成的承包商的损失应负有补偿义务。对其他不能合理预见的风险导致承包商的实际投入成本增加给予相应补偿。

(11)业主应对自己授权在现场的工作人员的安全负全部责任。

3. 承包商的权利

(1)进入现场的权利。

(2)对已完工程有按时得到工程款的权利。

承包商在施工过程中，有权得到经过工程师证明质量合格的已完工程的付款。

(3)有提出工期和费用索赔的权利。

在施工过程中，对于非承包商原因造成的工程费用增加或工期延长，承包商有提出工期和费用索赔的权利，以保护自己的正当利益。

(4)有终止受雇或者暂停工作的权利。

在业主有下列情况之一时，承包商有权终止受雇或者暂停工作：

①业主在合同规定的应付款时间期满 42 天之内，未能按工程师批准的付款证书向承包商付款。

②业主干涉、阻挠或拒绝工程师颁发付款证书。

③业主宣布破产或由于经济混乱而导致业主不具备继续履行其合同义务的能力。

④对业主准备撤换的工程师有拒绝的权利。

⑤有提出仲裁的权利。

4. 承包商的义务

(1)遵守工程所在地的法规、法令。

承包商的一切行为都必须遵守工程所在地的法律和法规，不应因自己的任何违反法规的行为而使业主承担责任或罚款。承包商的守法行为包括：按规定缴纳除专用条件中写明可以免交以外的所有税金；不得因自己的行为而侵犯专利权；缴纳公共交通设施的使用费及损坏赔偿费；承担施工料场的使用费或赔偿费；采取一切合理措施，遵守《中华人民共和国环境保护法》的有关规定等。

(2)确认签订施工合同的完备性和正确性。

承包商是经过现场考察后编制的投标书，并与业主就合同文件的内容协商达成一致后签署的合同协议书，因此承包商必须承认合同的完备性和正确性。也就是说，除合同中另有规定的情况以外，合同价格已包括了完成承包任务的全部施工、竣工和修补任何缺陷工作的所需费用。

(3)对工程图纸和设计文件应承担的责任。

通用条件规定，设计文件和图纸由工程师单独保管，免费提供给承包商两套复制件。承包商必须将其中的一套保存在施工现场，随时供工程师和其授权的其他监理人员进行施工检查之用。承包商不得将本工程的图纸、技术规范和其他文件，在取得工程师同意前用于其他工程或传播给第三方。合同明文规定，由承包商设计的部分永久性工程，承包商应将设计文件按质、按量、按期完成，报经工程师批准后用于施工。工程师对承包商设计图纸的批准认可，不能解除承包商应负的施工或图纸设计的任何责任。工程施工达到竣工条件时，只有当承包商将其负责设计那部分永久工程竣工图及使用和维修手册提交后，经工程师批准,才能认为达到竣工要求。如果承包商负责的设计涉及使用了他人的专利技术,则应与业主和工程师就设计资料的保密和专利权等问题达成协议。

(4)提交进度计划和现金流量估算。

承包商在接到工程师的开工通知后在规定时间内应尽快开工。同时,承包商应按照合同及工程师的要求,在规定的时间内,向工程师提交一份详细的施工进度计划,并取得工程师的同意,同时提交对其工程施工拟采用的方案及施工总说明;在任何时候,如果工程师认为工程的实际进度不符合已同意的施工进度计划,只要工程师要求,承包商应提交一份经过修改的进度计划。

承包商应每个月向工程师提交月进度报告,此报告应随进度款支付报表的申请一并提交。月进度报告包括的内容应很全面,主要有施工进度的图表和详细说明,照片,工程设备制造、加工进度和其他情况,承包商的人员和设备数量,质量保证文件、材料检验结果,双方索赔通知,安全情况,实际进度与计划进度对比情况等。

此外,承包商应按进度向工程师提交其根据合同规定有权得到的全部将由业主支付的详细现金流量估算;如果工程师以后提出要求,承包商还应提交经过修正的现金流量估算。

(5)任命项目经理。

承包商应任命一名合格的并被授权的代表全面负责工程的施工,此代表须经工程师批准,代表承包商接受工程师的各项指示。如果由于该代表不胜任、渎职等原因,工程师有权要求承包商将其撤回,并且以后不能再在此项目工作,而另外再派一名经工程师批准的代表。

(6)放线。

承包商根据工程师给定的原始基准点、基准线、参考标高等,对工程进行准确的放线,尽管工程师要检查承包商的放线工作,但承包商仍然要对放线的正确性负责。除非是由于工程师提供了错误的原始数据;否则,承包商应对由于放线错误引起的一切差错自费纠正。

(7)对工程质量负责。

承包商应按照合同建立一套质量保证体系,在每一项工程的设计和施工实施阶段开始之前,均应将所有程序的细节和执行文件提交工程师。工程师有权审查该质量保证体系的各个方面,但这并不能解除承包商在合同中的任何职责、义务和责任。这对承包商的施工质量管理提出了更高的要求,同时也便于工程师检查工作和保证工程质量。

承包商应按照合同的各项规定,以应有的精力和努力对承包范围的工程进行设计和施工。合同中规定的由承包商提供的一切材料、工程设备和工艺,都应符合合同规定的质量要求。对不符合合同规定而被工程师拒收的材料和工程设备,承包商应立即纠正缺陷,并保证使它们符合合同规定。如果工程师要求,应对它们进行复检,其费用由承包商负责。承包商应执行工程师的指令,更换不符合合同规定的任何材料和工程设备,拆除不符合合同规定的工程,并按原设计要求重新施工。

缺陷责任期满之前,承包商负有施工、竣工以及修补任何所发现缺陷的全部责任。施工过程中,工程师对施工质量的认可,以及工程接收证书的颁发,都不能解除承包商对施工质量应承担的责任。只有工程圆满地通过了试运转的考验,工程师颁发了履约证书,才是对施工质量的最终确认。

(8)必须执行工程师发布的各项指令,并为工程师的各种检验提供条件。

工程师有权就涉及合同工程的任何事项发布有关指令,包括合同内未予说明的内容。对工程师发布的无论是书面指令或是口头指令,承包商都必须遵照执行。不过,对于口头指令,承包商应在发布后的2天内以书面形式要求予以确认。如果工程师在接到请求确认函后的2天内未做出书面答复,则可以认为这一口头指示是工程师的一项书面指令,承包商的请求确认函将作为变更工程结算的依据,成为合同文件的一个组成部分。若工程师的书面答复指出,口头指示的原因属于承包商应承担的责任,则承包商就不能获得额外支付。

承包商应为工程师及任何授权人进入现场和为工程制造、装配和准备材料或工程设备的车间和场所提供便利。同时,对承包商提供的一切材料、工程设备和工艺,承包商必须为工程师指令的各种检查、测量和检验提供通常需要的协助、劳务、燃料、仪器等条件,并在用于工程前,按工程师要求提交有关材料样品,以供检验。

(9)承担其责任范围内的相关费用。

承包商负责工程所用的或与工程有关的任何承包商的设备、材料或工程设备侵犯专利或其他权利而引起的一切索赔和诉讼,承担工厂用建筑材料和其他各种材料的一切吨位费、矿区使用费、租金以及其他费用。承包商承担取得进出现场所需专用或临时道路通行权的一切费用和开支,自费提供其所需的供工程施工使用的位于现场以外的附加设施。

(10)按期完成施工任务。

承包商必须按照合同约定的工期完成施工任务。若因承包商原因延误竣工日期的,将依据合同内约定的日延期赔偿额乘以延误天数后承担违约赔偿责任。但当延误天数较多时,以合同约定的最高赔偿限额为赔偿业主延迟发挥工程效益的最高款项。提前竣工的,承包商是否得到奖励,要看合同内对此是否有约定。

(11)负责对材料、设备等的照管工作。

从工程开始到颁发工程的接收证书为止,承包商对工程以及材料和待安装的工程设备的照管负完全责任。在此期间,如果发生任何损失或损坏,除属于业主的风险情况外,应由承包商承担责任。

(12)对施工现场的安全、卫生负责。

承包商应高度重视施工安全,做到文明施工。要使现场的施工井然有序,保障已完成工程不受损害,而且还应自费采取一切合理的安全措施,保证施工人员和所有有权进入现场人员的生命安全。如按工程师或有关当局要求,自费提供防护围栏、警告信号和警卫人员,以及采取一切适当措施保护环境,限制由其施工作业引起的污染、噪声和其他后果对公众和财产造成的损害妨害,确保排污量、噪声不超过规范和法律规定的标准。

同时,承包商应对工程和设备进行保险,应办理第三方保险,办理施工人员事故保险,并应在开工前提供保险证据。此外,在施工期间,承包商还应保持现场整洁。在颁发任何接收证书时,承包商应对该接收证书所涉及的那部分现场进行清理,达到工程师满意的使用状态。

(13)为其他承包商提供方便。

一个综合性大型工程,经常会有几个独立承包商同时在现场施工。为了保证工程项目整体计划的实现,通用条件规定每个承包商都应给其他承包商提供合理的方便条件。为了使各承包商在编制标书时能够恰当地计划自己的工作,每个独立合同的招标文件中均给出了同时在现场进行施工活动的有关信息。通常的做法是在某一合同的招标文件中规定为其他承包商提供必要施工方便的条件和服务责任,让承包商将这些费用考虑在报价之内。如果各招标文件中均未对此做出规定,而施工过程中有出现需要某一承包商为另一承包商提供服务时,工程师可向提供服务方发出书面指示,待其执行后批准一笔追加费用,计入该合同的承包价格中去。但对两个承包商之间通过私下协商而提供的方便服务,则不属于该条款所约定的承包商应尽义务。

(14)及时通知工程师在工程现场发现的意外事件并做出响应。

在工程现场挖掘出来的所有化石、硬币、有价值的物品或文物,均属于业主的绝对财产。承包商应采取措施防止其工人或者其他任何人员移动或损坏这些物品,承包商必须立即通知工程师,并按工程师的指示进行保护。由于执行此类指令造成承包商工期延长和费用增加,承包商有权提出索赔要求。

5. 工程师的权力和职责

工程师是受业主委托,负责合同履行的协调管理和监督施工独立的第三方。FIDIC《施工合同条件》的一个突出特点,就是在众多的条款中赋予了不属于合同签约当事人的工程师在合同管理方面的充分权力。工程师可以行使合同内规定的所有权力,也可以行使合同引申的权力。不仅承包商要严格遵守并执行工程师指令,而且工程师的决定对业主也同样具有约束力。

1)工程师的任务和权力

工程师具有以下任务和权力:

(1)工程师无权修改合同。

(2)工程师可以行使合同中规定的,或必然隐含的应属于工程师的权力。如果要求工程师在行使规定的权力前必须取得业主的批准,这些要求应在专用条件中写明。

(3)除得到承包商的同意外,业主承诺不对工程师的权力做进一步的限制。但是,每当工程师行使需由业主批准的规定权力时,则应视为业主已予批准,除非合同条件中另有说明。①每当工程师履行或行使合同规定或隐含的任务或权力时,应视为代表业主执行。②工程师无权解除任一方根据合同规定的任何任务、义务或职责。③工程师的任何批准、校核、证明、同意、检查、检验、指示、通知、建议、要求、试验或类似行动,不应解除合同规定的承包商的任何职责,包括错误、遗漏、误差和未遵照办理的职责。

(4)工程师在工程管理中具体的权力:①质量管理方面。主要表现在对运抵施工现场材料、设备质量的检查和检验,对承包商施工过程中的工艺操作进行监督,对已完成工程部位质量的确认或拒收,发布指令要求对不合格工程部位采取补救措施。②进度管理方面。主要表现在审查批准承包商的施工进度计划,指示承包商修改施工进度计划,发布开工令、暂停施工令、复工令和赶工令。③费用管理方面。主要表现在确定变更工程的估价,批准使用暂定金额和计日工,签发各种给承包商的付款证书。④合同管理方面。主要表现在解释合同文件中的矛盾和歧义,批准分包工程,发布工程变更指令,签发工程接收证书和履约证书,审核承包商的索赔,行使合同引申的必然权力。

2)工程师代表或助手

业主应任命工程师,工程师应履行合同中指派给他的任务。工程师的职员应包括具有资质的工程师和能承担这些任务的其他专业人员。工程师有时可以向其助手指派任务和托付权力,也可以撤销这种指派或托付。这些助手可以包括驻地工程师、被任命为检查和试验各项工程设备或材料的独立检查员。以上指派、托付或撤销应用书面形式,在双方收到抄件后才生效。但是,除非另经双方同意,工程师一般不得将应由其本人确定的任何事项的权力托付给他人。

助手应是具有适当资质,能履行这些任务,行使此项权力,遵守法律,流利地使用合同条款中规定的语言进行交流的人员。

已被指派任务或托付权力的每个助手,只能在授权托付规定的范围内对承包商发出指示。由助手按照托付做出的任何批准、校核、证明、同意、检查、检验、指示、通知、建议、要求、试验或类似行动,应具有工程师做出行动的同样效力。如承包商对助手的确定或指示提出质疑,承包商可将此事提交工程师,工程师应及时对该确定或指示进行确认、取消或改变。

3)工程师的指示

工程师可随时按照合同规定向承包商发出指示和实施工程及修补缺陷可能需要的附加说明或修正图纸。承包商必须接受工程师或根据合同条款托付适当权力的助手的指示。

承包商应执行工程师或托付助手对合同有关的任何事物发出的指示。这些指示一般应采用书面形式。如果工程师或托付助手给出口头指示,承包商或其代表应在2个工作日内向工程师发出指示的书面内容,并要求对指示的书面确认。工程师在收到书面确认后2个工作日内,如果未发出书面拒绝或未对指示进行答复,这时该确认应成为工程师或托付助手的书面指示。

4)工程师的替换

如果业主拟替换工程师,业主应在拟替换日期42天前通知承包商,告知拟替换工程师的名称、地址和有关经验。如果承包商向业主提出所替换工程师不适合该工程的合理理由,并附有详细依据,业主就不应用该人替换工程师。

6. FIDIC《施工合同条件》中的其他主要条款

1)合同的转让和分包

(1)合同的转让。是指承包商在中标签约后,将其所签合同中的权利和义务转让给第三者。由于合同转让可能招致不合格的承包商,所以合同条件中规定,没有取得业主的事先书面同意,承包商不得自行将合同或合同的任何部分,包括合同中的任何权益或利益转让给他人,否则可视为承包商违约,业主有权和他解除合同关系。

(2)合同的分包。由于一般工程施工涉及工种繁多,有些工种的专业性很强,单靠承包商自身的力量难以胜任,所以在合同事实中,承包商需要将一部分工作分包给某些分包商,但是这种分包必须经过批准。如果在订立合同时已列入分包项目,则意味着业主已经批准；如果在工程开工后再用分包商，则必须经过工程师事先同意。承包商不得将整个工程或工程的主要部分分包出去。承包商应对任何分包商的行为或违约负责，除非专用条款中另有规定。

2）工程的开工、延期、暂停及赶工

（1）工程的开工。承包商应在合同约定的日期或接到中标函后的42天内开工。工程师应至少提前7天通知承包商开工日期，而承包商收到此开工通知规定的日期即为开工日期，竣工时间从开工日期算起。承包商应在合理可能的情况下尽快开工。

（2）工程的延期。如果由于业主方面的原因未能按承包商的施工进度表的要求做好征地、拆迁工作，未能及时提供施工现场及有关通道，导致承包商延误工期或增加开支，则工程师应及时与业主和承包商商量后，给予承包商延长工期并补偿由此引起的开支。

如果由于下列原因，承包商有权得到延长工期：①额外的或附加的工作的数量或性质。②合同中提到的导致工期延误的原因。③异常恶劣的气候条件。④由业主造成的任何延误、干扰或阻碍。⑤非承包商方面的过失或违约引起的延误。⑥由于传染病或其他政府行为导致人员或货物的可获得的不可预见的短缺。

承包商必须在上述导致延期的事件开始发生后28天内将要求延期的报告送给工程师（副本送业主），并在上述通知后42天内或工程师可能同意的其他合理期限内，向工程师提交要求延期的详细申请，以便工程师进行调查；否则，工程师可以不受理这一要求。

在收到承包商的索赔详细报告之后42天内，工程师应对承包商的索赔表示批准或不批准，不批准时要给予详细的评价，并要求进一步的详细报告。

（3）工程的暂停。在工程施工过程中，由于各种因素影响，工程可能会出现暂时的中断。在这种情况下，承包商应按工程师认为必要的时间和方式暂停工程施工或其他任何部分的进展，并在此期间负责保护、保管以及保障该部分工程施工或全部工程免遭任何损失及损害。此时，工程师应在与业主和承包商协商后，决定给予承包商延长工期的权利和增加由于停工导致的额外费用。

但如暂时停工属于下列情况，则不给予补偿：在合同中有规定；由于承包商违约行为或应由承包商承担风险事件影响必要的停工；由于现场不利的气候原因导致的必要停工；为了工程的合理施工或安全原因（不包括业主或工程师的过失导致的暂停、业主风险发生后导致的暂停）的必要停工。

如果按工程师书面指令暂时停工持续84天以上，工程师仍未通知复工，则承包商可向工程师发函，要求在28天内准许复工。如果复工要求未能获准，当暂时停工仅影响工程的局部时，承包商可通知工程师把这部分暂停工程视作删减工程；当暂时停工影响到整个工程进度时，承包商可视该事件属业主违约，并要求按业主违约处理。

（4）工程的赶工。工程师认为整个工程或部分工程的施工进度滞后于合同内竣工要求的时间时，可以下达赶工指示。承包商应立即采取经工程师同意的必要措施加快施工进度。发生这种情况时，也要根据赶工指令发布的原因，决定承包商的赶工措施是否应给予补偿。在承包商没有合理理由延长工期的情况下，他不仅无权要求补偿赶工费用，而且在他的赶工措施中若包括夜间或当地公认的休息日加班时，还应承担工程师增加附加工作所需补偿的监理费用。虽然这笔费用按责任划分应由承包商负担，但不能由他直接支付给工程师,而由业主支付后从承包商的工程款内扣回。

3)工程的计量与支付

工程的计量与支付条款是FIDIC合同条件的核心条款。FIDIC《施工合同条件》规定的支付结算和程序包括预付款、每个月末支付工程进度款、竣工移交时办理竣工结算、解除缺陷责任后进行最终决算四大类。支付结算过程中涉及的费用又可分为两大类:一类是工程量清单中列明的费用;另一类属于工程量清单内未注明,但条款中有明确规定的费用,如变更工程款、物价浮动调整款、预付款、保留金、逾期付款利息、索赔款、违约赔偿款等。

(1)工程计量。FIDIC合同是单价合同,工程款的支付是根据承包商实际完成的工程量计算的。因此,工程计量显得格外重要。①除非合同中另有规定,否则,工程量均应计算净值。②工程量表中列出的工程量都是在图纸和规范的基础上估算出来的,工程实施后,实际完成的工程量要通过测量来核实并以此作为支付依据。工程师测量时应通知承包商一方派人参加。如承包商未能派人参加测量,即应承认工程师或由他批准的测量数据是正确的。有时,也可以在工程师的监督和管理下,由承包商进行测量,工程师审核签字确认。③在对永久工程进行测量时,工程师应在工作过程中准备好所需的记录和图纸,承包商应在接到参加该项工作的书面通知后14天内对这些记录和图纸进行审查并确认。若承包商未参加,则这些记录和图纸被认为是正确的。若承包商不同意这些记录和图纸,应及时向工程师提出申诉,由工程师进行复查、修改或确认。④对于工程量表中的包干项目,工程师可要求承包商在接到中标函后28天内将投标文件中的每一包干项目进行详细分解,提交给工程师一份包干项目分解表,以便在合同执行过程中按照该分解表的内容逐月付款。该分解表应得到工程师的批准。

(2)保留金。是按合同约定从承包商所得工程款中扣减相应的一笔金额保留在业主手中,作为约束承包商严格履行合同义务的措施之一。保留金的扣留从首次支付工程进度款开始,用该月承包商有权获得的所有款项减去调价款后的金额,乘以合同约定保留金的百分比作为本次支付时应扣留的保留金(通常为10%),逐月累计扣到合同约定的保留金最高限额为止(通常为5%)。

保留金的返还从颁发工程接收证书开始。颁发工程接收证书后,退还承包商一半保留金。颁发履约证书后,退还剩余的全部保留金。

(3)预付款。FIDIC《施工合同条件》中,将预付款分为动员预付款和预付材料款两部分。

动员预付款是业主为了解决承包商进行施工时的资金短缺,从未来的工程款中提前支付的一笔款项。动员预付款的数额由承包商在投标书内确认,一般为合同价的10%~15%。

同时,为了帮助承包商解决订购大宗主要材料和设备的资金周转,订购物资运抵施工现场经工程师确认合格后,按发票价值乘以合同约定的百分比(60%~90%)作为预付材料款,包括在当月应支付的工程进度款内。

预付材料款的扣还方式通常在FIDIC专用条件中约定,具体规定在约定的后续月内(一般为三个月)每月按平均值扣还或从已计量支付的工程量内扣除其中的材料费等方法，直至扣完为止。

(4)计日工费。是指承包商在工程量清单的附件中，按工种或设备填报单价的日工劳务费和机械台班费，一般用于工程量清单中没有合适项目，且不能安排大批量的流水施工的零星附加工作。只有当工程师根据施工进展的实际情况，指示承包商实施以日计价的工作时，承包商才有权获得用工计价的付款。

(5)合同价格的调整。长期合同计价调价条款中，每次支付工程进度款均应按合同约定的方法计算价格调整费用。如果工程施工因承包商责任延误工期，则在合同约定的全部工程应竣工日后的施工期间内，不再考虑价格调整，各项指数采用应竣工日当月所采用值；对于不属于承包商责任的施工延期，在工程师批准的展延期限内仍应考虑价格调整。

(6)暂定金额。FIDIC《施工合同条件》中暂定金额是指包括在合同中并在工程量表中以该名称标明，供工程任何不可预见事件施工的一项金额。该金额按照工程师的指示可能全部或部分地使用，或根本不予动用。

(7)支付工程进度款。

①承包商报表并提出支付申请。进度付款，也称中间支付，应根据已完工作的单价按月进行支付。每个月的月末，承包商应按工程师规定的格式提交一式六份的本月支付报表，每份均由承包商代表签字，内容包括以下几个方面：截至当月末已实施的工程及承包商的文件的估算合同价值；根据法规及费用变化引起的调整价款，由于立法和费用变化应增加或减扣的任何款项；应扣减的保留金；根据预付款条款，为预付款的支付和偿还应增加或减扣的款项；为永久设备和材料应增加或减扣的款项；本月实施的永久工程的价值；对所有以前的支付证书中证明的款额的扣减；按合同或其他规定应付的其他任何的增加或减扣的款项。

②工程师审核与签证。工程师接到报表后，要审查款项内容的合理性和计算的正确性。在承包商本月应得款的基础上，再扣除保留金、动员预付款，以及所有因承包商责任而应扣减的款项后，据此签发中期支付的临时支付凭证。如果本月承包商应获得的支付金额小于投标书附件中规定的中期支付最小金额，工程师可不签发本月进度款的支付凭证，这笔进度款将接转下月一并支付。工程师的审查和签证工作，应在收到承包商报表后28天内完成。工程进度款的支付凭证属于临时支付凭证，工程师有权对以前签发过的证书进行修改。若对某项工作的完成情况不满意时，也可以在后续证书内删去或减少这项工作的价值。

③业主的支付。承包商的报表经过工程师认可并签发工程进度款的支付证书后，业主应在接到证书的28天内给承包商付款。如果逾期支付，将按投标书附件约定的利率计算延期付款利息。

(8)竣工结算。在收到工程的接收证书后的84天内，成本核算应按工程师规定格式报送报表。报表内容主要包括：截至工程接收证书中指明的竣工日期，根据合同完成全部工作的最终价值；承包商认为应该获得的其他款项，如要求的索赔款、应退还的部分保留金等；承包商认为根据合同应支付给他的估算总额。

工程师在接到竣工报表后，应对照竣工图详细核算工程量，对其他支付要求进行审查，然后再根据检查结果签署竣工结算的支付凭证。此项签证工作，工程师也应在收到竣工报表后28天内完成。业主依据工程师的签证予以支付。

4）质量检查及工程照管

施工中，对于所有的材料，永久工程的设备和施工工艺均应符合合同要求及工程师的指示。承包商应随时按照工程师的要求在施工现场以及为工程加工制造设备的所有场所为其质量检查提供方便。

对施工现场一般施工工序的常规检查，由现场值班的工程师代表或助理进行，不需事先约定。但对于某些专项检查，工程师应在24 h前将参加检查和检验的计划通知承包商，若工程师或其授权代表未能按时前往（除非事先通知承包商外），承包商可以自己进行检查和验收，工程师应确认此次检查和验收的结果。如果工程师或其授权的代表经过检查认为质量不合格，承包商应及时补救，直到下一次验收合格为止。

对于隐蔽工程、基础工程和工程的任何部位，在工程师检查验收前，均不得覆盖。

工程师有权指示承包商从现场运走不合格的材料或工程设备，同时应以合格的产品代替。

工程质量检查和检验的费用，根据情况分别由业主或承包商负担，下面分别予以说明：

（1）在下列情况下，检查和验收的费用由业主支付：工程师要求检验的项目是合同中没有规定的，检验结果合格时的费用；工程师要求进行的检验虽然合同中有说明，但是检验地点在现场以外或在材料、设备的制造、装配或准备地点以外，如果检验结果合格时的全部费用；工程师要求对工程的任何部位进行剥露或开孔以检查工程质量，如果该部位经检验合格，剥露、开孔以及还原的费用。

（2）在下列情况下，检查和验收的费用由承包商支付：合同中明确规定的；合同中有详细说明允许承包商可以在投标文件中报价的；由于第一次检验不合格而需要重复检验所导致的业主开支的费用；工程师要求对工程的任何部位进行剥露或开孔以检查工程质量，如果该部位经检验不合格时所有有关的费用；承包商在规定时间内不执行工程师的指示或违约情况下，业主雇佣其他人员来完成此项任务时的有关费用；工程师要求检验的项目；在合同中没有规定或合同中虽有规定，但检验地点在现场以外或在材料、设备的制造、装配或准备地点以外，如果检验结果不合格时的全部费用。

从开工之日起到颁发工程接收证书之日止，承包商负有照管工程的责任。在缺陷通知期内，业主对移交工程承担照管责任。

5）工程的接收证书与履约证书

（1）工程的接收证书。当全部工程基本完工并圆满通过合同规定的竣工检验时，承包商在他认为可以完成移交工作前14天，可将此结果通知工程师及业主，将此通知书同时附上一份对在缺陷通知期内以应有的速度及时地完成任何未完工作而做出的书面保证，作为要求工程师颁发工程接收证书的申请。

工程师接到承包商的申请后的28天内，如果认为已满足竣工条件，即可颁发工程接收证书；若不满意，则书面通知承包商，指出还需要完成哪些工作后才达到基本竣工条件。承包商按指示完成相应工作并被工程师认可后，不需再次申请颁发证书，工程师应在指示工作最后一项完成的28天内主动颁发证书。工程接收证书应说明以下主要内容:确认工程已基本竣工;注明达到基本竣工的具体日期;详细列出按照合同规定承包商在缺陷通知期内还需完成工作的项目一览表。

(2)工程的履约证书。缺陷通知期,是指正式颁发的工程接收证书中注明的缺陷通知期开始日期后的一段时间。缺陷通知期时间长短应在投标文件附件中注明,一般为一年(根据工程情况也有更长时间)。在缺陷通知期内,承包商除应继续完成在工程接收证书上写明的扫尾工作外,还应对工程由于施工原因所产生的各种缺陷负责维修。

缺陷通知期内工程圆满地通过运行考验,工程师应在期满后的28天内,向承包商颁发履约证书,并将副本送给业主。履约证书是承包商已按合同规定完成全部施工义务的证明,因此该证书颁发后工程师就无权再指示承包商进行该工程项目的任何施工工作,承包商即可办理最终结算手续。业主应在证书颁发后的21天内,退还承包商的履约担保。

6)变更与索赔

(1)变更。是指施工过程中出现了与签订合同时的预计条件不一致的情况,而需要改变原定施工承包范围内的某些工作内容。工程师可以通过发布指示或要求承包商提交建议书的方式,提出工程变更。工程变更不同于合同变更,对合同条件约定的业主和承包商的权利、义务没有改动,只是对施工方法、内容作局部变更,属于正常的合同管理。

变更指令一般由工程师以书面形式发出。如果是口头指示,承包商也应遵照执行,但在规定时限内,工程师应尽快以书面形式确认。

承包商按照工程师的变更指令实施变更工作后,往往会涉及变更工程的价款结算问题。工程师在发出变更指令之前或发布后的14天内,可以要求承包商提出变更工程的取费标准和变更项目价格,或将自己确定的费率和估价额通知承包商,以此作为双方协商变更工程价格的基础。

(2)索赔。就是索取赔偿或补偿,即在经济合同履行过程中,如果任何一方没有按照合同或法律的规定履行合同,他就违反了合同和法律,构成"违法行为",对这种违法行为给另一方所造成的损失,违约方当然应根据合同和法律的规定,给另一方以赔偿或补偿。索赔对合同双方都是正当合法的权利要求。由此可见,施工索赔是双方面的,索赔既包括承包商向业主的索赔,也包括业主向承包商的索赔。但常见的、有代表性的、处理和解决比较困难的索赔,是承包商向业主的索赔。

7)争端的解决

争端的解决有许多方法,如谈判、调解、仲裁或诉讼等。在工程承包合同中,应该规定争端的解决办法,一般均是双方协商解决或通过工程师调解,不能解决时再诉诸仲裁。

合同中应对仲裁地点、机构、程序和仲裁裁决效力等方面都做出具体明确的规定。

8)风险

业主和承包商都应研究和分析工程项目风险的来源以及风险的偶然性与必然性,对具体的工程项目来说,对明示和潜在的风险进行调查、分析研究和评价,特别是潜在的工程风险,更应注意去发现和分析,然后从合同条款中明确风险责任的分担。

合同履行过程中可能发生的某些风险是业主和承包商在招标投标时无法合理预见的,就业主而言,不应要求承包商在其报价中计入这些不可合理预见风险的损害补偿费,以取得有竞争性的合理报价。合同履行过程中发生此类风险事件后，根据合同条款中风险责任分担的具体要求，如果合同规定该风险由业主承担，业主应按承包商受到影响的实际情况给予补偿或进行风险转移；如果该风险由承包商承担，那么承包商应自费承担工程项目维修的全部费用或进行风险转移。

第四节　施工合同管理

一、承包商施工合同履行分析

承包商在合同实施过程中的基本任务是使自己圆满地完成合同责任。整个合同责任的完成是靠在一段段时间内完成一项项工程和一个个工程活动实现的，所以合同目标和责任必须贯彻落实在合同实施的具体问题上和各工程小组以及各分包商的具体工程活动中。承包商的各职能人员和各工程小组都必须熟练地掌握合同，用合同指导工程实施和工作，以合同作为行为准则。国外的承包商都强调必须“天天念合同经”。但在实际工作中，承包商的各职能人员和各工程小组不能都手执一份合同，遇到具体问题都由各人查阅合同，因为合同本身有如下不足之处：

(1)合同条文往往不直观明了，一些法律语言不容易理解。在合同实施前进行合同分析，将合同规定用最简单易懂的语言和形式表达出来，使人一目了然，这样才能方便日常管理工作，承包商、项目经理、各职能人员和各工程小组也不必经常为合同文本和合同式的语言所累。工程各参加者，包括业主、监理工程师和承包商、承包商的各工程小组、职能人员和分包商，对合同条文的解释必须有统一性和同一性。在业主与承包商之间，合同解释权归监理工程师。而在承包商的施工组织中，合同解释权必须归合同管理人员。如果在合同实施前，不对合同作分析和统一的解释，而让各人在执行中翻阅合同文本，极容易造成解释不统一，而导致工程实施的混乱。特别是复杂的合同或各方面关系比较复杂的工程，这个工作极为重要。

(2)合同内容没有条理，有时某一个问题可能在许多条款，甚至在许多合同文件中规定，在实际工作中使用极不方便。例如，对一分项工程，工程量和单价在工程量清单中，质量要求包含在工程图纸和规范中，工期按网络计划，而合同双方的责任、价格结算等又在合同文本的不同条款中，这容易导致执行中的混乱。

(3)合同事件和工程活动的具体要求(如工期、质量、技术、费用等)、合同各方的责任关系、事件和活动之间的逻辑关系极为复杂。要使工程按计划有条理地进行，必须在工程开始前将它们落实下来，从工期、质量、成本、相互关系等各方面定义合同事件和工程活动。

(4)许多工程小组、项目管理职能人员所涉及的活动和问题不是全部合同文件，而仅为合同的部分内容。他们没有必要在工程实施中死抱着合同文件。

(5)在合同中依然存在问题和风险，这是必然的。它们包括两个方面：合同审查时已经发现的风险和还可能隐藏着的尚未发现的风险。合同中还必然存在用词含糊，规定不具体、不全面，甚至矛盾的条款。在合同实施前有必要做进一步的全面分析，对风险进行确认和界定，具体落实对策和措施。风险控制，在合同控制中占有十分重要的地位。如果不能透彻地分析出风险，就不可能对风险有充分的准备，则在实施中很难进行有效的控制。

(6)合同履行分析是对合同执行的计划，在分析过程中应具体落实合同执行战略。

(7)在合同实施过程中，合同双方会有许多争执。合同争执常常起因于合同双方对合同条款理解的不一致。要解决这些争执，首先必须做合同分析，按合同条文的表达分析它的意思，以判定争执的性质。要解决争执，双方必须就合同条文的理解达成一致。

在索赔中，索赔要求必须符合合同规定，通过合同分析可以提供索赔理由和根据。合同履行分析，与前述招标文件的分析内容和侧重点略有不同。合同履行分析是解决"如何做"的问题，是从执行的角度解释合同。它是将合同目标和合同规定落实到合同实施的具体问题上和具体事件上，用以指导具体工作，使合同能符合日常工程管理的需要，使工程按合同施工。合同分析应作为承包商项目管理的起点。

二、合同分析的基本要求

(一)准确性和客观性

合同分析的结果应准确、全面地反映合同内容。如果分析中出现误差，必然反映在执行中，导致合同实施中出现更大的失误。所以，不能透彻、准确地分析合同，就不能有效全面地执行合同。许多工程失误和争执都起源于不能准确地理解合同。客观性，即合同分析不能自以为是和"想当然"。对合同的风险分析，合同双方责任和权益的划分，都必须实事求是地按照合同条文，按合同精神进行，而不能以当事人的主观愿望解释合同，否则，必然导致实施过程中的合同争执，导致承包商的损失。

(二)简易性

合同分析的结果必须采用使不同层次的管理人员、工作人员能够接受的表达方式，如图表形式。对不同层次的管理人员提供不同要求、不同内容的合同分析资料。

(三)合同双方的一致性

合同双方，承包商的所有工程小组、分包商等对合同理解应有一致性。合同分析实质上是承包商单方面对合同的详细解释。分析中要落实各方面的责任界限，这极容易引起争执。所以，合同分析结果应能被对方认可。如有不一致，应在合同实施前，最好在合同签订前解决，以避免合同执行中的争执和损失，这对双方都有利。合同争执的最终解决不是以单方面对合同理解为依据的。

(四)全面性

合同分析应是全面的，对全部的合同文件做解释。对合同中的每一条款、每句话，甚至每个词都应认真推敲，细心琢磨，全面落实。合同分析不能只观其大略，不能错过一些细节问题，这是一项非常细致的工作。在实际工作中，常常一个词，甚至一个标点都能关系到争执的性质，关系到一项索赔的成败，关系到工程的盈亏；全面地、整体地理解，而不能断章取义，特别当不同文件、不同合同条款之间规定不一致，有矛盾时，更要注意这一点。

三、合同履行分析

（一）合同总体分析

合同总体分析的主要对象是合同协议书和合同条件等。通过合同总体分析，将合同条款和合同规定落实到一些带全局性的具体问题上。

（1）在合同签订后实施前，承包商首先必须确定合同规定的主要工程目标，划定各方面的义务和权利界限，分析各种活动的法律后果。合同总体分析的结果是工程施工总的指导性文件，此时分析的重点是：①承包商的主要合同责任，工程范围；②业主（包括工程师）的主要责任；③合同价格、计价方法和价格补偿条件；④工期要求和补偿条件；⑤工程受干扰的法律后果；⑥合同双方的违约责任；⑦合同变更方式、程序和工程验收方法等；⑧争执的解决等。在分析中应对合同中的风险、执行中应注意的问题做出特别的说明和提示。合同总体分析后，应将分析的结果以最简单的形式和最简洁的语言表达出来，交项目经理部及其他各职能部门，以作为日常工程活动的指导。

（2）在重大的争执处理过程中，例如在重大的或一揽子索赔处理中，首先必须做合同总体分析。

合同总体分析的重点是合同文本中与索赔有关的条款。对不同的干扰事件，则有不同的分析对象和重点。它对整个索赔起着重要的作用：①提供索赔（反索赔）的理由和根据；②合同总体分析的结果直接作为索赔报告的一部分；③作为索赔事件责任分析的依据；④提供索赔值计算方式和计算基础的规定；⑤索赔谈判中的主要攻守武器。

合同总体分析的内容和详细程度与如下因素有关：①分析目的。如果在合同履行前做总体分析，一般比较详细、全面；而在处理重大索赔和合同争执时做总体分析，一般仅需分析与索赔和争执相关的内容。②承包商的职能人员、分包商和工程小组对合同文本的熟悉程度。如果是一个熟悉的、以前经常采用的文本（例如国际工程中使用 FIDIC 文本），则分析可简略，重点分析特殊条款和应重视的地方。③工程和合同文本的特殊性。如果工程规模大，结构复杂，使用特殊的合同文本（如业主自己起草的非标准文本），合同条款复杂，合同风险大，变更多，工程的合同关系复杂，相关的合同多，则应详细分析。

（二）合同详细分析

承包合同的实施由许多具体的工程活动和合同双方的其他经济活动构成。这些活动也都是为了实现合同目标，履行合同责任，也必须受合同的制约和控制，所以它们又可以被称为合同事件。对一个确定的承包合同，承包商的工程范围、合同责任是一定的，则相关的合同事件也应是一定的。通常在一个工程中，这样的事件可能有几百件，甚至几千件。在工程中，合同事件之间在技术、时间和空间上存在一定的逻辑关系，形成网络，所以在国外又被称为合同事件网络。

为了使工程有计划、有秩序、按合同实施，必须将承包合同目标、要求和合同双方的责权利关系分解落实到具体的工程活动上。这就是合同详细分析。合同详细分析的对象是合同协议书、合同条件、规范、图纸、工作量表。它主要通过合同事件表、网络图、横道图和工程活动的工期表等定义各工程活动。合同详细分析的结果最重要的部分是合同事件表，见表 2-2，表中各项含义如下：

表 2-2　合同事件表

合同事件表		
子项目	事件编码	日期 变更次数
事件名称和简要说明		
事件内容说明		
前提条件		
本事件的主要活动		
负责人(单位)		
费用 计划 实际	其他参加者	工期 计划 实际

(1)事件编码。这是为了计算机数据处理的需要,对事件的各种数据处理都靠编码识别。所以,编码要能反映事件的各种特性,如所属的项目、单项工程、单位工程、专业性质、空间位置等。通常它应与网络事件的编码相一致。

(2)事件名称和简要说明。

(3)变更次数和最近一次的变更日期。它记载着与本事件相关的工程变更。在接到变更指令后,应落实变更,修改相应栏目的内容。最近一次的变更日期表示,从这一天以后的变更尚未考虑到。这样可以检查每个变更指令落实情况,既防止重复,又防止遗漏。

(4)事件内容说明。这里主要为该事件的目标,如某一分项工程的数量、质量、技术要求以及其他方面的要求。这由合同的工程量清单、工程说明、图纸、规范等定义,是承包商应完成的任务。

(5)前提条件。该事件进行前应有哪些准备工作?应具备什么样的条件?这些条件有的应由事件的责任人承担,有的应由其他工程小组、其他承包商或业主承担。这里不仅确定事件之间的逻辑关系,而且划定各参加者之间的责任界限。例如,某工程中,承包商承包了设备基础的土建和设备的安装工程。按合同和施工进度计划规定:①在设备安装前 3 天,基础土建施工完成,并交付安装场地;②在设备安装前 3 天,业主应负责将生产设备运送到安装现场,同时由工程师、承包商和设备供应商一起开箱检验;③在设备安装前 15 天,业主应向承包商交付全部的安装图纸;④在安装前,安装工程小组应做好各种技术的和物资的准备工作等。这样对设备安装这个事件可以确定它的前提条件,而且各方面的责任界限十分清楚。

(6)本事件的主要活动。完成该事件的一些主要活动和它们的实施方法、技术、组织措施。这完全从施工过程的角度进行分析。这些活动组成该事件的子网络,例如上述设备安装可能有如下活动:现场准备,施工设备进场、安装,基础找平、定位,设备就位,吊装,固定,施工设备拆卸、出场等。

(7)负责人(单位)。负责该事件实施的工程小组负责人或分包商。

(8)成本(或费用)。包括计划成本和实际成本。有如下两种情况:①若该事件由分包商承担,则计划费用为分包合同价格。如果有索赔,则应修改这个值。而相应的实际费用为最终实际结算账单金额总和。②若该事件由承包商的工程小组承担,则计划成本可由成本计划得到,一般为直接费成本。而实际成本为会计核算的结果,在该事件完成后填写。

(9)计划和实际的工期。计划工期由网络分析得到。这里有计划开始期、结束期和持续时间。实际工期按实际情况,在该事件结束后填写。

(10)其他参加者。对该事件的实施提供帮助的其他人员。

从上述内容可见,合同详细分析包括了工程施工前的整个计划工作。详细分析的结果实质上是承包商的合同执行计划,它包括:①工程项目的结构分解,即工程活动的分解和工程活动逻辑关系的安排。②技术会审工作。③工程实施方案、总体计划和施工组织计划。在投标书中已包括这些内容,但在施工前,应进一步细化,做详细的安排。④工程详细的成本计划。⑤合同详细分析不仅针对承包合同,而且包括与承包合同同级的各个合同的协调,包括各个分包合同的工作安排和各分包合同之间的协调。

所以,合同详细分析是整个项目小组的工作,应由合同管理人员、工程技术人员、计划师、造价师(员)共同完成。合同事件表则是工程施工中最重要的文件,它从各个方面定义了该合同事件。这使得在工程施工中落实责任,安排工作,监督、跟踪、分析合同,处理索赔(反索赔)非常方便。

(三)特殊问题的合同扩展分析

在合同的签订和实施过程中常常会有一些特殊问题发生,会遇到一些特殊情况。它们可能属于在合同总体分析和详细分析中发现的问题,也可能是在合同实施中出现的问题。这些问题和情况在合同签订时未预料到,合同中未明确规定或它们已超出合同的范围。而许多问题似是而非,合同管理人员对它们把握不准,为了避免损失和争执,则宜提出来进行特殊分析。由于实际工程问题非常复杂,千奇百怪,所以对特殊问题分析要非常细致和耐心,需要实际工程经验和经历。

对重大的、难以确定的问题应请专家咨询或做司法鉴定。特殊问题的合同扩展分析一般用问答的形式进行。

特殊问题的合同分析是针对合同实施过程中出现的一些合同中未明确规定的特殊的细节问题做分析。它们会影响工程施工、双方合同责任界限的划分和争执的解决。对它们的分析通常仍在合同范围内进行。由于这一类问题在合同中未明确规定,其分析的依据通常有两个:①合同意义的拓广。通过整体地理解合同,再做推理,以得到问题的解答。当然这个解答不能违背合同精神。②工程惯例。在国际工程中则使用国际工程惯例,即考虑在通常情况下,这一类问题的处理或解决方法。

特殊问题的合同法律扩展分析:在工程承包合同的签订、实施或争执处理、索赔(反索赔)中,有时会遇到重大的法律问题。这通常有两种情况:①这些问题已超过合同的范围,超过承包合同条款本身,例如有的干扰事件的处理合同未规定,或已构成民事侵权行为。②承包商签订的是一个无效合同,或部分内容无效,则相关问题必须按照合同所适用的法律来解决。

在工程中,这些都是重大问题,对承包商非常重要,但承包商对它们把握不准,则必须对它们做合同法律的扩展分析,即分析合同的法律基础,在适用于合同关系的法律中寻求解答。这通常很艰难,一般要请法律专家做咨询或法律鉴定。

(四)合同技术交底

企业的合同管理机构应该组织项目经理部的全体成员学习合同文件和合同分析的结果,对合同的主要内容做出解释和说明,统一认识,使大家熟悉合同中的主要内容、规定、管理程序,以把握了解承包商的合同责任和工程范围,为全面正确履行合同奠定基础。

(五)对材料设备进场的检验检查

实现建设工程项目的投资目标,保证工程质量的关键在于控制好所使用的材料设备的质量。根据承担材料设备供应责任不同,其供应的主体有以下几种。

1. 发包人供应的材料设备

实行发包人供应材料设备的,双方应当约定发包人供应材料设备的一览表(见表2-3),作为建设工程施工合同的组成部分。

表2-3　发包人供应材料设备一览表

序号	材料设备品种	规格型号	单位	数量	单价	质量等级	供应时间	送达地点	备注

发包人必须按一览表约定的内容提供材料设备,并向承包人提供产品质量合格证明,对其质量负责。发包人在所供材料设备到货前24 h,应该以书面形式通知承包人,由承包人派人与发包人(含工程师)共同开箱清点。发包人供应的材料设备使用前,由承包人负责检验或试验,不合格的不得使用,由此产生的检验或试验费用由发包人承担。发包人供应的材料设备,承包人派人参加清点后由承包人妥善保管,发包人支付相应保管费用。因承包人原因发生丢失、损坏的,由承包人负责赔偿;发包人未通知承包人清点,承包人不负责材料设备的保管,丢失、损坏等风险则由发包人承担。发包人供应的材料设备与一览表不符时,发包人应该承担有关责任。发包人所应承担责任的具体内容,可以根据下列情况共同约定:①材料设备单价与一览表不符,由发包人承担所有价差。②材料设备的品种、规格、型号、质量等级与一览表不符,承包人可拒绝接收保管,由发包人运出施工场地后重新采购。③发包人供应的材料规格、型号与一览表不符,经发包人同意,承包人可调剂串换,由发包人承担相应费用。④到货地点与一览表不符,由发包人负责运至一览表指定的地点,一般尽可能地减少场地二次搬运。⑤供应数量少于一览表约定的数量时,由发包人补齐;多于一览表约定数量时,发包人负责将多出部分运出施工场地。⑥到货时间早于一览表约定时间,由发包人承担因此发生的保管费用;到货时间迟于一览表约定的供应时间,发包人赔偿由此造成的承包人损失,造成工期延误的,相应顺延工期。

2. 承包人采购材料设备

承包人负责采购材料设备的,应按照合同约定及设计和有关标准要求采购,并提供产品合格证明,对材料设备质量负责,承包人负责采购材料设备一览表见表2-4。承包人在材料设备到货前24 h通知工程师开箱清点。

表2-4 承包人负责采购材料设备一览表

单位工程名称	建设规模	建筑面积(m^2)	结构	层数	跨度(m)	设备安装内容	工程造价(元)	开工日期	竣工日期

承包人采购的材料设备与设计或标准要求不符时,承包人应该按工程师要求的时间运出施工场地,并重新采购符合要求的产品,承担由此发生的费用,所延误的工期不得顺延。承包人采购的材料设备在使用前,承包人应按工程师的要求进行检验或试验,不合格的不得使用,检验或试验费用由承包人承担。工程师发现承包人采购并使用不符合设计和标准要求的材料设备时,应要求承包人负责修复、拆除或重新采购,由承包人承担发生的费用,由此延误的工期不予顺延。承包人需要使用代用材料时,必须经工程师认可后才能使用,由此增减的合同价款双方以书面形式议定。

(六)工期管理

1. 暂停施工

工程师认为确有必要暂停施工的,应当以书面形式要求承包人暂停施工,并在提出要求后48 h内提出书面处理意见。承包人应当按工程师要求停止施工,并妥善保护好已完工程。承包人实施工程师做出的处理意见后,可以书面形式提出复工要求,工程师应当在48 h内给予答复。工程师未能在规定时间内提出处理意见,或收到承包人复工要求后48 h内没有给予答复的,承包人可自行复工。因发包人原因造成停工的,由发包人承担所发生的追加合同价款,赔偿承包人由此造成的损失,相应顺延工期;否则,由承包人承担所发生的费用,工期不予顺延。

2. 工期延误

因以下原因造成工期延误,经工程师确认后,工期可以相应地顺延:①发包人未能按专用合同条款的约定提供图纸及开工条件;②发包人未能按约定日期支付工程预付款、进度款,致使施工不能正常进行;③工程师未按合同约定提供所需指令、批准等,致使施工不能正常地进行;④设计变更和工程量增加;⑤一周内非承包人原因停水、停电、停气造成停工累计超过8 h;⑥不可抗力;⑦专用合同条款中约定或工程师同意工期顺延的其他情况。

承包人在工期正常延误情况发生后的14天内,就延误的工期以书面形式向工程师提出报告。工程师在收到报告后14天内予以确认,逾期不予确认,也不提出修改意见,视为同意顺延工期。

(七)质量与检验

建筑产品的质量具有终检局限性、隐蔽性等特点,其产品质量一旦形成,就无法对其进行解体检查。因此,加强施工过程的中间检查、隐蔽验收管理是相当重要的。对建筑产品的中间检查和隐蔽验收,发包人应当提供必要的便利条件。

1. 中间检查和隐蔽验收

工程具备隐蔽条件或达到专用条款约定的中间验收部位,承包人应该首先进行自检,并合格后在隐蔽或中间验收前48 h以书面形式通知工程师验收。通知包括隐蔽和中间验收的内容、验收时间和地点。承包人准备好验收内业资料,待验收合格后,工程师在验收记录上签字,承包人方可进行隐蔽和继续施工。对验收不合格的,承包人在工程师限定的时间内整改后重新验收。经工程师验收,工程质量符合标准、规范和设计图纸等要求,验收24 h后,工程师不在验收记录上签字,视为工程师已经认可验收记录,承包人可进行隐蔽或继续施工。

如果工程师不能按时进行验收,应在验收前24 h以书面形式向承包人提出延期要求,延期不能超过48 h。工程师未能按以上时间提出延期要求,不进行验收,承包人可自行组织验收,工程师应承认验收记录。

2. 检查和返工

监理工程师在施工过程中多采用巡视、旁站、平行交叉检查(必要时还要进行实验)等方法监督管理,做到严格监理,热情服务,以便最终实现建筑产品质量目标。因此,承包人应该认真按照标准、规范和设计图纸要求以及工程师依据合同发出的指令施工,随时接受工程师的检查检验,为检查检验提供便利条件。对工程质量达不到约定标准的部分,工程师一经发现,应要求承包人拆除和重新施工,承包人应按工程师的要求拆除和重新施工,直到符合约定标准为止。由于因承包人原因达不到约定标准,承包人承担拆除和重新施工的费用,工期不予顺延。

原则上,工程师的检查检验不应该影响施工正常进行。如果实际影响了施工正常进行,对检查检验不合格的,影响正常施工的费用由承包人承担。除此之外,影响正常施工的追加合同价款则由发包人承担,相应顺延工期。同时,因工程师指令失误或其他非承包人原因发生的追加合同价款,由发包人承担。

3. 重新检验

无论工程师是否进行验收,当其对已经隐蔽的工程质量提出质疑,并要求重新检验时,承包人应按要求进行剥离或开孔,并在检验后重新覆盖或修复。对此,如果建筑产品质量再次检验合格,则由发包人承担因此所发生的全部追加合同价款,赔偿承包人损失,并相应顺延工期。对检验不合格的,则由承包人承担所发生的全部费用,工期不予顺延。

4. 质量责任

工程质量应当达到协议书约定的质量标准,质量标准的评定以国家或行业的质量检验评定标准为依据。因承包人原因工程质量达不到约定的质量标准,承包人承担违约责任。双方对工程质量有争议，由双方同意的工程质量检测机构鉴定，所需费用及因此造成的损失，由责任方承担。双方均有责任的，由双方根据其责任分别承担。

（八）安全与文明施工管理

1. 安全施工与检查

承包人应遵守工程建设安全生产有关管理规定，严格按安全标准组织施工，并随时接受行业安全检查人员依法实施的监督检查，采取必要的安全防护措施，消除事故隐患。由于承包人安全措施不力造成事故的责任和因此发生的费用，由承包人承担。发包人应对其在施工场地的工作人员进行安全教育，并对他们的安全负责。发包人不得要求承包人违反安全管理的规定进行施工。因发包人原因导致的安全事故，由发包人承担相应责任及发生的费用。

2. 安全防护

承包人在动力设备、输电线路、地下管道、密封防震车间、易燃易爆地段以及临街交通要道附近施工时，施工开始前应向工程师提出安全防护措施，经工程师认可后实施，防护措施费用由发包人承担。作为总承包人必须根据劳务分包人提供的劳动防护用品计划足额按时发放，并承担由此发生的费用，具体内容可以参考《建设工程施工劳务分包合同（示范文本）》。

实施爆破作业，在放射、毒害性环境中施工（含储存、运输、使用）及使用毒害性、腐蚀性物品施工时，承包人应在施工前14天以书面形式通知工程师，并提出相应的安全防护措施，经工程师认可后实施，由发包人承担安全防护措施费用。

（九）工程计量与工程进度款支付管理

根据《建设工程工程量清单计价规范》（GB 50500—2013）的要求，发包人所开列的工程量清单是估计工程量，通常情况下与工程实际工程量差别较大。为准确地把握承包人完成的实际工程量，必须对其所完成永久工程的工程量进行确认（核实），以此作为工程进度款结算的依据。

1. 合同价款及调整

实施招标工程的合同价款由发包人、承包人依据中标通知书中的中标价格在协议书内约定。非招标工程的合同价款由发包人、承包人依据工程预算书在协议书内约定。合同价款在协议书内约定后，任何一方不得擅自改变。下列三种确定合同价款的方式，双方可在专用条款内约定采用其中一种：

（1）固定价格合同。双方在专用条款内约定合同价款包含的风险范围和风险费用的计算方法，在约定的风险范围内合同价款不再调整。风险范围以外的合同价款调整方法，应当在专用条款内约定。

（2）可调价格合同。合同价款可根据双方的约定而调整，双方在专用条款内约定合同价款调整方法。可调价格合同中合同价款的调整因素包括：①法律、行政法规和国家有关政策变化影响合同价款；②工程造价管理部门公布的价格调整；③一周内非承包人原因停水、停电、停气造成停工累计超过8 h；④双方约定的其他因素。承包人应当在具有合同价格可调因素事件发生后的14天内，将调整原因、金额以书面形式通知工程师，工程师确认调整金额后作为追加合同价款，与工程款同期支付。工程师收到承包人通知后14天内不予确认,也不提出修改意见,视为已经同意该项调整。

(3)成本加酬金合同。合同价款包括成本和酬金两部分,双方在专用条款内约定成本构成和酬金的计算方法。

2. 工程量的确认

(1)工程计量的前提是该分部分项工程质量合格。

(2)计量的过程。承包人应按专用合同条款约定的时间,向工程师提交已完工程量的报告。工程师接到报告后7天内按设计图纸核实已完工程量(以下称计量),并在计量前24 h通知承包人,承包人为计量提供便利条件并派人参加。承包人收到通知后不参加计量,计量结果有效,作为工程价款支付的依据。工程师收到承包人报告后7天内未进行计量,从第8天起,承包人报告中开列的工程量即视为被确认,作为工程价款支付的依据。工程师不按约定时间通知承包人,致使承包人未能参加计量的,计量结果无效。

(3)计量原则。对承包人超出设计图纸范围和因承包人原因造成返工的工程量,工程师不予计量。

3. 工程支付责任与进度款支付管理

在确认计量结果后14天内,发包人应向承包人支付工程款(进度款);发包人超过约定的支付时间不支付工程款(进度款),承包人可向发包人发出要求付款的通知,发包人收到承包人通知后仍不能按要求付款,可与承包人协商签订延期付款协议,经承包人同意后可延期支付。协议应明确延期支付的时间和从计量结果确认后第15天起应付款的贷款利息;发包人不按合同约定支付工程款(进度款),双方又未达成延期付款协议,导致施工无法进行的,承包人可停止施工,由发包人承担违约责任。同期应该支付的工程进度款包括:①经监理工程师核实的对应于工程量清单完成的工程量所计算的应该支付的工程款;②因设计变更或者其他追加而调整的合同价款;③按照合同约定应该扣回的工程预付款;④按照合同约定应该扣回的工程质量保修金;⑤监理工程师审查批准的承包人应得的工程索赔款。

(十)工程变更设计管理

1. 工程变更

工程变更,是指因工程项目为适应新的变化而采用与原施工图设计不同的技术文件的行为。根据工程变更的原因不同,可以划分为以下几种变更:工程设计变更、其他变更。工程设计变更就是应工程项目的需要或者施工现场的实际情况而做出变更设计,其具体表现形式有:①更改工程有关部分的标高、基线、位置和尺寸;②增减合同中约定的工程量;③改变有关工程的施工时间和顺序;④其他有关工程变更需要的附加工作。

其他变更则是指在施工合同履行过程中发包人对工程质量标准或者其他实质性的变更设计,由双方协商解决。

2. 工程设计变更的程序

工程设计变更涉及面广而且复杂,因为设计变更可能会使施工总承包人工程增加或者减少,在一定程度上直接影响其潜在的利润。承包人有时候在保证质量、安全、结构功能不变的条件下,为了方便施工可能提出诸如材料串换,或者改变一些施工工艺的变更申请,以达到节约成本的目的。例如,成都某花园住宅建筑人防地下室底板结构原施工后浇带位置按照设计规定，此处采用下沉 150 mm 厚的混凝土加强带。承包人考虑到该地区常年最高地下水位对基坑的影响不大，随后提出要求变更并取消此处下沉 150 mm 厚的混凝土加强带，而直接使后浇带处的混凝土垫层与其他部位的一次浇筑形成，而且在主体工程施工阶段仍然继续降水。因此，工程师考虑到该方案可行，就签署了同意变更并请设计单位核准后施工的意见。但也有些变更设计却给工程带来麻烦。同样是成都某高档住宅小区人防地下室工程，其柱子构件混凝土设计强度等级为 C40，承包人考虑到该工程是三层高的会所建筑，为方便浇筑地下室梁板柱构件的混凝土，进行了结构计算后，擅自将柱子的原混凝土设计强度等级 C40 降为 C35。事发后，在主体工程验收时，验收小组通过混凝土回弹法推定混凝土的实际强度等级为 C30 左右。这时邀请四川省建筑科学研究院做钻芯取样鉴定混凝土的实际强度等级为 C30 ~ C35，经原设计单位重新进行结构荷载核算，达到设计要求。从这两个案例可以看出，工程设计变更必然与技术、经济关系密切。因此，加强工程设计变更管理工作至关重要，尤其是在程序上管好变更设计。施工中发包人需对原工程设计进行变更，应提前 14 天以书面形式向承包人发出变更通知。变更超过原设计标准或批准的建设规模时，发包人应报规划管理部门和其他有关部门重新审查批准，并由原设计单位提供变更的相应图纸和说明。因变更导致合同价款的增减及造成的承包人损失，由发包人承担，延误的工期相应顺延。监理工程师同意采用承包人合理化建议，所发生的费用和获得的收益，发包人、承包人另行约定分担或分享。施工中承包人不得对原工程设计进行变更。因承包人擅自变更设计发生的费用和由此导致发包人的直接损失，由承包人承担，延误的工期不予顺延。承包人在施工中提出的合理化建议涉及对设计图纸或施工组织设计的更改及对材料、设备的换用，须经工程师同意，未经同意擅自更改或换用时，承包人承担由此发生的费用，并赔偿发包人的有关损失，延误的工期不予顺延。

3. 确定变更价款

承包人在工程变更确定后 14 天内，提出变更工程价款的报告，经工程师确认后调整合同价款。承包人在双方确定变更后 14 天内不向工程师提出变更工程价款报告时，视为该项变更不涉及合同价款的变更。工程师应在收到变更工程价款报告之日起 14 天内给予确认，工程师无正当理由不确认的，自变更工程价款报告送达之日起 14 天后视为变更工程价款报告已被确认。工程师不同意承包人提出的变更价款，按有关争议的约定处理。变更合同价款确定的原则是：①合同中已有适用于变更工程的价格，按合同已有的价格变更合同价款；②合同中只有类似于变更工程的价格，可以参照类似价格变更合同价款；③合同中没有适用或类似于变更工程的价格，由承包人提出适当的变更价格，经工程师确认后执行。④因承包人自身原因导致的工程变更，承包人无权要求追加合同价款。⑤工程师确认增加的工程变更价款作为追加合同价款，与工程款同期支付。

（十一）不可抗力事件

（1）不可抗力的概念。不可抗力事件的发生，会造成很大的影响，合同当事人必须具有较强的风险意识，并具有转移、承担风险的能力。不可抗力的因素包括因战争、动乱、空中飞行物体坠落或其他非发包人、承包人责任造成的爆炸、火灾，以及专用合同条款约定的风、雨、雪、洪、震等自然灾害。不可抗力事件发生后，承包人应立即通知工程师，并在力所能及的条件下迅速采取措施，尽力减少损失，发包人应协助承包人采取措施。工程师认为应当暂停施工的，承包人应暂停施工。不可抗力事件结束后48 h内承包人向工程师通报受害情况和损失情况，以及预计清理和修复的费用。不可抗力事件持续发生，承包人应每隔7天向工程师报告一次受害情况。不可抗力事件结束后14天内，承包人向工程师提交清理和修复费用的正式报告及有关资料。

(2)不可抗力事件发生后的法律责任。在合同约定的工期内，因不可抗力事件导致的费用增加或者延误的工期按以下方法分别承担：①工程本身的损害、因工程损害导致第三人人员伤亡和财产损失以及运至施工场地用于施工的材料和待安装的设备的损害，由发包人承担。②发包人、承包人人员伤亡由其所在单位负责，并承担相应费用。③承包人机械设备损坏及停工损失，由承包人承担。④停工期间，承包人应工程师要求留在施工场地的必要的管理人员及保卫人员的费用由发包人承担。⑤工程所需清理、修复费用，由发包人承担。⑥延误的工期相应顺延。

(3)迟延履行合同期间内发生的不可抗力事件的免责条款无效。因合同一方迟延履行合同后发生不可抗力的，不能免除迟延履行方的相应责任。

第五节　工程变更管理

一、工程变更的产生原因

在工程项目的施工过程中，发生工程变更是相当普遍的。工程变更的原因是多方面的：有来自业主对工程项目部分功能、用途、规模、标准的调整；有源自设计单位对图纸的修改，以及解决设计不完善和各专业之间相互矛盾的变更；有施工单位从施工方案出发对设计图纸及图纸的错漏提出的变更；还有监理单位发现图纸中存在问题后提出的变更等。无论是何种原因引起的或是由哪方提出的，工程变更一旦发生，对工程的施工进度、质量、成本控制以及各方关系的协调都会带来一定的影响。

二、工程变更的程序

(一)设计图纸变更

设计单位根据建设单位的变更要求进行设计修改或增减。由建设单位组织设计、施工、监理各方一起对图纸会审，请设计单位做出解答，尽量在施工前把可能出现的问题、原设计图纸存在使施工无法进行或对工程实体产生一定影响的缺陷都提出来进行研究，各方针对上述问题提出解决方案，由设计单位对原设计进行修改及提出设计变更，做好会审记录，形成文字材料作为施工和结算依据。

(二)施工企业提出工程变更

施工企业按照设计图纸施工，施工过程中往往会遇到许多设计者想不到的问题，造成工程实体与设计图纸及技术说明有差异，或者对图纸及设计说明有些不明确的地方，向设计单位或现场监理工程师提出询问，由设计单位或其驻工地代表与监理工程师研究后给予解答或修改。上述问题造成的变更一定要经设计部门认可后发出工程变更通知。

（三）建设单位提出工程变更

施工过程中建设单位（业主）为加快工程进度、提高使用功能或为了降低工程造价等，对原设计图纸及使用材料方面提出与图纸或设计说明不符的要求。例如，有的开发商为了销售方便提高了使用功能，增加了一些设施，造成与图纸不符。不论是哪一方提出的工程变更，都要填写表格履行正式手续，先交总监，由总监召集专业监理工程师进行审查，认为可行后由建设单位报设计部门，设计部门签署意见或重新出图，总监发布工程变更令交施工单位执行。

三、控制工程变更的方法和途径

（一）收集大量的基础资料

施工企业要收集大量的基本资料。招标、投标及施工全过程是建筑产品形成的主要过程，其间会产生大量文件或资料如招标文件、投标文件、合同文件、施工图预算书、设计变更签证、施工日志、工程验收记录、发包方与承包方之间来往函件、竣工验收报告、工程决算书等。这些文件资料既是建筑产品形成过程中的基础资料，也是施工过程中经验与成果的积累；既是建筑产品质与量的反映，也是用户使用建筑产品的依据，甚至是建筑产品出现工程质量、造价争议时仲裁、诉讼的证据。

（二）认真会审图纸，积极提出修改意见

在项目施工过程中施工单位必须按图施工。由于图纸是由设计单位按照用户要求和项目所在地的自然地理和环境条件设计的，对施工中遇到的实际问题可能欠考虑，因此施工单位在满足用户要求和保证工程质量的前提下，积极提出有科学依据的合理化建议，既有利于加快工程速度、保证工程质量和方便施工，又可降低资源消耗。在取得用户和设计单位同意后修改设计图纸，同时办理变更工程量的签证。会审时对于结构复杂、施工难度大的项目更要加倍认真。

（三）加强合同管理

企业管理涉及许多方面，但主要是围绕产、供、销三个环节，而这三个环节都是由合同来连接的。合同管理混乱，势必直接影响企业的经济效益。可以说，没有规范有序的合同行为，企业就没有效益可言。因而，签订合同势在必行。

重视施工合同的审计，为竣工结算打好基础。一是注意掌握合同文件中关于工程量清单表的规定。二是重视合同的条款措辞。

（四）加强施工阶段管理

第一，应重视工程施工前的图纸会审，通过会审使图纸更加明确完善，尽量使许多图纸的未尽事宜在施工前得以解决，避免在施工中发现图纸问题而增加变更、追加投资。第二，根据现行有关规定，为了有效控制工程成本，无论任何一方提出的工程变更均需由监理工程师加以确认并签发变更指令。第三，要严格控制施工条件变更，施工条件的变更往往很复杂，需要特别重视，否则会引起较大索赔。第四，分清签证权限，加强施工变更签证的审计管理。签证必须由谁来签认，谁签认才有效，什么样的形式才有效等事项必须在施工合同审计时予以明确，对单张签证的权力限制和对累积签证价款的总量达到一定限额的限制都应在合同条款中予以明确。

（五）建立工程变更制度，控制费用增加

工程变更是编制预算增减账的依据，应建立工程变更的签办制度，制定出签办各方能够相互配合又能相互制约的程序。绝大部分的工程变更是由建设单位提出的，因此工程变更应实行“先办后干及时审”的原则，避免发生施工完成后无法核实工程量和对单价费用方面的争议。

（六）大胆提出索赔

索赔是国际工程中经常发生的正常现象，性质上属于经济补偿行为，而不是惩罚；索赔是承发包双方之间经常发生的管理业务，是双方合作的方式，而不是对立。

工程变更的管理和控制是一个系统工程，施工单位应加强工程建设各个阶段的管理和控制。变更之前各有关单位应进行多方面协调、多方案论证，从而获得最佳变更方案，最好的经济效益。

施工单位对施工阶段工程变更的管理，涉及工程的质量、进度、成本等多方面，而且贯穿于施工阶段的全过程。如果能事先制订详细的办法进行预控，实施过程中多方面进行把关，那么施工单位对工程变更的管理一定能达到科学、有序，进而能有效地控制成本，避免不必要纠纷的发生。

复习思考题

1. 合同的作用表现在哪几个方面？
2. 工程承包合同有哪些类型？
3. 简述总价合同和单价合同的适用条件和各自特点。
4. 简述 FIDIC《施工合同条件中》业主的权力和义务。
5. 简述 FIDIC《施工合同条件中》承包商的权力和义务。
6. 简述 FIDIC《施工合同条件中》工程师的权力和职责。
7. 什么是工程变更？
8. 工程变更的方法和途径有哪些？

第三章　施工项目质量管理

第一节　建设工程项目质量管理概念

一、质量

《质量管理体系 基础和术语》(GB/T 19000—2016/ISO 9000:2015)中质量的定义是：一个关注质量的组织倡导一种文化，其结果导致其行为、态度、活动和过程，它们通过满足顾客和其他有关的相关方的要求和期望创造价值。上述定义可以从以下几方面去理解：

(1)质量不仅是指产品质量，也可以是某项活动或过程的工作质量，还可以是质量管理体系运行的质量。质量是由一组固有特性组成的，这些固有特性是指满足顾客和其他相关方面要求的特性，并由其满足要求的程度加以表征。

(2)特性是指区分的特征。特性可以是固有的或赋予的，可以是定性的或定量的。特性有各种类型，一般有物质特性(如机械的、电的、化学的或生物的特性)、官感特性(如嗅觉、触觉、味觉、视觉及感觉控测的特性)、行为特性(如礼貌、诚实、正直)、人体工效特性(如语言或生理特性、人身安全特性)、功能特性(如飞机的航程、速度)。质量特性是固有的特性，并通过产品、过程或体系设计和开发及其后之实现过程形成的属性。固有的意思是指在某事或某物中本来就有的，尤其是那种永久的特性。赋予的特性(如某一产品的价格)并非是产品、过程或体系的固有特性，不是它们的质量特性。

(3)满足要求就是应满足明示的(如合同、规范、标准、技术、文件、图纸中明确规定的)、通常隐含的(如组织的惯例、一般习惯)或必须履行的(如法律、法规、行业规则)需要和期望。与要求相比较，满足要求的程度才反映为质量的好坏。对质量的要求除考虑满足顾客的需要外，还应考虑其他相关方即组织自身利益、提供原材料和零部件等的供方的利益和社会的利益等多种需求。例如需考虑安全性、环境保护、节约能源等外部的强制要求。只有全面满足这些要求，才能被评定为好的质量或优秀的质量。

(4)顾客和其他相关方对产品、过程或体系的质量要求是动态的、发展的和相对的。质量要求随着时间、地点、环境的变化而变化。如随着技术的发展、生活水平的提高，人们对产品、过程或体系会提出新的质量要求。因此，应定期评定质量要求、修订规范标准，不断开发新产品、改进老产品，以满足已变化的质量要求。另外，不同国家、不同地区因自然环境条件不同，技术发达程度不同，消费水平不同和民俗习惯等的不同会对产品提出不同的要求，产品应具有这种环境的适应性，对不同地区应提供不同性能的产品，以满足该地区用户的明示或隐含的要求。

二、建设工程质量

建设工程质量简称工程质量。工程质量是指工程满足业主需要的，符合国家法律、法规、技术规范标准、设计文件及合同规定的特性综合。

建设工程作为一种特殊的产品，除具有一般产品共有的质量特性，如性能、寿命、可靠性、安全性、经济性等满足社会需要的使用价值及其属性外，还具有特定的内涵。

建设工程质量的特性主要表现在以下六个方面：

(1)适用性(即功能)。是指工程满足使用目的的各种性能。包括：理化性能，如尺寸、规格、保温、隔热、隔音等物理性能，耐酸、耐碱、耐腐蚀、防火、防风化、防尘等化学性能；结构性能，指地基基础牢固程度，结构的足够强度、刚度和稳定性；使用性能，如民用住宅工程要能使居住者安居，工业厂房要能满足生产活动需要，道路、桥梁、铁路、航道要能通达便捷等。建设工程的组成部件、配件、水、暖、电、卫器具、设备也要能满足其使用功能；外观性能，指建筑物的造型、布置、室内装饰效果、色彩等美观大方、协调等。

(2)耐久性(即寿命)。是指工程在规定的条件下，满足规定功能要求使用的年限，也就是工程竣工后的合理使用寿命周期。如民用建筑主体结构耐用年限分为四级(15～30年、30～50年、50～100年、100年以上)，公路工程设计年限一般按等级控制在10～20年，城市道路工程设计年限，视不同道路构成和所用的材料也有所不同。

(3)安全性。是指工程建成后在使用过程中保证结构安全、保证人身和环境免受危害的程度。建设工程产品的结构安全度、抗震、耐火及防火能力，人民防空的抗辐射、抗核污染、抗爆炸波等能力，是否能达到特定的要求，都是安全性的重要标志。工程交付使用之后，必须保证人身财产、工程整体都有能免遭工程结构破坏及外来危害的伤害。工程组成部件，如阳台栏杆、楼梯扶手、电器产品漏电保护、电梯及各类设备等，也要保证使用者的安全。

(4)可靠性。是指工程在规定的时间和规定的条件下完成规定功能的能力。工程不仅要求在交工验收时要达到规定的指标，而且在一定的使用时期内要保持应有的正常功能。如工程上的防洪与抗震能力、防水隔热、恒温恒湿措施、工业生产用的管道防“跑、冒、滴、漏”等，都属可靠性的质量范畴。

(5)经济性。是指工程从规划、勘察、设计、施工到整个产品使用寿命周期内的成本和消耗的费用。工程经济性具体表现为设计成本、施工成本、使用成本三者之和。它包括从征地、拆迁、勘察、设计、采购(材料、设备)、施工、配套设施等建设全过程的总投资和工程使用阶段的能耗、水耗、维护、保养乃至改建更新的使用维修费用。

(6)与环境的协调性。是指工程与其周围生态环境协调，与所在地区经济环境协调以及与周围已建工程相协调，以适应可持续发展的要求。

上述六个方面的质量特性彼此之间是相互依存的，总体而言，适用、耐久、安全、可靠、经济、与环境适应性，都是必须达到的基本要求，缺一不可。

三、工程质量形成过程与影响因素分析

(一)工程建设各阶段对质量形成的作用与影响

工程建设的不同阶段，对工程项目质量的形成起着不同的作用和影响。

1.项目可行性研究

项目可行性研究是在项目建议书和项目策划的基础上，运用经济学原理对投资项目

的有关技术、经济、社会、环境及所有方面进行调查研究,对各种可能的拟建方案和建成投产后的经济效益、社会效益和环境效益等进行技术经济分析、预测和论证,确定项目建设的可行性,并在可行的情况下,通过多方案比较从中选择出最佳建设方案,作为项目决策和设计的依据。在此过程中,需要确定工程项目的质量要求,并与投资目标相协调。因此,项目的可行性研究直接影响项目的决策质量和设计质量。

2. 项目决策

项目决策阶段是通过项目可行性研究和项目评估,对项目的建设方案做出决策,使项目的建设充分反映业主的意愿,并与地区环境相适应,做到投资、质量、进度三者协调统一。所以,项目决策阶段对工程质量的影响主要是确定工程项目应达到的质量目标和水平。

3. 工程勘查、设计

工程的地质勘查是为建设场地的选择和工程的设计与施工提供地质资料依据。而工程设计是根据建设项目总体需求(包括已确定的质量目标和水平)和地质勘查报告,对工程的外形和内在的实体进行筹划、研究、构思、设计和描绘,形成设计说明书和图纸等相关文件,使得质量目标和水平具体化,为施工提供直接依据。

工程设计质量是决定工程质量的关键环节,工程采用什么样的平面布置和空间形式、选用什么样的结构类型、使用什么样的材料、构配件及设备等,都直接关系到工程主体结构的安全可靠,关系到建设投资的综合功能是否充分体现规划意图。

4. 工程施工

工程施工是指按照设计图纸和相关文件的要求,在建设场地上将设计意图付诸实现的测量、作业、检验,形成工程实体建成最终产品的活动。任何优秀的勘察设计成果,只有通过施工才能变为现实。因此,工程施工活动决定了设计意图能否体现,直接关系到工程的安全可靠、使用功能的保证,以及外表观感能否体现建筑设计的艺术水平。在一定程度上,工程施工是形成实体质量的决定性环节。

5. 工程竣工验收

工程竣工验收就是对项目施工阶段的质量通过检查评定、试车运转,考核项目质量是否达到设计要求,是否符合决策阶段确定的质量目标和水平,并通过验收确保工程项目的质量。所以,工程竣工验收对质量的影响是保证最终产品的质量。

(二)影响工程质量的因素

影响工程的因素很多,但归纳起来主要有五个方面,即人(Man)、材料(Material)、机械(Machine)、方法(Method)和环境(Environment),简称为4M1E因素。

1. 人员素质

人是生产经营活动的主体,也是工程项目建设的决策者、管理者、操作者,工程建设的全过程,如项目的规划、决策、勘察、设计和施工,都是通过人来完成的。人员的素质,即人的文化水平、技术水平、决策能力、管理能力、组织能力、作业能力、控制能力、身体素质及职业道德等,都将直接和间接地对规划、决策、勘察、设计和施工的质量产生影响,所以人员素质是影响工程质量的一个重要因素。因此,建筑行业实行经营资质管理和各类专业从业人员持证上岗制度是保证人员素质的重要管理措施。

2. 工程材料

工程材料泛指构成工程实体的各类建筑材料、构配件、半成品等，它是工程建设的物质条件，是工程质量的基础。工程材料选用是否合理、产品是否合格、材质是否经过检验、保管使用是否得当等，都将直接影响建设工程的结构刚度和强度，影响工程外表及观感，影响工程的使用功能，影响工程的使用安全。

3. 机械设备

机械设备可分为两类：一是指组成工程实体及配套的工艺设备和各类机具，如电梯、泵机、通风设备等，它们构成了建筑设备安装工程或工业设备安装工程，形成完整的使用功能。二是指施工过程中使用的各类机具设备，包括大型垂直与横向运输设备、各类操作工具、各种施工安全设施、各类测量仪器和计量器具等，简称施工机具设备，它们是施工生产的手段。机具设备对工程质量也有重要的影响。工程使用机具设备的产品质量优劣，直接影响工程使用功能质量。施工机具设备的类型是否符合工程施工特点、性能是否先进稳定、操作是否方便安全等，都将会影响工程项目的质量。

4. 方法

方法是指工艺方法、操作方法和施工方案。在工程施工中，施工方案是否合理、施工工艺是否先进、施工操作是否正确，都将对工程质量产生重大的影响。

5. 环境条件

环境条件是指对工程质量特性起重要作用的环境因素，包括工程技术环境，如工程地质、水文、气象等；工程作业环境，如施工环境作业面大小、防护设施、通风照明和通信条件等；工程管理环境，主要指工程实施的合同结构与管理关系的确定，组织体制及管理制度等；周边环境，如工程邻近的地下管线、建（构）筑物等。环境条件往往对工程质量产生特定的影响。加强环境管理，改进作业条件，把握好技术环境，辅以必要的措施，是控制环境对质量影响的重要保证。

四、工程质量的特点

建设工程质量的特点是由建设工程本身和建设生产的特点来决定的。建设工程（产品）及其生产的特点：一是产品的固定性，生产的流动性；二是产品的多样性，生产的单件性；三是产品形体庞大、高投入、生产周期长、具有风险性；四是产品的社会性，生产的外部约束性。正是由于上述建设工程的特点而形成了工程质量本身的以下特点。

（一）影响因素多

建设工程质量受到多种因素的影响，如决策、设计、材料、机具设备、施工方法、施工工艺、技术措施、人员素质、工期、工程造价等，这些因素直接或间接地影响工程项目质量。

（二）质量波动大

由于建筑生产的单件性、流动性，其不像一般工业产品的生产那样，有固定的生产流水线、规范化的生产工艺和完善的检测技术、成套的生产设备和稳定的生产环境，所以工程质量容易产生波动且波动大。同时，由于影响工程质量的偶然性因素和系统性因素比较多，其中任一因素发生变动，都会使工程质量产生波动。为此，要严防出现系统性因素的质量变异，要把质量波动控制在偶然性因素范围内。

(三)质量隐蔽性

建设工程在施工过程中,分项工程交接多、中间产品多、隐蔽工程多,因此质量存在隐蔽性。若在施工中不及时进行质量检查,事后只能从表面上检查,就很难发现内在的质量问题。

(四)终检的局限性

工程项目建成后不可能像一般工业产品那样依靠终检来判断产品质量,或将产品拆卸、解体来检查其内在的质量,或对不合格零部件进行更换。而工程项目的终检(竣工验收)无法进行工程内在质量的检验,发现隐蔽的质量缺陷。因此,工程项目的终检存在一定的局限性。这就要求工程质量控制应以预防为主,防患于未然。

(五)评价方法的特殊性

工程质量的检查评定及验收是按检验批、分项工程、分部工程、单位工程进行的。工程质量是在施工单位按合格质量标准自行检查评定的基础上,由监理工程师(或建设单位项目负责人)组织有关单位、人员进行检验确认验收。这种评价方法体现了"验评分离、强化验收、完善手段、过程控制"的指导思想。

五、工程质量责任体系

在工程项目建设中,参与工程建设的各方,应根据国家颁布的《建设工程质量管理条例》以及合同、协议及有关文件的规定承担相应的质量责任。

(一)建设单位的质量责任

(1)建设单位要根据工程特点和技术要求,按有关规定选择相应资质等级的勘察、设计单位和施工单位,在合同中必须有质量条款,明确质量责任,并真实、准确、齐全地提供与建设工程有关的原始资料。凡建设工程项目的勘察、设计、施工、监理以及工程建设有关重要设备材料等的采购,均实行招标,依法确定程序和方法,择优选定中标者。不得将应由一个承包单位完成的建设工程项目肢解成若干部分发包给几个承包单位;不得迫使承包方以低于成本的价格竞标;不得任意压缩合理工期;不得明示或暗示设计单位或施工单位违反建设强制性标准,降低建设工程质量。建设单位对其自行选择的勘测设计、施工单位发生的质量问题承担相应责任。

(2)建设单位应根据工程特点,配备相应的质量管理人员。对国家规定强制实行监理的工程项目,必须委托有相应资质等级的工程监理单位进行监理。

(3)建设单位在工程开工前,负责办理有关施工图设计文件审查、工程施工许可证和工程质量监督手续,组织设计和施工单位认真进行设计交底;在工程施工中,应按国家现行有关工程建设法规、技术标准及合同规定,对工程质量进行检查,涉及建筑主体和承重结构变动的装修工程,建设单位应在施工前委托原设计单位或者相应资质等级的设计单位提出设计方案,经原审查机构审批后方可施工。工程项目竣工后,应及时组织设计、施工、工程监理等有关单位进行施工验收,未经验收备案或验收备案不合格的,不得交付使用。

(4)建设单位按合同的约定负责采购供应的建筑材料、建筑构配件和设备,应符合设计文件和合同要求,对发生的质量问题,应承担相应的责任。

(二)勘察、设计单位的质量责任

(1)勘察、设计单位必须在其资质等级许可的范围内承揽相应的勘察设计任务,不许承揽超越其资质等级许可范围以外的任务,不得将承揽工程转包或违法分包,也不得以任何形式用其他单位的名义承揽业务或允许其他单位或个人以本单位的名义承揽业务。

(2)勘察、设计单位必须按照国家现行的有关规定、工程建设强制性技术标准和合同要求进行勘察、设计工作,并对所编制的勘察、设计文件的质量负责。勘察单位提供的地质、测量、水文等勘察成果文件必须真实、准确。设计单位提供的设计文件应当符合国家规定的设计深度要求,注明工程合理使用年限。设计文件中选用的材料、构配件和设备,应当注明规格、型号、性能等技术指标,其质量必须符合国家规定的标准。除有特殊要求的建筑材料、专用设备、工艺生产线外,不得指定生产厂、供应商。设计单位应就审查合格的施工图文件向施工单位做出详细说明,解决施工中对设计提出的问题,负责设计变更,并应参与工程质量事故分析,对因设计造成的质量事故提出相应的技术处理方案。

(三)施工单位的质量责任

(1)施工单位必须在其资质等级许可的范围内承揽相应的施工任务,不许承揽超越其资质等级业务范围以外的任务,不得将承接的工程转包或违法分包,也不得以任何形式用其他施工单位的名义承揽工程或允许其他单位或个人以本单位的名义承揽工程。

(2)施工单位对所承包的工程项目的施工质量负责。应当建立健全质量管理体系,落实质量责任制,确定工程项目的项目经理、技术负责人和施工管理负责人。实行总承包的工程,总承包单位应对全部建设工程质量负责。建设工程勘察、设计、施工、设备采购的一项或多项实行总承包的,总承包单位应对其承包的建设工程或采购的设备的质量负责;实行总分包的工程,分包单位应按照分包合同约定对其分包工程的质量向总承包单位负责,总承包单位与分包单位对分包工程的质量承担连带责任。

(3)施工单位必须按照工程设计图纸和施工技术规范标准组织施工。未经设计单位同意,不得擅自修改工程设计。在施工中,必须按照工程设计要求、施工技术规范标准和合同约定,对建筑材料、构配件、设备和商品混凝土进行检验,不得偷工减料,不使用不符合设计和强制性技术标准要求的产品,不使用未经检验和试验或检验和试验不合格的产品。

(四)建筑材料、构配件及设备生产或供应单位的质量责任

建筑材料、构配件及设备生产或供应单位对其生产或供应的产品质量负责。生产厂或供应商必须具备相应的生产条件、技术装备和质量管理体系,所生产或供应的建筑材料、构配件及设备的质量应符合国家和行业现行的技术规定的合格标准和设计要求,并与说明书和包装上的质量标准相符,且应有相应的产品检验合格证,设备应有详细的使用说明等。

(五)工程监理单位的质量责任

(1)工程监理单位应按其资质等级许可的范围承担工程监理业务,不许超越本单位资质等级许可的范围或以其他工程监理单位的名义承担工程监理业务,不得转让工程监理业务,不许其他单位或个人以本单位的名义承担工程监理业务。

(2)工程监理单位应依照法律、法规以及有关技术标准、设计文件和建设工程承包合

同，与建设单位签订监理合同，代表建设单位对工程质量实施监理，并对工程质量承担监理责任。如果工程监理单位故意弄虚作假，降低工程质量标准，造成质量事故的，要承担法律责任。若工程监理单位与承包单位串通，谋取非法利益，给建设单位造成损失的，应当与承包单位承担连带赔偿责任。如果监理单位在责任期内，不按照监理合同约定履行监理职责，给建设单位或其他单位造成损失的，属违约责任，应当向建设单位赔偿。

（六）工程质量检测单位的质量责任

(1)检测机构是具有独立法人资格的中介机构。检测机构从事资质规定的质量检测业务，应取得相应的资质证书。检测机构资质按照其承担的检测业务内容分为专项检测机构资质和见证取样检测机构资质。

(2)质量检测试样的取样应当严格执行有关工程建设标准和国家有关规定，在建设单位或者工程监理单位监督下现场取样。提供质量检测试样的单位和个人，应当对试样的真实性负责。

(3)检测机构完成检测业务后，应当及时出具检测报告。检测报告经检测人员签字、检测机构法定代表人或者其授权的签字人签署，并加盖检测机构公章或者检测专用章后方可生效。检测报告经建设单位或者工程监理单位确认后，由施工单位归档。见证取样检测的检测报告中应当注明见证人单位及姓名。

(4)检测机构应当将检测过程中发现的建设单位、监理单位、施工单位违反有关法律、法规和工程建设强制性标准的情况，以及涉及结构安全检测结果的不合格情况，及时报告工程所在地建设主管部门。

（七）工程质量政府监督管理

1. 监督管理体制

国务院建设行政主管部门对全国的建设工程质量实施统一监督管理。国务院铁路、交通、水利等有关部门按国务院规定的职责分工，负责对全国的有关专业建设工程质量的监督管理。县级以上地方人民政府建设行政主管部门对本行政区域内的建设工程质量实施监督管理。县级以上地方人民政府交通、水利等有关部门在各自职责范围内，负责本行政区域内的专业建设工程质量的监督管理。

国务院发展计划部门按照国务院规定的职责，组织稽查特派员，对国家出资的重大建设项目实施监督检查；国务院经济贸易主管部门按国务院规定的职责，对国家重大技术改造项目实施监督检查。国务院建设行政主管部门和国务院铁路、交通、水利等有关专业部门、县级以上地方人民政府建设行政主管部门和其他有关部门，对有关建设工程质量的法律、法规和强制性标准执行情况加强监督检查。

县级以上政府建设行政主管部门和其他有关部门履行检查职责时，有权要求被检查的单位提供有关工程质量的文件和资料，有权进入被检查单位的施工现场进行检查，在检查中发现工程质量存在问题时，有权责令改正。

政府的工程质量监督管理具有权威性、强制性、综合性的特点。

2. 管理职能

1)建立和完善工程质量管理法规

工程质量管理法规包括行政性法规和工程技术规范标准。

2)建立和落实工程质量责任制

工程质量责任制包括工程质量行政领导的责任、项目法定代表人的责任、参建单位法定代表人的责任和工程质量终身负责制等。

3)建设活动主体资格的管理

国家对从事建设活动的单位实行严格的从业许可证制度,对从事建设活动的专业技术人员实行严格的执业资格制度。建设行政主管部门及有关专业部门按各自分工,负责各类资质标准的审查、从业单位的资质等级的最后认定、专业技术人员资格等级的核查和注册,并对资质等级和从业范围等实施动态管理。

4)工程承发包管理

包括规定工程招投标承发包的范围、类型、条件,对招投标承发包活动的依法监督和工程合同管理。

5)控制工程建设程序

包括工程报建、施工图设计文件审查、工程施工许可、工程材料和设备准用、工程质量监督、施工验收备案等管理。

六、工程质量管理制度

近年来,我国建设行政主管部门先后颁发了多项建设工程质量管理制度,主要有以下几种。

(一)施工图设计文件审查制度

施工图审查是指国务院建设行政主管部门和省、自治区、直辖市人民政府建设行政主管部门委托依法认定的设计审查机构,根据国家法律、法规、技术标准与规范,对施工图进行结构安全和强制性标准、规范执行情况等独立审查。

1. 施工图审查的范围

建设单位应当将施工图报送建设行政主管部门,由建设行政主管部门委托有关审查机构,进行结构安全和强制性标准、规范执行情况等内容的审查。建设单位将施工图报请审查时,应同时提供下列资料:批准的立项文件或初步设计批准文件、主要的初步设计文件、工程勘察成果报告、结构计算书及计算软件名称等。

2. 施工图审查的主要内容

(1)建筑物的稳定性、安全性审查,包括地基基础和主体结构是否安全、可靠。

(2)是否符合消防、节能、环保、抗震、卫生、人防等有关强制性标准、规范。

(3)施工图是否达到规定的深度要求。

(4)是否损害公众利益。

3. 施工图审查有关各方的职责

(1)国务院建设行政主管部门负责全国施工图审查管理工作。省、自治区、直辖市人民政府建设行政主管部门负责组织本行政区域内的施工图审查工作的具体实施和监督管理工作。

建设行政主管部门在施工图审查工作中主要负责制定审查程序、审查范围、审查内容、审查标准并颁发审查批准书;负责制定审查机构和审查人员条件,批准审查机构,认定审查人员;对审查机构和审查工作进行监督并对违规行为进行查处;对施工图设计审查负依法监督管理的行政责任。

(2)勘察、设计单位必须按照工程建设强制性标准进行勘察、设计,并对勘察、设计质量负责。审查机构按照有关规定对勘察成果、施工图设计文件进行审查,但并不改变勘察、设计单位的质量责任。

(3)审查机构接受建设行政主管部门的委托对施工图设计文件涉及安全和强制性标准执行情况进行技术审查。建设工程经施工图设计文件审查后因勘察设计原因发生工程质量问题,审查机构承担审查失职的责任。

4.施工图审查的程序

施工图审查的各个环节可按以下步骤办理:

(1)建设单位向建设行政主管部门报送施工图,并做书面记录。

(2)建设行政主管部门委托审查机构进行审查,同时发出委托审查通知书。

(3)审查机构完成审查,向建设行政主管部门提交技术性审查报告。

(4)审查结束,建设行政主管部门向建设单位发出施工图审查批准书。

(5)报审施工图设计文件和有关资料应存档备查。

5.施工图审查管理

审查机构应当在收到审查材料后20个工作日内完成审查工作,并提出审查报告;特级和一级项目应当在30个工作日内完成审查工作,并提出审查报告,其中重大及技术复杂项目的审查时间可适当延长。审查合格的项目,审查机构向建设行政主管部门提交项目施工图审查报告,由建设行政主管部门向建设单位通报审查结果,并颁发施工图审查批准书。对审查不合格的项目,提出书面意见后,由审查机构将施工图退回建设单位,并由原设计单位修改,重新送审。

施工图一经审查批准,不得擅自进行修改。如遇特殊情况需要进行涉及审查主要内容的修改,必须重新报请原审批部门,由原审批部门委托审查机构审查后再批准实施。

建设单位或者设计单位对审查机构做出的审查报告如有重大分歧,可由建设单位或者设计单位向所在省、自治区、直辖市人民政府建设行政主管部门提出复查申请,由后者组织专家论证并做出复查结果。

施工图审查工作所需经费,由施工图审查机构按有关收费标准向建设单位收取。建筑工程竣工验收时,有关部门应按照审查批准的施工图进行验收。建设单位要对报送的审查材料的真实性负责;勘察、设计单位对提交的勘察报告、设计文件的真实性负责,并积极配合审查工作。

(二)工程质量监督制度

国家实行建设工程质量监督管理制度。工程质量监督管理的主体是各级政府建设行政主管部门和其他有关部门。

工程质量监督机构是经省级以上建设行政主管部门或有关专业部门考核认定,具有独立法人资格的单位。它受县级以上地方人民政府建设行政主管部门或有关专业部门的委托,依法对工程质量进行强制性监督,并对委托部门负责。

工程质量监督机构的主要任务如下:

(1)根据政府主管部门的委托,受理建设工程项目的质量监督。

(2)制订质量监督工作方案。确定负责该项工程的质量监督工程师和助理质量监督师。根据有关法律、法规和工程建设强制性标准,针对工程特点,明确监督的具体内容、监督方式。在方案中对地基基础、主体结构和其他涉及结构安全的重要部位和关键过程,做出实施监督的详细计划安排,并将质量监督工作方案通知建设、勘察、设计、施工、监理单位。

(3)检查施工现场工程建设各方主体的质量行为。检查施工现场工程建设各方主体及有关人员的资质或资格;检查勘察、设计、施工、监理单位的质量管理体系和质量责任制落实情况;检查有关质量文件、技术资料是否齐全并符合规定。

(4)检查建设工程实体质量。按照质量监督工作方案,对建设工程地基基础、主体结构和其他涉及安全的关键部位进行现场实地抽查,对用于工程的主要建筑材料、构配件的质量进行抽查。对地基基础分部、主体结构分部和其他涉及安全的分部工程的质量验收进行监督。

(5)监督工程质量验收。监督建设单位组织的工程竣工验收的组织形式、验收程序以及在验收过程中提供的有关资料和形成的质量评定文件是否符合有关规定,实体质量是否存在严重缺陷,工程质量验收是否符合国家标准。

(6)向委托部门报送工程质量监督报告。报告的内容应包括对地基基础和主体结构质量检查的结论,工程施工验收的程序、内容和质量检验评定是否符合有关规定,以及历次抽查该工程的质量问题和处理情况等。

(7)对预制建筑构件和商品混凝土的质量进行监督。

(8)受委托部门委托按规定收取工程质量监督费。

(9)政府主管部门委托的工程质量监督管理的其他工作。

(三)工程质量检测制度

工程质量检测工作是对工程质量进行监督管理的重要手段之一。工程质量检测机构是对建设工程、建筑构件、制品及现场所用的有关建筑材料、设备质量进行检测的法定单位。在建设行政主管部门领导和标准化管理部门指导下开展检测工作,其出具的检测报告具有法定效力。法定的国家级检测机构出具的检测报告,在国内为最终裁定,在国外具有代表国家的性质。

1.国家级检测机构的主要任务

(1)受国务院建设行政主管部门和专业部门委托,对指定的国家重点工程进行检测复核,提出检测复核报告和建议。

(2)受国家建设行政主管部门和国家标准部门委托,对建筑构件、制品及有关材料、设备及产品进行抽样检验。

2.各省级、市(地区)级、县级检测机构的主要任务

(1)对本地区正在施工的建设工程所用的材料、混凝土、砂浆和建筑构件等进行随机抽样检测,向本地建设工程质量主管部门和质量监督部门提出抽样报告和建议。

(2)受同级建设行政主管部门委托,对本省、市、县的建筑构件、制品进行抽样检测。对违反技术标准、失去质量控制的产品,检测单位有权提供主管部门停止其生产的证明,

不合格产品不准出厂，已出厂的产品不得使用。

（四）工程质量保修制度

建设工程质量保修制度是指建设工程在办理交工验收手续后，在规定的保修期限内，因勘察、设计、施工、材料等原因造成的质量问题，要由施工单位负责维修、更换，由责任单位负责赔偿损失。质量问题是指工程不符合国家工程建设强制性标准、设计文件以及合同中对质量的要求。

建设工程承包单位在向建设单位提交工程竣工验收报告时，应向建设单位出具工程质量保修书，质量保修书中应明确建设工程保修范围、保修期限和保修责任等。

在正常使用条件下，建设工程的最低保修期限为：

（1）基础设施工程、房屋建筑工程的地基基础和主体结构工程，为设计文件规定的该工程的合理使用年限；

（2）屋面防水工程、有防水要求的卫生间、房间和外墙面的防渗漏，为5年；

（3）供热与供冷系统，为2个采暖期、供冷期；

（4）电气管线、给排水管道、设备安装和装修工程，为2年。

其他项目的保修期由发包方与承包方约定。保修期自竣工验收合格之日起计算。

建设工程在保修范围和保修期限内发生质量问题的，施工单位应当履行保修义务，保修义务的承担和经济责任的承担应按下列原则处理：

（1）施工单位未按国家有关标准、规范和设计要求施工，造成的质量问题，由施工单位负责返修并承担经济责任。

（2）由于设计方面的原因造成的质量问题，先由施工单位负责维修，其经济责任按有关规定通过建设单位向设计单位索赔。

（3）因建筑材料、构配件和设备质量不合格引起的质量问题，先由施工单位负责维修，其经济责任属于施工单位采购的，由施工单位承担经济责任；属于建设单位采购的，由建设单位承担经济责任。

（4）因建设单位（含监理单位）错误管理造成的质量问题，先由施工单位负责维修，其经济责任由建设单位承担，如属监理单位责任，则由建设单位向监理单位索赔。

（5）因使用单位使用不当造成的损坏问题，先由施工单位负责维修，其经济责任由使用单位自行负责。

（6）因地震、洪水、台风等不可抗拒原因造成的损坏问题，先由施工单位负责维修，建设参与各方根据国家具体政策分担经济责任。

第二节　ISO质量保证体系认证

一、质量管理（QM）、质量控制（QC）、质量保证（QA）的概念

（一）与质量有关的术语

产品，是指活动或过程的结果。

过程，是将输入转化为输出的一组彼此相关的资源和活动。

质量体系，是指为实施质量管理所需的组织结构、程序、过程和资源。

质量控制，是指为达到质量要求所采取的作业技术和活动。

质量保证，是为了提供足够的信任表明实体能够满足质量要求，而在质量体系中实施并根据需要进行证实的全部有计划、有系统的活动。

质量管理，是指确定质量方针、目标和职责并在质量体系中通过诸如质量策划、质量控制、质量保证和质量改进使其实施的全部管理职能的所有活动。

全面质量管理，是指组织一个以质量为中心，以全员参与为基础，目的在于通过让顾客满意和本组织所有成员及社会受益而达到长期成功的管理途径。

（二）质量管理、质量体系、质量控制、质量保证之间的关系

质量管理（QM）、质量控制（QC）、质量保证（QA），在理解和应用中都存在不同程度的混乱状态。三个概念两两之间（QM 与 QC、QC 与 QA 以及 QM 与 QA）也往往混淆不清。下面我们进行简单的介绍，见图 3-1。

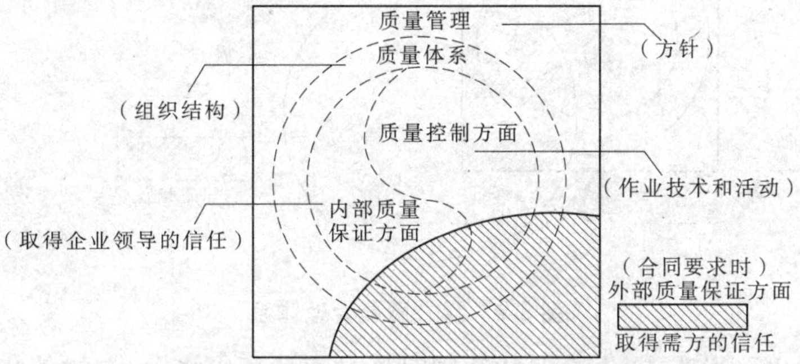

图 3-1　质量管理、质量体系、质量控制、质量保证之间的关系

从图 3-1 中可看出，质量管理是指企业的全部质量工作，即质量方针的制订和实施。为了实施质量方针和质量目标，必须建立质量体系。在建立质量体系时，首先要建立有关的组织机构，明确各质量职能部门的责任和权限，配备所需的各种资源，制订工作程序，然后才能运用管理和专业技术进行质量控制，并开展质量保证活动。

图 3-1 中的整个正方形代表了质量管理工作。在质量管理中首先要制订质量方针，然后建立质量体系，所以把质量方针（由大圆外的面积代表）画在质量体系这个大圆之外。在质量体系中又要首先确定组织结构，建立有关机构和其职责，然后才能开展质量控制和质量保证活动，所以把组织结构画在小圆之外。小圆部分包括了质量控制和质量保证两类活动，它们中间用“S”形分开，其用意是表示两者之间的界限有时不易划分。有活动两者都归属，相互不能分离，如对某项过程的评价、监督和验证，既可说是质量控制，也可说是质量保证的内容。质量保证就要求实施质量控制，两者只是目的不同而已，前者是为了预防不符合或缺陷，后者则要向某一方进行“证实”（提供证据）。一般说来，质量保证总是和信任结合在一起的。在对图的理解上，不能简单、错误地认为质量管理就是质量方针，质量体系就是组织结构，应该理解为质量管理除了制订质量方针外还需建立质量体系，而质量体系则除了建立组织结构外还包括质量控制和质量保证两项内容，其间用虚线划分，表示是一个整体，只是为了便于理解其间的关系才把虚线画上去的。

图中的斜线部分是外部质量保证的内容，即合同环境中企业为满足需方要求而建立的质量保证体系。质量保证体系也包括了质量方针、组织结构、质量控制和质量保证的要求。

对一个企业来讲，质量保证体系（合同环境中）是其整个质量管理体系中的一个部分，二者并不矛盾，不可分割，你中有我，我中有你，质量保证体系是建立在质量管理体系的基础之上的。因此，外国大公司在选择其供应厂商时，首先要看对方的质量手册，也就是看其质量管理体系是否基本上能满足质量保证方面的要求，然后才能确定是否与之签订合同进行合作。当然，供方的质量体系往往不能满足其全部要求，此时应在合同中补充某些要求，即增加某些质量体系要素，如质量计划、质量审核计划等。

图中的斜线部分只是另一个图形的一个部分，这里没有画出来。这第二个图形就是需方的质量管理体系，如画出来，应如图3-2所示。

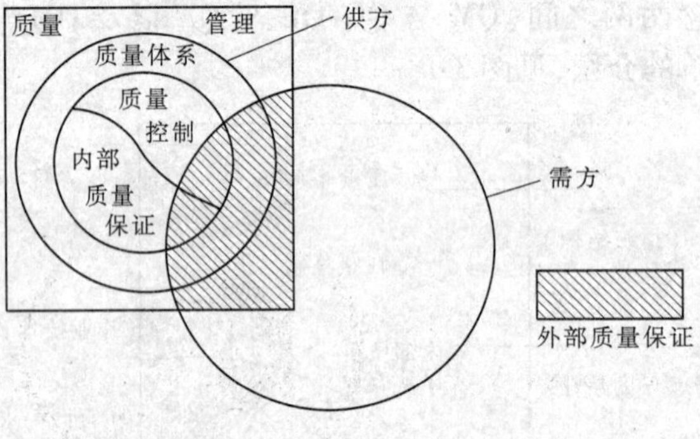

图3-2　需方质量管理体系

从图3-2中也可说明，一个企业往往同时处在两种环境之中，它的某些产品在一般市场中出售，另一部分产品则按合同出售给需方，同样，它在采购某些材料或零部件，搞技术合作时，有些可以在市场上购买，有的则要与协作厂签订合同，并附上质量保证要求。

综上所述，对一个企业，在非合同环境中，其质量管理工作包括了质量控制和内部的质量保证。在合同环境下，作为供方，其质量保证体系又包括质量管理、质量控制和内部、外部的质量保证活动。

二、质量认证

（一）质量认证的基本形式

质量认证也叫合格评定，是国际上通行的管理产品质量的有效方法。质量认证按认证的对象分为产品质量认证和质量体系认证两类；按认证的作用可分为安全认证和合格认证。

世界各国现行的质量认证制度主要有八种，其中各国标准机构通常采用的是型式试验加工厂质量体系评定加认证后监督——质量体系复查加工厂和市场抽样调查的质量认证制度，我国采用的是工厂质量体系评审（质量体系认证）的质量认证制度。

（二）产品质量认证与质量体系认证

1. 产品质量认证

产品质量认证按认证性质划分可分为安全认证和合格认证。

(1)安全认证。对于关系国计民生的重大产品,有关人身安全、健康的产品,必须实施安全认证。此外,实行安全认证的产品,必须符合《中华人民共和国标准化法》中有关强制性标准的要求。

(2)合格认证。凡实行合格认证的产品,必须符合《中华人民共和国标准化法》规定的国家标准或行业标准要求。

2. 质量认证的表示方法

质量认证有两种表示方法,即认证证书和认证合格标志。

(1)认证证书(合格证书)。是由认证机构颁发给企业的一种证明文件,用以证明某项产品或服务符合特定标准或技术规范。

(2)认证标志(合格标志)。是由认证机构设计并公布的一种专用标志,用以证明某项产品或服务符合特定标准或规范。经认证机构批准,使用在每台(件)合格出厂的认证产品上。认证标志是质量标志,通过标志可以向购买者传递正确可靠的质量信息,帮助购买者识别认证的商品与非认证的商品,指导购买者购买自己满意的产品。

认证标志为方圆标志、3C 标志、长城标志和 PRC 标志,如图 3-3 所示。

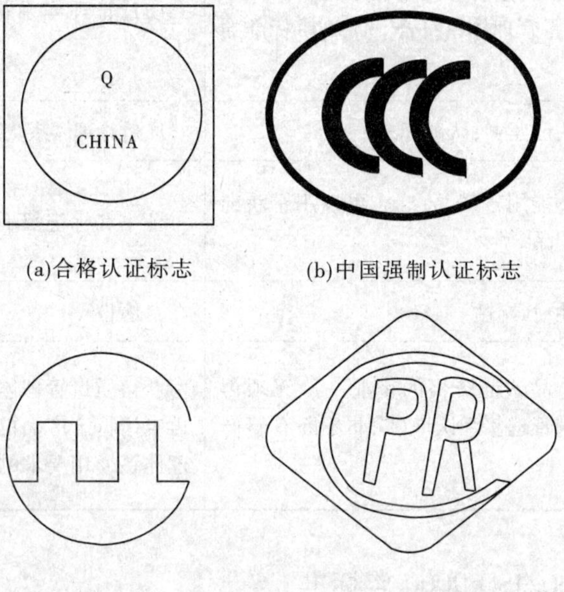

(a)合格认证标志　　(b)中国强制认证标志

(c)长城标志　　(d)PRC标志

图 3-3　认证标志

3. 质量管理体系认证

质量管理体系认证始于机电产品,由于产品类型由硬件拓宽到软件、流程性材料和服务领域,使得各行各业都可以按标准实施质量管理体系认证。从目前的情况来看,除涉及安全和健康的领域产品认证必不可少外,在其他领域内,质量管理体系认证的作用要比产品认证的作用大得多,并且质量管理体系认证具有以下特征:

(1)由具有第三方公正地位的认证机构进行客观的评价,做出结论,若通过则颁发认证证书。审核人员要具有独立性和公正性,以确保认证工作客观公正地进行。

(2)认证的依据是质量管理体系的要求标准，即 GB/T 19001，而不能依据质量管理体系的业绩改进指南标准即 GB/T 19004 来进行，更不能依据具体的产品质量标准。

(3)认证过程中的审核是围绕企业的质量管理体系要求的符合性和满足质量要求和目标方面的有效性来进行的。

(4)认证的结论不是证明具体的产品是否符合相关的技术标准，而是质量管理体系是否符合 ISO 9001 即质量管理体系要求标准，是否具有按规范要求，保证产品质量的能力。

(5)认证合格标志，只能用于宣传，不能将其用于具体的产品上。

产品质量认证和质量管理体系认证的比较如表 3-1 所示。

表 3-1　产品质量认证和质量管理体系认证的比较

项目	产品质量认证	质量管理体系认证
对象	特定产品	企业的质量管理体系
获准认证条件	(1)产品质量符合指定标准要求。 (2)质量管理体系符合 ISO 9001 标准的要求	质量管理体系符合 ISO 9001 标准的要求
证明方式	产品认证证书；认证标志	质量管理体系认证(注册)证书；认证标记
证明的使用	证书不能用于产品；标志可以用于获准认证的产品	证书和标记都不能在产品上使用
性质	自愿性；强制性	自愿性
两者的关系	获得产品认证资格的企业一般无须再申请质量管理体系认证(除非不断有新产品问世)	获得质量管理体系认证资格的企业可以再申请特定产品的认证，但免除对质量管理体系通用要求的检查

三、GB/T 19000/ISO 9000 族标准

ISO 是一个组织的英语简称，全称是 International Organization for Standardization，翻译成中文就是国际标准化组织。

ISO 是世界上最大的国际标准化组织。它成立于 1947 年 2 月 23 日，它的前身是 1928 年成立的国际标准化协会国际联合会(简称 ISA)。IEC 也比较大，即国际电工委员会，1906 年在英国伦敦成立，是世界上最早的国际标准化组织。IEC 主要负责电工、电子领域的标准化活动。而 ISO 负责除电工、电子领域外的所有其他领域的标准化活动。ISO 宣称的宗旨是“在世界上促进标准化及其相关活动的发展，以便于商品和服务的国际交换，在智力、科学、技术和经济领域开展合作”。

ISO 通过它的 2 856 个技术机构开展技术活动。其中，技术委员会(简称 TC)共 185

个,分技术委员会(简称 SC)共 611 个,工作组(WG)2 022 个,特别工作组 38 个。ISO 的 2 856个技术机构技术活动的成果(产品)是国际标准。ISO 现已制定出国际标准共10 300 多个,主要涉及各行各业各种产品(包括服务产品、知识产品等)的技术规范。ISO 制定出来的国际标准除有规范的名称外,还有编号,编号的格式是:ISO + 标准号 + [杠 + 分标准号] + 冒号 + 发布年号(方括号中的内容可有可无),如 ISO 8402:1987、ISO 9000 - 1:1994 等,分别是某一个标准的编号。但是,“ISO 9000”不是指一个标准,而是一族标准的统称。根据 ISO 9000 - 1:1994 的定义,“ISO 9000 族”是由 ISO/TC 176 制定的所有国际标准。

1994 年,ISO/TC 176 完成了对标准的第一次修订,提出了“ISO 9000 族”的概念,并由 ISO 发布了 1994 版 ISO 9000 族标准。

2000 年,ISO/TC 176 完成了对标准的第二次修订。12 月 15 日由 ISO 正式发布 ISO 9000:2000、ISO 9001:2000 和 ISO 9004:2000,分别取代 1994 版 ISO 8402 和 ISO 9000 - 1,1994 版 ISO 9001、ISO 9002 和 ISO 9003,以及 1994 版 ISO 9004 - 1,通称 2000 版 ISO 9000 族标准。

ISO 9000 系列标准包括五个部分:ISO 9000、ISO 9001、ISO 9002、ISO 9003 和 ISO 9004。其中,ISO 9000 标准是 ISO 9000 系列标准的选用导则,主要阐述几个质量术语基本概念之间的关系、质量体系环境的特点、质量体系国际标准的分类、在质量管理中质量体系国际标准的应用以及合同环境中质量体系国际标准的应用。除 ISO 9000 外的其他四个标准可以分为两个大类:ISO 9001 ~ ISO 9003 标准是在合同环境下用以指导企业质量管理的标准;ISO 9004 标准是在非合同环境下用以指导企业质量管理的标准。在合同环境下,供需双方建有契约关系。需方应对供方的质量体系提出要求,而 ISO 9001、ISO 9002、ISO 9003 是三种不同的质量保证模式,其中以 ISO 9001 建立的质量体系最为全面。ISO 9002 标准要求供方建立生产和安装的质量保证模式,比 ISO 9001 标准减少了设计控制和售后服务两个质量体系要素。ISO 9003 标准适用于相当简单的产品,它只要求供方建立最终检验和试验的质量保证模式,比 ISO 9002 少六个质量体系要素。

ISO 组织最新颁布的与工程建设有关 ISO 9000 系列标准为《质量管理体系 基础和术语》(ISO 9000:2015)和《质量管理体系 要求》(ISO 9001:2015),分别对应《质量管理体系 基础和术语》(GB/T 19000—2016)和《质量管理体系 要求》(GB/T 19001—2016)。在工程建设行业同时采用《工程建设施工企业质量管理规范》(GB/T 50430—2017)(自 2018 年 1 月 1 日开始实施)。

四、ISO 质量管理体系的建立与实施

按照 GB/T 19000 建立或更新完善质量管理体系的程序,通常包括组织策划与总体设计、质量管理体系的文件编制、质量管理体系的实施运行等三个阶段。

(一)质量管理体系的策划与总体设计

最高管理者应确保对质量管理体系进行策划,满足组织确定的质量目标的要求及质量管理体系的总体要求,在对质量管理体系的变更进行策划和实施时,应保持管理体系的完整性。通过对质量管理体系的策划,确定建立质量管理体系要采用的过程、方法、模式,从组织的实际出发进行体系的策划和实施,明确是否有剪裁的需求并确保其合理性。

（二）质量管理体系文件的编制

质量管理体系文件的编制应在满足标准要求、确保控制质量、提高组织全面管理水平的情况下，建立一套高效、简单、实用的质量管理体系文件。质量管理体系文件由质量手册、质量管理体系程序文件、质量计划、质量记录等部分组成。

1. 质量手册

1）质量手册的性质和作用

质量手册是组织质量工作的“基本法”，是组织最重要的质量法规性文件，它具有强制性质。质量手册应阐述组织的质量方针，概述质量管理体系的文件结构并能反映组织质量管理体系的总貌，起到总体规划和加强各职能部门间协调作用。对组织内部，质量手册起着确立各项质量活动及其指导方针和原则的重要作用，一切质量活动都应遵循质量手册；对组织外部，它既能证实符合标准要求的质量管理体系的存在，又能向顾客或认证机构描述清楚质量管理体系的状况。同时，质量手册是使员工明确各类人员职责的良好管理工具和培训教材。质量手册便于克服由于员工流动对工作连续性的影响。质量手册对外提供了质量保证能力的说明，是销售广告有益的补充，也是许多招标项目所要求的投标必备文件。

2）质量手册的编制要求

质量手册的编制应遵循《质量管理体系文件指南》（GB/T 19023—2003/ISO/TR 10013:2001）的要求，质量手册应说明质量管理体系覆盖哪些过程和条款，每个过程和条款应开展哪些控制活动，对每个活动需要控制到什么程度，能提供什么样的质量保证等，都应做出明确交代。

3）质量手册的构成

质量手册一般由以下几个部分构成，各组织可以根据实际需要，对质量手册的下述部分作必要的删减。

目次

批准页

前言

1 范围

2 引用标准

3 术语和定义

4 质量管理体系

5 管理职责

6 资源管理

7 产品实现

8 测量、分析和改进

2. 质量管理体系程序文件

1）概述

质量管理体系程序文件是质量管理体系的重要组成部分，是质量手册的具体展开和有力支撑。质量管理体系程序可以是质量管理手册的一部分，也可以是质量手册的具体展开。质量管理体系程序文件的范围和详略程度取决于组织的规模、产品类型、过程的复杂程度、方法和相互作用以及人员素质等因素。对每个质量管理程序来说,都应视需要明确何时、何地、何人、做什么、为什么、怎么做(即5W1H),应保留什么记录。

2)质量管理体系程序的内容

按ISO 9001标准的规定,质量管理程序应至少包括下列6个程序:①文件控制程序;②质量记录控制程序;③内部质量审核程序;④不合格控制程序;⑤纠正措施程序;⑥预防措施程序。

3. 质量计划

质量计划是对特定的项目、产品、过程或合同,规定由谁及何时应使用哪些程序相关资源的文件。质量手册和质量管理体系程序所规定的是各种产品都适用的通用要求和方法。但各种特定产品都有其特殊性,质量计划是一种工具,它将某产品、项目或合同的特定要求与现行的通用的质量管理体系程序相连接。

质量计划在企业内部作为一种管理方法,使产品的特殊质量要求能通过有效的措施得以满足。在合同情况下,组织使用质量计划向顾客证明其如何满足特定合同的特殊质量要求,并作为顾客实施质量监督的依据。产品(或项目)的质量计划是针对具体产品(或项目)的特殊要求,以及应重点控制的环节所编制的对设计、采购、制造、检验、包装、运输等的质量控制方案。

4. 质量记录

质量记录是阐明所取得的结果或提供所完成活动的证据文件。它是产品质量水平和企业质量管理体系中各项质量活动结果的客观反映,应如实加以记录,用以证明达到了合同所要求的产品质量,并证明对合同中提出的质量保证要求予以满足的程度。如果出现偏差,则质量记录应反映出针对不足之处采取了哪些纠正措施。

质量记录应字迹清晰、内容完整,并按所记录的产品和项目进行标识,记录应注明日期并经授权人员签字、盖章或作其他审定后方能生效。

(三)ISO质量管理体系认证

质量管理体系认证是指根据有关的质量管理体系标准,由第三方机构对供方(承包方)的质量管理体系进行评定和注册的活动。

质量管理体系认证具有以下特征:

(1)认证的对象是质量体系而不是具体产品。

(2)认证的依据是质量管理体系标准(即GB/T 19001/ISO 9001),而不是具体的产品质量标准。

(3)认证是第三方从事的活动。通常将产品的生产企业称作“第一方”,如施工、建筑材料等生产企业。将产品的购买使用者称为“第二方”,如业主、顾客等。在质量认证活动中,第三方是独立、公正的机构,与第一方、第二方在行政上无隶属关系,在经济上无利害关系,从而可确保认证工作的公正性。

(4)认证的结论不是证明产品是否符合有关的技术标准,而是证明质量体系是否符合标准,是否具有按照标准要求、保证产品质量的能力。

(5)取得质量管理体系认证资格的证明方式是认证机构向企业颁发质量管理体系认

证证书和认证标志。这种体系认证标志不同于产品认证标志,不能用于具体产品上,不保证具体产品的质量。

质量管理体系认证过程总体上可分为以下四个阶段:

(1)认证申请。组织向其资源选择的某个体系认证机构提出申请,并按该机构要求提交申请文件,包括企业质量手册等。体系认证机构根据企业提交的申请文件,决定是否受理申请,并通知企业。

(2)体系审核。体系认证机构指派数名国家注册审核人员实施审核工作,包括审查企业的质量手册,到企业现场查证实际执行情况,并提交审核报告。

(3)审批与注册发证。体系认证机构根据审核报告,经审查决定是否批准认证。对批准认证的企业颁发体系认证证书,并将企业的有关情况注册公布,准予企业以一定方式使用体系认证标志。

(4)监督。在证书有效期内,体系认证机构每年对企业进行至少一次的监督与检查,查证企业有关质量管理体系的保持情况。一旦发现企业有违反有关规定的事实证据,即对该企业采取措施,暂停或撤销该企业的体系认证。

第三节　全面质量管理

全面质量管理(Total Quality Management,简称 TQM)是企业管理的中心环节,是企业管理的纲,它和企业的经营目标是一致的。这就要求将企业的生产经营管理和质量管理有机地结合起来。

一、全面质量管理的基本概念

全面质量管理是以组织全员参与为基础的质量管理模式,它代表了质量管理的最新阶段,最早起源于美国。菲根堡姆指出:"全面质量管理是为了能够在最经济的水平上,并充分考虑到满足用户的要求的条件下进行市场研究、设计、生产和服务,把企业内各部门研制质量、维持质量和提高质量的活动构成为一体的一种有效体系。"他的理论经过世界各国的继承和发展,得到了进一步的扩展和深化。2008 版 ISO 9000 族标准中对全面质量管理的定义为:一个组织以质量为中心,以全员参与为基础,目的在于通过让顾客满意和本组织所有成员及社会受益而达到长期成功的管理途径。

二、全面质量管理的基本要求

(一)全过程的管理

任何一个工程(产品)的质量,都有一个产生、形成和实现的过程,整个过程是由多个相互联系、相互影响的环节所组成的,每一环节都或重或轻地影响着最终的质量状况。因此,要搞好工程质量管理,必须把形成质量的全过程和有关因素控制起来,形成一个综合的管理体系,做到以防为主,防检结合,重在提高。

(二)全员的质量管理

工程(产品)的质量是企业各方面、各部门、各环节工作质量的反映。每一个环节、每一个人的工作质量都会不同程度地影响着工程(产品)最终质量。工程质量人人有责,只有人人都关心工程的质量,做好本职工作,才能生产出好质量的工程。

(三)全企业的质量管理

全企业的质量管理一方面要求企业各管理层次都要有明确的质量管理内容,各层次的侧重点要突出,每个部门应有自己的质量计划、质量目标和对策,层层控制;另一方面就是要把分散在各部门的质量职能发挥出来。例如,建设工程中的“三检制”,就充分反映了这一观点。

(四)多方法的管理

影响工程质量的因素越来越复杂:既有物质的因素,又有人为的因素;既有技术因素,又有管理因素;既有内部因素,又有企业外部因素。要搞好工程质量,就必须把这些影响因素控制起来,分析它们对工程质量的不同影响,灵活运用各种现代化管理方法来解决工程质量问题。

三、全面质量管理的基本指导思想

全面质量管理在我国也得到一定的发展。我国专家总结实践经验,提出了“三全一多样”的观点,即推行全面质量管理,必须满足“三全一多样”的基本要求。

(一)全过程的质量管理

任何产品或服务的质量,都有一个产生、形成和实现的过程。从全过程的角度来看,质量产生、形成和实现的整个过程是由多个相互联系、相互影响的环节组成的,每一个环节都或轻或重地影响着最终的质量状况。为了保证和提高质量就必须把影响质量的所有环节和因素都控制起来。为此,全过程的质量管理包括了从市场调研、产品的设计开发、生产(作业),到销售、服务等全部有关过程的质量管理。换句话说,要保证产品或服务的质量,不仅要搞好生产或作业过程的质量管理,还要搞好设计过程和使用过程的质量管理。要把质量形成全过程的各个环节或有关因素控制起来,形成一个综合性的质量管理体系,做到以预防为主,防检结合,重在提高。为此,全面质量管理强调必须体现如下两种思想:

(1)预防为主、不断改进的思想。优良的产品质量是设计和生产制造出来的,而不是靠事后的检验决定的。事后的检验面对的是已经既成事实的产品质量。根据这一基本原理,全面质量管理要求把管理工作的重点,从“事后把关”转移到“事前预防”上来;从管结果转变为管因素,实行“预防为主”的方针,把不合格品消灭在它的形成过程之中,做到“防患于未然”。当然,为了保证产品质量,防止不合格品出厂或流入下道工序,并把发现的问题及时反馈,防止再出现、再发生,加强质量检验在任何情况下都是必不可少的。强调预防为主、不断改进的思想,不仅不排斥质量检验,反而要求其更加完善、更加科学。质量检验是全面质量管理的重要组成部分,企业内行之有效的质量检验制度必须坚持,并且要进一步使之科学化、完善化、规范化。

(2)为顾客服务的思想。顾客有内部和外部之分:外部的顾客可以是最终的顾客,也可以是产品的经销商或再加工者;内部的顾客是企业的部门和人员。实行全过程的质量管理要求企业所有各个工作环节都必须树立为顾客服务的思想。内部顾客满意是外部顾客满意的基础。因此，在企业内部要树立“下道工序是顾客”，“努力为下道工序服务”的思想。现代工业生产是一环扣一环，前道工序的质量会影响后道工序的质量，一道工序出了质量问题，就会影响整个过程以至产品质量。因此，要求每道工序的工序质量，都要经得起下道工序，即“顾客”的检验，满足下道工序的要求。有些企业开展的“三工序”活动，即复查上道工序的质量，保证本道工序的质量，坚持优质、准时为下道工序服务是为顾客服务思想的具体体现。只有每道工序在质量上都坚持高标准，都为下道工序着想，为下道工序提供最大的便利，企业才能目标一致地、协调地生产出符合规定要求、满足用户期望的产品。

可见，全过程的质量管理就意味着全面质量管理要“始于识别顾客的需要，终于满足顾客的需要”。

（二）全员的质量管理

产品和服务质量是企业各方面、各部门、各环节工作质量的综合反映。企业中任何一个环节、任何一个人的工作质量都会不同程度地直接或间接地影响着产品质量或服务质量。因此，产品质量人人有责，人人关心产品质量和服务质量，人人做好本职工作，全体参加质量管理，才能生产出顾客满意的产品。要实现全员的质量管理，应当做好三个方面的工作。

(1)必须抓好全员的质量教育和培训。教育和培训的目的有两个方面。第一，加强职工的质量意识，牢固树立“质量第一”的思想。第二，提高员工的技术能力和管理能力，增强参与意识。在教育和培训过程中，要分析不同层次员工的需求，有针对性地开展教育和培训。

(2)要制定各部门、各级各类人员的质量责任制，明确任务和职权，各司其职，密切配合，以形成一个高效、协调、严密的质量管理工作的系统。这就要求企业的管理者要勇于授权、敢于放权。授权是现代质量管理的基本要求之一。原因在于，第一，顾客和其他相关方能否满意、企业能否对市场变化做出迅速反应决定了企业能否生存。而提高反应速度的重要和有效的方式就是授权。第二，企业的职工有强烈的参与意识，同时也有很高的聪明才智，赋予他们权力和相应的责任，也能够激发他们的积极性和创造性。其次，在明确职权和职责的同时，还应该要求各部门和相关人员对于质量做出相应的承诺。当然，为了激发他们的积极性和责任心，企业应该将质量责任同奖惩机制挂起钩来。只有这样，才能够确保责、权、利三者的统一。

(3)要开展多种形式的群众性质量管理活动，充分发挥广大职工的聪明才智和当家做主的进取精神。群众性质量管理活动的重要形式之一是质量管理小组。除质量管理小组外，还有很多群众性质量管理活动，如合理化建议制度、和质量相关的劳动竞赛等。总之，企业应该发挥创造性，采取多种形式激发全员参与的积极性。

（三）全企业的质量管理

全企业的质量管理可以从纵横两个方面来加以理解。从纵向的组织管理角度来看，质量目标的实现有赖于企业的上层、中层、基层管理乃至一线员工的通力协作，其中尤以高层管理能否全力以赴起着决定性的作用。从企业职能间的横向配合来看，要保证和提高产品质量必须使企业研制、维持和改进质量的所有活动构成一个有效的整体。全企业

方面面。在建立和实施质量管理体系时尤其如此。一般其系统思路和方法应该遵循以下步骤:确定顾客的需求和期望;建立组织的质量方针和目标;确定过程和职责;确定过程有效性的测量方法并用来测定现行过程的有效性;寻找改进机会,确定改进方向;实施改进;监控改进效果,评价结果;评审改进措施和确定后续措施等。

(六)持续改进

"持续改进总体业绩应当是组织的一个永恒目标。"质量管理的目标是顾客满意。顾客需要不断地提高,因此企业必须持续改进才能持续获得顾客的支持。另外,竞争的加剧使得企业的经营处于一种"逆水行舟,不进则退"的局面,要求企业必须不断改进才能生存。

(七)以事实为基础进行决策

"有效决策是建立在数据和信息分析的基础上。"为了防止决策失误,必须以事实为基础。为此必须广泛收集信息,用科学的方法处理和分析数据与信息。不能"凭经验,靠运气"。为了确保信息的充分性,应该建立企业内外部的信息系统。坚持以事实为基础进行决策就是要克服"情况不明决心大,心中无数点子多"的不良决策作风。

(八)与供方互利的关系

"组织与供方是相互依存的,互利的关系可增强双方创造价值的能力。"在目前的经营环境中,企业与企业已经形成了"共生共荣"的企业生态系统。企业之间的合作关系不再是短期的,甚至一次性的合作,而是要致力于双方共同发展的长期合作关系。

ISO 9000 族标准的八项原则反映了全面质量管理的基本思想和原则,但是全面质量管理的原则还不仅限于此。原因在于,ISO 9000 族是世界性的通用标准,因此它并不能代表质量管理的最高水平。企业在达到 ISO 9000 族标准的要求之后,还需要进一步的发展。这就需要更高的标准和更高的要求来指导企业的工作。在国际范围内享有很高声誉的美国马尔克姆,波多里奇国际质量奖代表了质量管理的世界水平。波多里奇国际质量奖中体现的核心价值观也反映了全面质量管理的基本原则和思想,其中很多与 ISO 9000 标准的八项质量管理原则一致。除此之外,作为代表质量管理世界级水平的质量管理标准,波多里奇国际质量奖的核心价值观还有一些超越了八项基本原则的范畴,体现了达到世界级质量水平,实现卓越经营的指导思想。

五、全面质量管理的运转方式

质量保证体系运转方式是按照计划(P)、执行(D)、检查(C)、处理(A)的管理循环进行的。它包括四个阶段和八个步骤。

(一)四个阶段

(1)计划阶段。按使用者要求,根据具体生产技术条件,找出生产中存在的问题及其原因,拟订生产对策和措施计划。

(2)执行阶段。按预定对策和生产措施计划,组织实施。

(3)检查阶段。对生产成品进行必要的检查和测试,即把执行的工作结果与预定目标对比，检查执行过程中出现的情况和问题。

(4)处理阶段。把经过检查发现的各种问题及用户意见进行处理。凡符合计划要求的予以肯定，成文标准化。对不符合设计要求和不能解决的问题，转入下一循环以便进一步研究解决。

(二)八个步骤

(1)分析现状，找出问题，不能凭印象和表面做判断，结论要用数据表示。

(2)分析各种影响因素，要把可能因素一一加以分析。

(3)找出主要影响因素，要努力找出主要因素进行解剖，才能改进工作，提高产品质量。

(4)研究对策；针对主要因素拟定措施，制订计划，确定目标。(1)～(4)属 P 阶段工作内容。

(5)执行措施为 D 阶段的工作内容。

(6)检查工作成果，对执行情况进行检查，找出经验教训，为 C 阶段的工作内容。

(7)巩固措施，制定标准，把成熟的措施订成标准(规程、细则)，形成制度。

(8)将遗留问题转入下一个循环。

以上(7)和(8)为 A 阶段的工作内容。PDCA 管理循环的工作程序如图 3-4 所示。

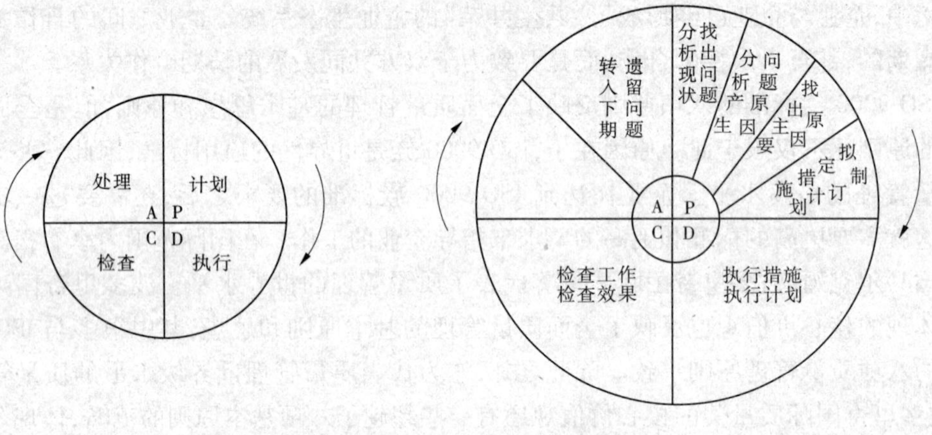

图 3-4 PDCA 工作程序示意图

(三)PDCA 循环的特点

(1)四个阶段缺一不可，先后次序不能颠倒。就好像一只转动的车轮，在解决质量问题中滚动前进，逐步使产品质量提高。

(2)企业的内部 PDCA 循环各级都有，整个企业是一个大循环，企业各部门又有自己的循环。大循环是小循环的依据，小循环又是大循环的具体和逐级贯彻落实的体现。

(3)PDCA 循环不是在原地转动，而是在转动中前进。每个循环结束，质量提高一步。

(4)A 阶段是一个循环的关键，这一阶段(处理阶段)的目的在于总结经验，巩固成果，纠正错误，以利于下一个管理循环。为此必须把成功和经验纳入标准，定为规程，使之标准化、制度化，以便在下一个循环中遵照办理，使质量水平逐步提高。

必须指出，质量的好坏反映了人们质量意识的强弱，也反映了人们对提高产品质量意义的认识水平。有了较强的质量意识，还应使全体人员对全面质量管理的基本思想和方法有所了解。这就需要开展全面质量管理，必须加强质量教育的培训工作，贯彻执行质量责任制并形成制度，持之以恒，才能使工程施工质量水平不断提高。

六、质量保证体系的建立和运转

为保证建筑工程质量，在工程建设中，我国逐步建立了比较系统的工程质量管理的三个体系，即设计施工单位的全面质量管理保证体系、建设监理单位的质量检查体系和政府部门的工程质量监督体系。

质量保证体系是指为保证质量满足明示的和隐含的需要和期望，由组织机构、职责、程序、活动、能力和资源等组成的有机整体。设计施工单位的全面质量保证体系，是指设计施工单位运用系统工程的观点和方法，以保证工程质量为目的，将单位各部门各环节的经营、管理活动严密协调地组织起来，明确他们在保证工程质量方面的任务、责任、权限、工作程序和方法，从而形成一个有机的质量保证整体。

（一）质量保证的概念和作用

质量保证是指企业对用户在工程质量方面做出的担保，即企业向用户保证其承建的工程在规定的期限内能满足设计和使用功能。质量保证的作用，表现在对工程建设和施工企业内部两个方面。对工程建设，通过质量保证体系的正常运行，确保工程质量完全满足设计文件、工程合同规定的质量要求，并保证工程建设过程的质量和使用后的服务质量。对企业内部，通过质量保证活动，可有效地保证工程质量，或及时发现工程质量或事故征兆，防止质量事故的发生，使施工处于正常状态之中，从而提高企业经济效益。

（二）质量保证的内容和途径

质量保证的内容，必须贯穿于工程建设的全过程。按照建筑工程形成的过程分，主要包括设计阶段质量保证、采购和施工准备阶段质量保证、施工阶段质量保证和使用阶段质量保证。质量保证的途径包括在工程建设中的以检查为手段的质量保证，以工序管理为手段的质量保证和以开发新技术、新工艺、新材料、新产品为手段的质量保证。

（三）全面质量保证体系

我国的工程质量保证体系，一般由思想保证、组织保证和工作保证三个子体系组成。

1. 思想保证子体系

思想保证子体系是指参加工程建设规划、勘测、设计和施工人员要有浓厚的质量意识，牢固树立“质量第一，用户第一”的思想，并全面掌握质量管理的基本思想、基本观点和基本方法，这是建立质量保证体系的前提和基础。

2. 组织保证子体系

组织保证子体系是指工程建设管理的组织系统和工程形成规程中有关的组织机构系统。这个子体系要求管理系统的各层次中的专业技术管理部门，都要有专职的质量负责职能机构和人员。在施工现场，施工企业要设置兼职或专职的质量检查与控制人员，担负起相应的质量保证职责，以形成质量管理的网络。在施工过程中，建设单位委托建设监理单位进行工程质量的监督、检查和指导，以保证组织的落实和正常活动的开展。

3. 工作保证子体系

工作保证子体系是指参与工程建设规划、设计、施工的各部门、各环节、各质量形成过程的工作质量的综合。按照工程产品形成过程来划分，可分为勘察设计过程质量保证子体系、施工过程质量保证子体系、辅助生产过程质量保证子体系和使用过程质量保证子体系等。其中，施工过程质量保证子体系是整个工作保证子体系的核心和基础，是构成工作保证子体系的主要子体系。

图3-5 和图3-6 为某工程项目的质量保证机构和质量保证体系。

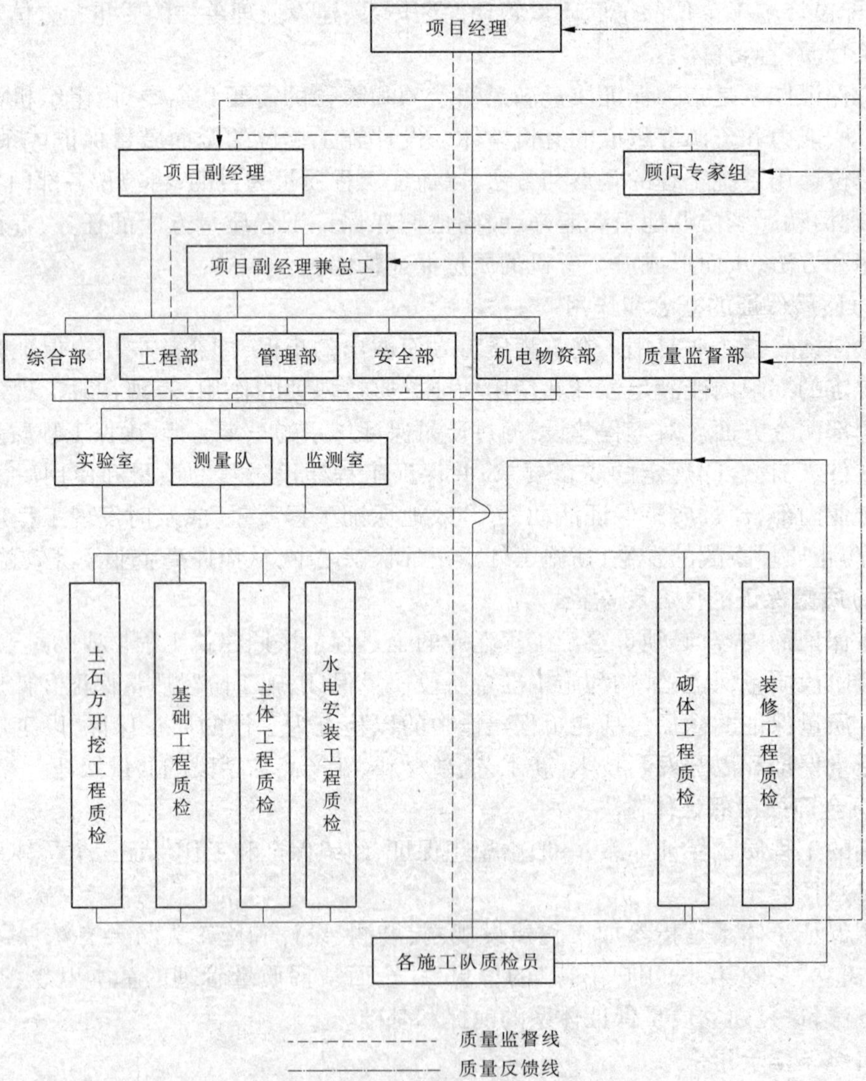

图3-5　某工程项目的质量保证机构

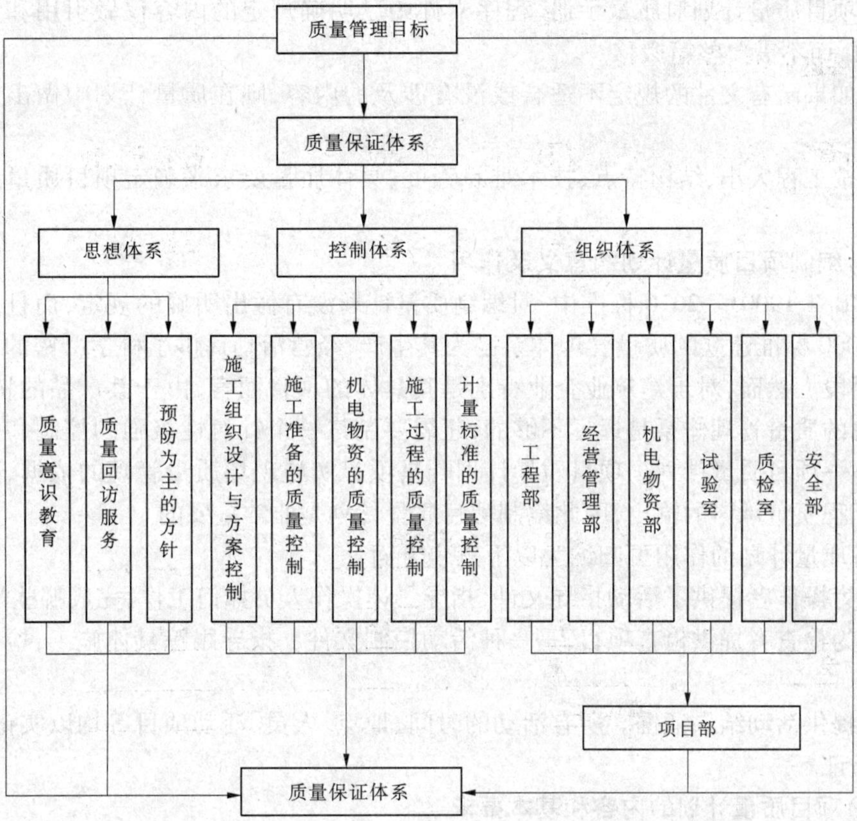

图 3-6　某工程项目的质量保证体系

第四节　建设工程项目质量控制

一、施工项目质量计划

建筑业企业依据 GB/T 19000 族标准建立的质量管理体系，覆盖了一个企业整个生产经营活动。但就一个工程项目而言，由于其产品的单件性，施工条件和方法也各不相同，只有一个总的质量管理体系还远远不够，还需建立一种机制来反映某一具体工程项目的特定要求与 GB/T 19000 标准的一般要求关系，这就是项目质量计划。

（一）项目质量计划编制的依据和原则

由于建筑安装企业的产品具有单件性、生产周期长、空间固定性、露天作业及人为影响因素多等特点，工程实施过程必然繁杂、涉及面广且协作要求多。因此，编制项目质量计划时要针对项目的具体特点，要有所侧重。一般的项目质量计划的编制依据和原则可归纳为以下几个方面。

（1）项目质量计划应符合国家及地区现行有关法律法规和标准规范的要求。

（2）项目质量计划应以合同的要求为编制前提。

（3）项目质量计划应体现出企业质量目标在项目上的分解。

(4)项目质量计划对质量手册、程序文件中已明确规定的内容仅做引用和说明如何使用即可,而不需要整篇搬移。

(5)如果已有文件的规定不适合或没有涉及的内容,则在质量计划中做出规定或补充。

(6)按工程大小、结构特点、技术难易程度、具体质量要求来确定项目质量计划的详略程度。

(二)编制项目质量计划的意义及作用

在GB/T 19001—2016标准中,对编制质量计划没有做出明确的规定,而且企业根据GB/T 19000标准建立的质量管理体系已为其生产、经营活动提供了科学严密的质量管理方法和手段。然而,对于建筑业企业特别是其具体的项目而言,由于其产品的特殊性,仅有一个总的质量管理体系是远远不够的,还需要制订一个针对性极强的控制和保证质量的文件——项目质量计划。项目质量计划既是项目实施现场质量管理的依据,又是向顾客保证工程质量承诺的输出,因此编制项目质量计划是非常重要的。

项目质量计划的作用可归纳为以下三个方面:

(1)为操作者提供了活动指导文件,指导具体操作人员如何工作,完成哪些活动。

(2)为检查者提供检查项目,是一种活动控制文件。指导跟踪具体施工,检查具体结果。

(3)提供活动结果证据。所有活动的时间、地点、人员、活动项目等均以实记录,得到控制并验证。

(三)项目质量计划的内容和基本要求

项目质量计划的内容及要求概括起来主要有以下几个方面:

(1)以施工组织设计为主,项目质量计划是对施工组织设计在质量管理方面的补充和完善。

(2)项目质量计划应明确本项目所使用的标准、规范、记录表格等,并以文件目录形式列出。

(3)项目质量计划应侧重检验、试验、计划的内容,对质量检验试验的时间、地点、人员、依据、手段、放行资格等做详细规定。

(4)项目质量计划应详细规定工程施工中所需质量记录的要求,如在什么时间、对于哪些活动、进行什么记录、由什么人认可等。

(5)项目质量计划应对项目管理及操作层的质量职责进行详细描述。

(6)项目质量计划的要求,应高于质量管理体系文件的要求,即以一个个项目质量目标的完成来确保公司总的质量目标的实现。

(7)项目质量计划应满足现行有效法律法规的要求。

(8)项目质量计划应与企业的质量管理体系文件相协调。

(9)当工程项目或相应法律法规发生变化时,项目质量计划也应相应地修改,以保证其适宜性。

(10)项目质量计划是建筑业企业质量体系文件的组成部分,其管理要求也应按企业质量体系文件管理要求执行。

总之，项目质量计划强调的是针对性强，便于操作，因此要求其内容尽可能简单直观，一目了然。一旦决定编制项目质量计划，首先应分析本项目特点，针对工程特点、新技术、新工艺、新材料等应用情况，施工过程中可能出现的技术难点、薄弱环节，确定管理重点，明确相应的措施要求、监控方法。

二、施工生产要素质量控制

（一）人的控制

人是生产过程的活动主体，其总体素质和个体能力决定着一切质量活动的成果，因此既要把人作为质量控制的对象，又要作为其他质量活动的控制能力。

人的控制内容包括组织机构的整体素质和每一个体的知识、能力、生理条件、心理状态、质量意识、行为表现、组织纪律、职业道德等，目的是做到合理用人，发挥团队精神，调动人的积极性。

施工现场对人的控制，主要措施和途径如下：

（1）以项目经理的管理目标和职责为中心，合理组建项目管理机构，因事设岗，配备合适的管理人员。

（2）严格实行分包单位的资质审查，控制分包单位的整体素质，包括技术素质、管理素质、服务态度和社会信誉等。

（3）坚持作业人员持证上岗，特别是重要技术工种、特殊工种、高空作业等岗位。

（4）加强现场管理、作业人员的质量意识教育及技术培训。适时开展作业过程质量保证的研讨交流活动。

（5）严格现场管理制度和生产纪律，规范人的管理、作业行为。

（6）加强激励、沟通活动，调动人的积极性。

（二）材料、设备的控制

1. 材料的控制

材料（包括原材料、成品、半成品、构配件）是工程施工的物质条件，材料质量是保证工程施工质量的必要条件之一，实施材料的质量控制应抓好以下环节：

（1）材料采购。

（2）材料检验。

（3）材料的仓储和使用。

2. 建筑设备的控制

建筑设备应从以下方面考虑：

（1）设备选择、采购。

（2）设备运输。

（3）设备检查验收。

（4）设备安装。

（5）设备调试。

（三）施工机械设备的控制

施工机械设备是现代建筑施工必不可少的设施，是反映一个施工企业力量强弱的重要方面,对工程项目的施工进度和质量有直接影响。对设备的质量控制就是使机械设备的类型、性能参数与施工现场条件、施工工艺等因素相匹配。

(1)承包商应按照技术先进、经济合理、生产适用、性能可靠、使用安全的原则选择施工机械设备,使其具有特定工程的适用性和可靠性。

(2)应从施工需要和保证质量的要求出发,正确确定相应类型的性能参数。

(3)在施工过程中,应定期对施工机械设备进行保养、校核,以免误导操作。

(四)施工方法的控制

施工方法集中反映在承包商为工程施工所采取的技术方案、工艺流程、检测手段、施工程序安排等,对施工方法的控制,着重抓好以下几个关键点:

(1)施工方案应随工程进展而不断细化、深化。

(2)选择施工方案时,对主要项目要拟订几个可行的方案,突出主要矛盾,摆出其主要优劣点,以便反复讨论与比较,选出最佳方案。

(3)对主要项目、关键部位和难度较大的项目,如新结构、新材料、新工艺、大跨度、大悬臂、高大的结构部位等,制订方案时要充分估计到可能发生的质量问题和处理方法。

(五)环境的控制

创造良好的施工环境,对于保证工程质量和施工安全,实现文明施工,树立施工企业的社会形象,都有很重要的作用。施工环境控制,既包括对自然环境、自然规律的了解、限制、改造及利用问题,也包括对管理环境及劳动作业环境的建设活动,即包括自然环境控制、管理环境控制、劳动作业环境控制。

三、施工工序质量控制

(一)工序质量控制的概念和内容

工序质量又称过程质量,它体现为产品质量。工程质量是通过一道一道工序逐渐形成的,因此要确保项目质量,就必须对每道工序的质量进行控制,这是施工过程中质量控制的重点。

工序质量控制就是对工序活动条件和工序活动效果实施控制。在进行工序质量控制时着重于以下几方面的工作:

(1)确定工序质量控制的工作计划。一方面,要求对不同的工序活动制定专门的保证质量的技术措施,做出物料投入及活动顺序的专门规定。另一方面,须规定质量控制工作流程、质量检验制度。

(2)主动控制工序活动条件的质量。工序活动条件主要指影响质量的五大因素,即人、材料、机械设备、施工方法和作业环境。

(3)及时检验工序活动效果的质量。主要是实行班组自检、互检、上下道工序交接检,特别是对隐蔽工程和分项(部)工程的质量检验。

(4)设置工序质量控制点,实行重点控制。工序质量控制点是针对影响质量的关键部位或薄弱环节而确定的重点控制对象。正确设置控制点并严格实施是进行工序质量控制的重点。

（二）工序质量控制点的设置和管理

1. 工序质量控制点的设置原则

（1）重要的、关键性的施工环节和部位。

（2）质量不稳定、施工质量没有把握的施工工序和环节。

（3）施工难度大、条件困难的部位或环节。

（4）质量标准或质量精度要求高的施工内容和项目。

（5）对后续施工或后续工序质量及安全有重要影响的施工工序或部位。

（6）采用新技术、新工艺、新材料施工的部位或环节。

2. 工序质量控制点的管理

（1）质量控制措施的设计。选择了控制点，就要针对每个控制点进行控制措施设计。

（2）质量控制点的实施。

（三）工程质量预控

所谓工程质量预控就是根据主动控制原理对工程质量实施控制。具体来说，就是针对所设置的质量控制点或分部、分项工程，事先分析在施工中可能发生的质量问题和隐患，分析可能的原因，并提出相应的对策，制订对策表，采取有效的措施进行预先控制，以防止在施工中发生质量问题。工程质量预控是对未发生的质量问题采取措施，体现了“以预防为主”的重要思想。

（四）成品保护

成品保护是指在施工过程中，某些分项工程已经完成，而其他一些分项工程尚在施工，或者是在其分项工程施工过程中，某些部位已完成，而其他部位正在施工。在这种情况下，施工单位必须负责对已完成部分采取妥善措施予以保护，以免因成品缺乏保护或保护不善而造成损伤或污染，影响工程整体质量。

第五节 质量控制的统计分析方法

一、排列图

排列图又称主次因素分析法，是找出影响工程质量的一种有效方法。

（一）排列图的画法和主次因素分类

（1）决定调查对象、调查范围、内容和提取数据的方法，收集一批数据（如废品率、不合格率、规格数量等）。

（2）整理数据，按问题或原因的频数（或点数），从大到小排列，并计算其发生的频率和累计频率。

（3）做排列图。

（4）分类。通常把累计频率百分数分为三类：0～80%为A类，是主要因素；80%～90%为B类，是次要因素；90%～100%为C类，是一般因素。

（5）注意点：主要因素最好是1～2个，最多不超过3个；否则，就失去找主要矛盾的意义。注意分层，从几个不同方面进行排列。

(二)排列图的应用实例

【例3-1】 某施工企业构件加工厂出现钢筋混凝土构件不合格品增多的质量问题,对一批构件进行检查,有200个检查点不合格,影响其质量的因素有混凝土强度、截面尺寸、侧向弯曲、钢筋强度、表面平整、预埋件、表面缺陷等,统计各因素发生的次数列于表3-2中,试做排列图并确定影响质量的主要因素。

解:表3-2已列出因素项目,只需从统计频数入手做排列图即可。

表3-2 不合格项目统计分析表

构件批号	混凝土强度	截面尺寸	侧向弯曲	钢筋强度	表面平整	预埋件	表面缺陷
1	5	6	2	1			1
2	10		4		2	1	
3	20	4		2		1	
4	5	3	5		4	1	
5	8	2		1			1
6	4		3		1		
7	18	6		3	—	—	1
8	25	6	4		1	—	—
9	4	3		2	—	—	—
10	6	20	2	1		1	
合计	105	50	20	10	8	4	3

频数、频率、累计频率的统计结果见表3-3,排列图如图3-7所示。

表3-3 频率计算表

序号	影响质量的因素	频数	频率(%)	累计频率(%)
1	混凝土强度	105	52.5	52.5
2	截面尺寸	50	25	77.5
3	侧向弯曲	20	10	87.5
4	钢筋强度	10	5	92.5
5	表面平整	8	4	96.5
6	预埋件	4	2	98.5
7	表面缺陷	3	1.5	100
合计		200	100	

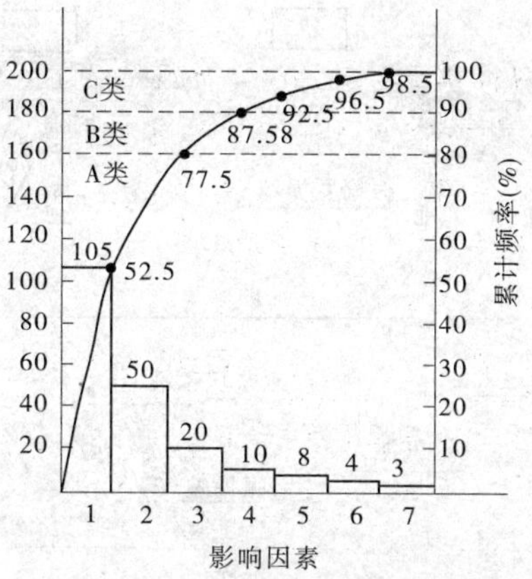

图 3-7 混凝土构件质量排列图

图 3-7、表 3-3 都表明,A 类因素(影响钢筋混凝土构件质量的主要因素)有混凝土强度和截面尺寸两项,应针对这两个因素制订改进措施。

二、因果分析图

因果分析图也叫特性要因图,是用来表示因果关系的。特性指生产中出现的质量问题;要因指质量问题有影响的因素或原因。此法是对质量问题特性有影响的重要因素进行分析和分类,通过整理、归纳、分析,查找原因,以便采取措施,解决质量问题。

要因一般可从五方面来找,即人员、材料、机械设备、工艺方法和环境。

(一)因果分析图画法

(1)确定需要分析的质量特性,画出带箭头的主干线。

(2)分析造成质量问题的各种原因,逐层分析,由大到小,追查原因中的原因,直到可以针对原因采取具体措施解决的程度为止。

(3)按原因大小以枝线,逐层标记于图上。

(4)找出关键原因,并标注在图上。向有关部门提供质量情报。

(二)应用举例

【例 3-2】 某工程混凝土强度低的因果分析图。

图 3-8 是某工程混凝土强度低的因果分析图,其主要原因是搅拌与养护方法不当、搅拌机问题、材料储存条件和操作人员的责任心。

三、直方图法

直方图法又称频数分布直方图法,是将收集到的质量数据进行分组整理,绘制成频数分布直方图,用以描述质量分布状态的一种方法。所以,直方图又称质量分布图。

产品质量由于受到各种因素的影响,必然会出现波动。即使用同一批材料、同一台设备,由同一操作者采用相同工艺生产出来的产品,质量也不会完全一致。但是,产品质量的波动有一定范围和规律,质量分布就是指质量波动的范围和规律。

产品质量的状态是用指标数据反映的,质量的波动表现为数据的波动。直方图就是

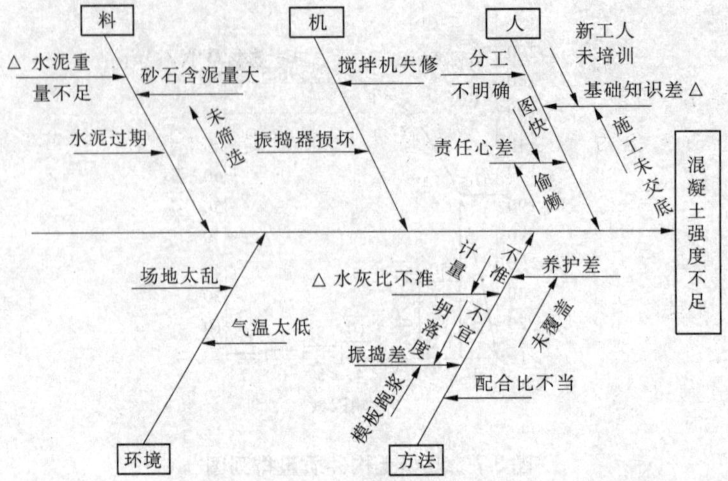

图 3-8　混凝土强度低的因果分析图

通过频数分布分析、研究数据的集中程度和波动范围的一种统计方法，是把收集到的产品质量特征数据，按大小顺序加以整理，进行适当分组，计算每一组中数据的个数（频数），根据这些数据在坐标纸上画一些矩形图，横坐标为样本的取值范围，纵坐标为数据落入各组的频数，以此来分析质量分布的状态。

（一）直方图的作图步骤和方法

通过以下案例介绍直方图的做图步骤和方法。

【例 3-3】 某工地在一个时期拌制 C40 混凝土，共做试块 35 组，其抗压强度如表 3-4 所示，求作直方图。

解：1. 收集整理数据

根据数理统计的原因，从需要分析的质量问题的总体中随机抽取一定数量的数据作为样本，通过分析样本来判断总体的状态。样本的数量不能太少，因为样本容量越大，越能代表总体的状态。样本的数量一般不应少于 30 个。

表 3-4　混凝土试块抗压强度统计表　（单位：N/mm^2）

序号	强度等级					最大值	最小值
1	41.2	41.5	35.5	37.5	38.2	41.5	35.5
2	41.0	40.8	39.6	40.6	41.7	41.7	39.6
3	40.5	47.1	42.8	43.1	38.7	47.1	38.7
4	35.2	41.0	45.9	38.8	43.2	45.9	35.2
5	39.7	38.0	34.0	44.0	44.5	44.5	34.0*
6	47.5	44.1	43.8	39.9	36.1	47.5	36.1
7	47.3	49.0	41.4	42.3	43.7	49.0*	41.4

注：带“＊”为最大值或最小值。

2. 找出全体数据的最大值 X_{max}，最小值 X_{min}

$$X_{max} = 49.0\ \text{N/mm}^2 \quad X_{min} = 34.0\ \text{N/mm}^2$$

3. 计算极差 R

极差表示全体数据的最大值与最小值之差，也就是全体数据的分布极限范围。

$$R = X_{max} - X_{min} = 49.0 - 34.0 = 15.0(\text{N/mm}^2)$$

4. 确定组距和分组数

组距大小，应根据对测量数据的要求精度而定；组数应根据收集数据总数的多少而定，组数太少会掩盖组内数据的变动情况，组数太多又会使各组的高度参差不齐，从而看不出明显的规律。分组数可参考表 3-5 确定。组距用 h 来表示，组数用 k 来表示。通常先定组数，后定组距。组数、组距、极差三者之间的关系为：

$$h = \frac{R}{k}$$

本例中，取组数 $k=7$，则组距为：

$$h = \frac{15.0}{7} = 2.1(\text{N/mm}^2)$$

表 3-5　分组数 k 值的参考表

样本数量 N	小于 50	50 ~ 100	100 ~ 250	250 以上
组数 k	5 ~ 7	6 ~ 10	7 ~ 12	10 ~ 20

5. 确定各组边界值

为避免数据正好落在边界值上，一般可采用区间分界值比统计数据提高一级精度的办法。为此，可按下列公式计算第一区间的上下界值：

$$第一区间下界值 = X_{min} - \frac{h}{2}$$

$$第一区间上界值 = X_{min} + \frac{h}{2}$$

本例中，第一区间下界值 $=34.0-2.1/2=34.0-1.05=32.95(\text{N/mm}^2)$。

第一区间上界值 $=34.0+2.1/2=35.05(\text{N/mm}^2)$。

第一组的上界值就是第二组的下界值，第二组的上界值等于第二组的下界值加上组距，其余类推。

6. 制表并统计频数

根据分组情况，分别统计出各组数据的个数，得到频数统计表。

本例频数统计见表 3-6。

7. 画直方图

直方图是一张坐标图，横坐标表示分组区间的划分，纵坐标表示各分组区间值的发生频数。

本例的混凝土强度频数分布直方图如图 3-9 所示。

表 3-6　频数分布统计表

序号	分组	频数统计	频数	频率
1	32.95 ~ 35.05	一	1	0.029
2	35.05 ~ 37.15	下	3	0.086
3	37.15 ~ 39.25	正	5	0.143
4	39.25 ~ 41.35	正𠄌	9	0.256
5	41.35 ~ 43.45	正丅	7	0.200
6	43.45 ~ 45.55	正	5	0.143
7	45.55 ~ 47.65	𠄌	4	0.114
8	47.65 ~ 49.75	一	1	0.029
			35	1.000

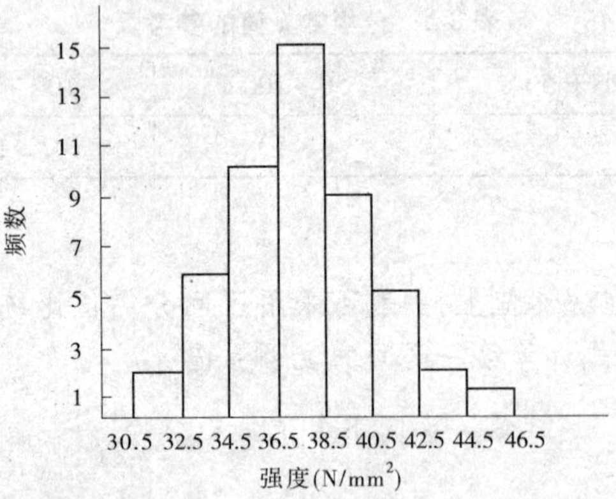

图 3-9　混凝土强度频数分布直方图

(二)直方图的观察与分析

1. 分析直方图的整体形状

正常情况下的直方图应接近正态分布图，即中间高，两边低，左右对称。图 3-10(a)接近正态分布，属于正常情况。如果出现其他形状的图形，说明分布异常，应及时查明原因，采取措施加以纠正。

常见的异常图形有以下几种：

(1)锯齿形。直方图出现参差不齐的形状，造成这种现象的原因不是生产上控制的偏向，而是分组过多或测量错误，如图 3-10(b)所示。应减少分组，重新作图。

(2)缓坡形。直方图在控制之内，但峰顶偏向一侧，另一侧出现缓坡，如图 3-10(c)所示。说明生产中控制有偏向，或由操作者习惯因素造成。

(3)孤岛形。这是生产过程中短时间的情况异常造成的，如少量材料不合格，临时更换设备，不熟练工人上岗等，如图 3-10(d)所示。

(4)双峰形。表示数据出自不同的来源,如由工艺水平相差很大的两个班组生产的产品,使用两种质量相差很大的材料,两种不同的作业环境等,因此收集数据必须区分来源,如图3-10(e)所示。

(5)绝壁形。通常是由于数据输入不正常,可能有意识地去掉下限以下的数据,或是在检测过程中存在某种人为因素所造成的,如图3-10(f)所示。

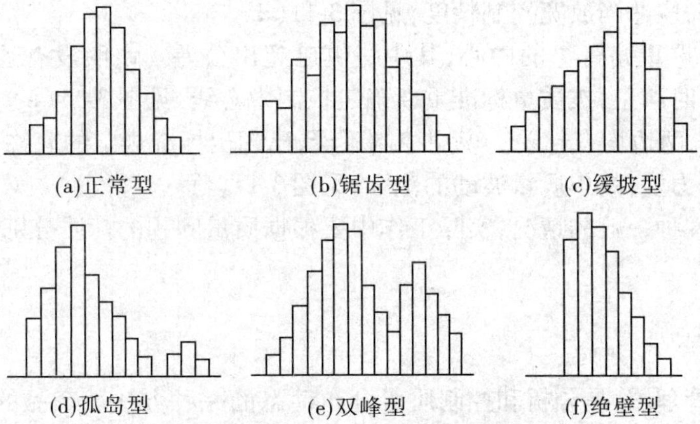

图3-10　常见的直方图图形

2.将直方图与质量标准比较,判断实际生产过程的能力

通过前面的观察与分析,若图形正常,并不能说明质量分布就完全合理,还要与质量标准即标准公差相比较,如图3-11所示。图中B表示实际的质量特性分布范围,T表示规范规定的标准公差的界限(T=容许上限－容许下限)。

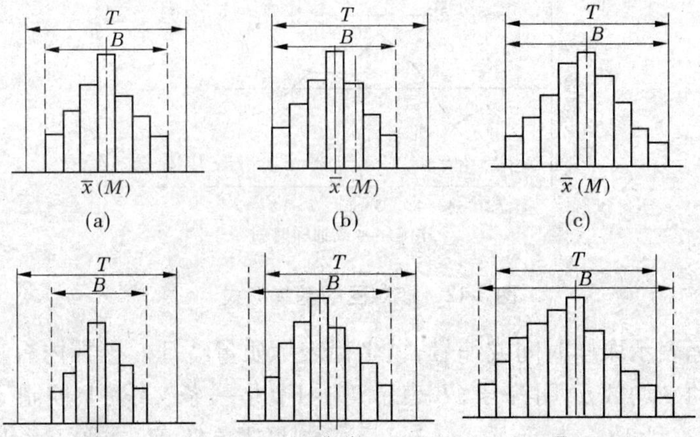

图3-11　实际分布与标准公差的比较

正常形状的直方图与标准公差相比较,常见的有以下几种情况:

(1)实际分布的中心与标准公差的中心基本吻合,属理想状态,B在T中间,两边略有余地,不会出现不合格品,见图3-11(a)。

(2) B 虽然在 T 中间，但已明显偏向一侧，B 与 T 的中心不吻合，说明控制中心线偏移，应及时采取措施纠正，见图 3-11(b)。

(3) B 与 T 相等，中心吻合，但两边没有余地。说明控制精度不够，容易出废品。应提高控制精度，以缩小实际分布的范围，见图 3-11(c)。

(4) B 在 T 中间，中心也基本吻合，但两边富余过多。说明控制精度过高，虽然不出现废品，但不经济，应适当放宽控制精度，见图 3-11(d)。

(5) B 的中心严重偏离 T 的中心，其中一侧已超出公差。说明没有达到质量控制标准，应采取措施及时纠正，按质量标准重新确定控制中心线，见图 3-11(e)。

(6) B 大于 T，两边均有超差。说明控制不严，已超出标准规定的允许偏差，出现了废品，必须加大控制力度，减小质量波动的范围，见图 3-11(f)。

上面叙述是六种一般的情况，实际工作中要根据质量问题的性质分别判断，采取恰当的改进措施。

四、控制图法

控制图又称管理图，是分析和控制质量分布动态的一种方法。产品的生产过程是连续不断的，因此应对产品质量的形成过程进行动态监控。控制图法就是一种对质量分布进行动态控制的方法。

（一）控制图的原理

控制图是依据正态分布原理，合理控制质量特征数据的范围和规律，对质量分布动态进行监控。控制图的基本形式如图 3-12 所示。

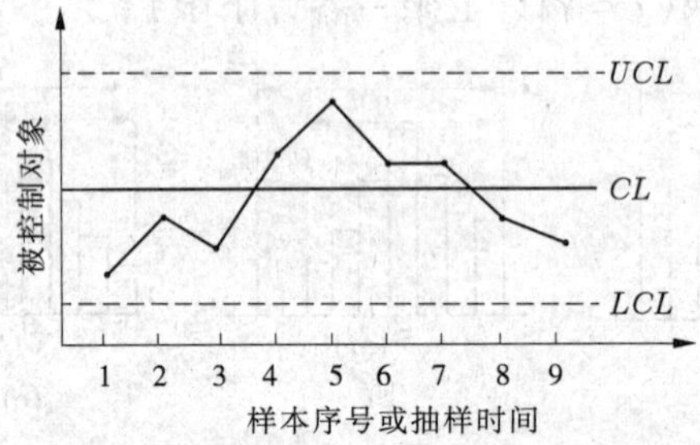

图 3-12　控制图的基本形式

该图的横坐标表示取样时间或编号，纵坐标表示质量特征。坐标内有三条控制线，控制中心线取数据的平均数 μ，用符号 CL 表示，在图上是一条实线；上控制界限在上面，图上是一条虚线，用符号 UCL 表示，取 $\mu+3\sigma$；下控制界限在下面，在图上也是一条虚线，用符号 LCL 表示，取 $\mu-3\sigma$。根据数理统计原理，在正态分布条件下，按 $\mu\pm3\sigma$ 控制上下限，如果只考虑偶然因素的影响，最多有千分之三的数据超出控制界限。这种方法又称为“千分之三”法则。

（二）控制图的做法

绘制控制图的关键是确定中心线和控制上下界限。但控制图有多种类型，如 $\bar{x}$（平均值）控制图、S（标准偏差）控制图、R（极差）控制图、$\bar{x}-R$（平均值－极差）控制图、P（不合格率）控制图等，每一种控制图的中心线和上下界限的确定方法不一样。为了应用方便，人们已将各种控制图的参数计算公式推导出来，使用时只需查表经简单计算即可。

（三）控制图的分析

1. 数据分布范围分析

数据分布应在控制上下限内，凡跳出控制界限，说明波动过大。

2. 数据分布规律分析

数据分布就是正态分布，如果出现图 3-13 所示情况，视为异常排列。

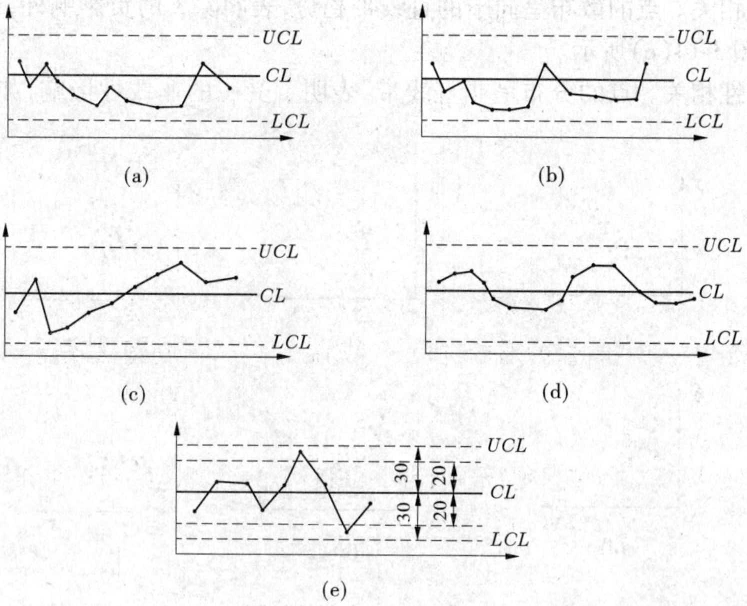

图 3-13　数据异常排列

（1）数据点在中心线一侧连续出现 7 次以上，见图 3-14（a）；

（2）连续 11 个数据点中，至少有 10 个点（可以不连续）在中心线一侧，见图 3-14（b）；

（3）数据连续 7 个以上点上升或下降，见图 3-14（c）；

（4）数据点呈周期性变化，见图 3-14（d）；

（5）连续 3 个数据点中，至少有 2 个点（可以不连续）在 $\pm 2\sigma$ 界限以外，见图 3-14（e）。

五、相关图法

相关图又称散布图，在质量控制中它是用来显示两种质量数据之间关系的一种图形。相关图分析的两个变量，可以是质量特征和因素、质量特征和质量特征、因素和因素等。

（一）相关图的原理及作法

将两种需要确定关系的质量数据用点标注在坐标图上，从而根据点的散布情况判别两种数据之间的关系，以便进一步弄清影响质量特征的主要因素。

（二）相关图的类型

相关图的基本类型如图 3-14 所示。

(1)正相关。点的散布呈一条向上的直线带,表明 y 受 x 的直接影响,如图 3-14(a)所示。

(2)弱正相关。点的散布呈向上的直线带趋势,表明除 x 外,还有其他因素在影响 y,如图 3-14(b)所示。

(3)不相关。点的散布无规律,表明 x 与 y 没有关系,如图 3-14(c)所示。

(4)负相关。点的散布呈一条向下的直线带,表明 y 受 x 的负影响,如图 3-14(d)所示。

(5)弱负相关。点的散布呈向下的直线带趋势,表明除 x 的负影响外,还有其他因素在影响 y,如图 3-14(e)所示。

(6)非线性相关。点的分布呈非直线带,表明 y 受 x 的非线性影响,如图 3-14(f)所示。

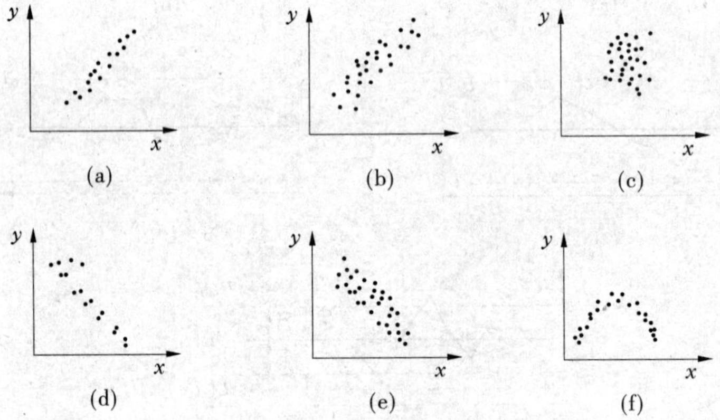

图 3-14 散布图的类型

六、分层法和调查表法

(一)分层法

分层法又叫分类法,是将调查收集的原始数据,根据不同的目的和要求,按某一性质进行分组、整理的分析方法。分层的结果使数据各层间的差异突出地显示出来,层内的数据差异减少了。在此基础上再进行层间、层内的比较分析,可以更深入地发现和认识质量问题的原因。由于产品质量是多方面因素共同作用的结果,因而对同一批数据,可以按不同性质分层,使我们能从不同角度来考虑、分析产品存在的质量问题和影响因素。常用的分层标志有:

(1)按操作班组或操作者分层;

(2)按使用机械设备型号分层;

(3)按操作方法分层;

(4)按原材料供应单位、供应时间或等级分层;

(5)按施工时间分层;

(6)按检查手段、工作环境等分层。

现举例说明分层法的应用。

【例 3-4】　在钢筋焊接质量的调查分析中，共检查了 50 个焊接点，其中不合格点 19 个，不合格率为 38%。说明存在严重的质量问题，试用分层法分析质量问题的原因。

解：现已查明这批钢筋的焊接是由 A、B、C 三个师傅操作的，而焊条是由甲、乙两个厂家提供的。因此，分别按操作者和焊条生产厂家进行分层分析，即考虑一种因素单独的影响，见表 3-7 和表 3-8。

表 3-7　按操作者分层

操作者	不合格(个)	合格(个)	不合格率(%)
A	6	13	32
B	3	9	25
C	10	9	53
合计	19	31	38

表 3-8　按供应焊条厂家分层

工厂	不合格(个)	合格(个)	不合格率(%)
甲	9	14	39
乙	10	17	37
合计	19	31	38

由表 3-7 和表 3-8 分层分析可见，操作者 B 的质量较好，不合格率 25%；而不论是采用甲厂还是乙厂的焊条，不合格率都很高且相差不大。为了找出问题所在，再进一步采用综合分层进行分析，即考虑两种因素共同影响的结果，见表 3-9。

表 3-9　综合分层分析焊接质量

<table>
<tr><th rowspan="2">操作者</th><th rowspan="2">焊接质量</th><th colspan="2">甲厂</th><th colspan="2">乙厂</th><th colspan="2">合计</th></tr>
<tr><th>焊接点(个)</th><th>不合格率(%)</th><th>焊接点(个)</th><th>不合格率(%)</th><th>焊接点(个)</th><th>不合格率(%)</th></tr>
<tr><td rowspan="2">A</td><td>不合格</td><td>6</td><td rowspan="2">75</td><td>0</td><td rowspan="2">0</td><td>6</td><td rowspan="2">32</td></tr>
<tr><td>合格</td><td>2</td><td>11</td><td>13</td></tr>
<tr><td rowspan="2">B</td><td>不合格</td><td>0</td><td rowspan="2">0</td><td>3</td><td rowspan="2">43</td><td>3</td><td rowspan="2">25</td></tr>
<tr><td>合格</td><td>5</td><td>4</td><td>9</td></tr>
<tr><td rowspan="2">C</td><td>不合格</td><td>3</td><td rowspan="2">30</td><td>7</td><td rowspan="2">78</td><td>10</td><td rowspan="2">53</td></tr>
<tr><td>合格</td><td>7</td><td>2</td><td>9</td></tr>
<tr><td rowspan="2">合格</td><td>不合格</td><td>9</td><td rowspan="2">39</td><td>10</td><td rowspan="2">37</td><td>19</td><td rowspan="2">38</td></tr>
<tr><td>合格</td><td>14</td><td>17</td><td>31</td></tr>
</table>

从表 3-9 的综合分层法分析可知，在使用甲厂的焊条时，应采用 B 师傅的操作方法为好；在使用乙厂的焊条时，应采用 A 师傅的操作方法为好，这样会使合格率大大地提高。

分层法是质量控制统计分析方法中最基本的一种方法。其他统计方法一般都要与分层法配合使用，如排列图法、直方图法、控制图法、相关图法等，常常是首先利用分层法将原始数据分门别类，然后再进行统计分析。

（二）调查表法

调查表法又称统计调查分析法，它是利用专门设计的统计表对质量数据进行收集、整理和粗略分析质量状态的一种方法。

在质量控制活动中，利用统计调查表收集数据，简便灵活，便于整理，实用有效。它没有固定格式，可根据需要和具体情况，设计出不同统计调查表。常用的有：

（1）分项工程作业质量分布调查表；

（2）不合格项目调查表；

（3）不合格原因调查表；

（4）施工质量检查评定用调查表等。

表3-10是混凝土空心板外观质量问题调查表。

表3-10　混凝土空心板外观质量问题调查表

<table>
<tr><td>产品名称</td><td colspan="2">混凝土空心板</td><td>生产班组</td><td colspan="2"></td></tr>
<tr><td>日生产总数</td><td>200块</td><td>生产时间</td><td>×年×月×日</td><td>检查时间</td><td>×年×月×日</td></tr>
<tr><td>检查方式</td><td colspan="2">全数检查</td><td>检查员</td><td colspan="2"></td></tr>
<tr><td colspan="2">项目名称</td><td colspan="2">检查记录</td><td colspan="2">合计</td></tr>
<tr><td colspan="2">露筋</td><td colspan="2">正止</td><td colspan="2">9</td></tr>
<tr><td colspan="2">蜂窝</td><td colspan="2">正正一</td><td colspan="2">11</td></tr>
<tr><td colspan="2">孔洞</td><td colspan="2">丅</td><td colspan="2">2</td></tr>
<tr><td colspan="2">裂缝</td><td colspan="2">一</td><td colspan="2">1</td></tr>
<tr><td colspan="2">其他</td><td colspan="2">下</td><td colspan="2">3</td></tr>
<tr><td colspan="2">总计</td><td colspan="2"></td><td colspan="2">26</td></tr>
</table>

应当指出，统计调查表往往同分层法结合起来应用，可以更好、更快地找出问题的原因，以便采取改进措施。

第六节　施工项目质量改进和质量事故的处理

工程建设项目不同于一般工业生产活动，其项目实施的一次性，生产组织特有的流动性、综合性、劳动的密集性、协作关系的复杂性和环境的影响，均导致建筑工程质量事故具有复杂性、严重性、可变性及多发性的特点，事故是很难完全避免的。因此，必须加强组织措施、经济措施和管理措施，严防事故发生，对发生的事故应调查清楚，按有关规定进行处理。

需要指出的是，不少事故开始时经常只被认为是一般的质量缺陷，容易被忽视。随着时间的推移，待认识到这些质量缺陷问题的严重性时，则往往处理困难，或难以补救，或导致建筑物失事。因此，除了明显的不会有严重后果的缺陷外，对其他的质量问题，均应分析，进行必要处理，并做出处理意见。

一、工程事故与分类

凡建筑工程在建设中或完工后,由于设计、施工、监理、材料、设备、工程管理和咨询等方面造成工程质量不符合规程、规范和合同要求的质量标准,影响工程的使用寿命或正常运行,一般需做补救措施或返工处理的,统称为工程质量事故。日常所说的事故大多指施工质量事故。

在建设工程中,按对工程的耐久性和正常使用的影响程度,检查和处理质量事故对工期影响时间的长短以及直接经济损失的大小,将质量事故分为一般质量事故、较大质量事故、重大质量事故和特大质量事故。

一般质量事故是指对工程造成一定经济损失,经处理后不影响正常使用,不影响工程使用寿命的事故。

较大质量事故是指对工程造成较大经济损失或延误较短工期,经处理后不影响正常使用,但对工程使用寿命有较大影响的事故。

重大质量事故是指对工程造成重大经济损失或延误较长工期,经处理后不影响正常使用,但对工程使用寿命有较大影响的事故。

特大质量事故是指对工程造成特大经济损失或长时间延误工期,经处理后仍对工程正常使用和使用寿命有较大影响的事故。

二、工程事故的处理方法

(一)事故发生的原因

工程质量事故发生的原因很多,最基本的还是人、机械、材料、工艺和环境几方面。一般可分直接原因和间接原因两类。

直接原因主要有人的行为不规范和材料、机械的不符合规定状态。如设计人员不按规范设计、监理人员不按法则进行监理、施工人员违反规程操作等,属于人的行为不规范;又如水泥、钢材等某些指标不合格,属于材料不符合规定状态。

间接原因是指质量事故发生地的环境条件,如施工管理混乱、质量检查监督失职、质量保证体系不健全等。间接原因往往会导致直接原因的发生。

事故原因也可从工程建设的参建各方来寻查,业主、监理、设计、施工和材料、机械、设备供应商的某些行为或各种方法也会造成质量事故。

(二)事故处理的目的

工程质量事故分析与处理的目的主要是:正确分析事故原因,防止事故恶化;创造正常的施工条件;排除隐患,预防事故发生;总结经验教训,区分事故责任;采取有效的处理措施,尽量减少经济损失,保证工程质量。

(三)事故处理的原则

质量事故发生后,应坚持“三不放过”的原则,即事故原因不查清不放过,事故主要责任人和职工未受到教育不放过,补救措施不落实不放过。

发生质量事故,应向有关部门(业主、监理单位、设计单位和质量监督机构等)立即汇报,并提交事故报告。

由质量事故而造成的损失费用，坚持事故责任是谁由谁承担的原则。如责任在施工承包商，则事故分析与处理的一切费用由承包商自己负责；施工中事故责任不在承包商，则承包商可依据合同向业主提出索赔；若事故责任在设计或监理单位，应按照有关合同条款给予相关单位必要的经济处罚。构成犯罪的，移交司法机关处理。

(四)事故处理的程序和方法

事故处理的程序是：①下达工程施工暂停令；②组织调查事故；③事故原因分析；④事故处理与检查验收；⑤下达复工令。

事故处理的方法有两大类：

(1)修补。适合于通过修补可以不影响工程的外观和正常使用的质量事故。此类事故是施工中多发的。

(2)返工。是严重违反规范或标准，影响工程使用和安全，且无法修补，必须返工的事故。

有些工程质量问题，虽严重超过了规程、规范的要求，已具有质量事故的性质，但可针对工程的具体情况，通过分析论证，不需做专门处理，但要记录在案。如混凝土蜂窝、麻面等缺陷，可通过涂抹、打磨等方式处理；由于欠挖或模板问题使结构断面被削弱，经设计复核验算，仍能满足承载要求的，也可不做处理，但必须记录在案，并有设计和监理单位的鉴定意见。

第七节　工程质量验收与质量评定

一、建筑工程施工质量验收要求

建筑工程施工质量应按下列要求进行验收：

(1)建筑工程质量应符合《建筑工程施工质量验收统一标准》(GB 50300—2013)和相关专业验收规范的规定。

(2)建筑工程施工应符合工程勘察、设计文件的要求。

(3)参加工程施工质量验收的各方人员应具备规定的资格。

(4)工程质量的验收均应在施工单位自行检查评定的基础上进行。

(5)隐蔽工程在隐蔽前应由施工单位通知有关单位进行验收，并应形成验收文件。

(6)涉及结构安全的试块、试件以及有关材料，应按规定进行见证取样检测。

(7)检验批的质量应按主控项目和一般项目验收。

(8)对涉及结构安全和使用功能的重要分部工程应进行抽样检测。

(9)承担见证取样检测及有关结构安全检测的单位应具有相应资质。

(10)工程的观感质量应由验收人员通过现场检查，并应共同确认。

检验批的质量检验，应根据检验项目的特点在下列抽样方案中进行选择：

(1)计量、计数或计量—计数等抽样方案。

(2)一次、二次或多次抽样方案。

(3)根据生产连续性和生产控制稳定性情况，尚可采用调整型抽样方案。

(4)对重要的检验项目当可采用简易快速的检验方法时,可选用全数检验方案。

(5)经实践检验有效的抽样方案。

二、建筑工程质量验收的划分

建筑工程质量验收应划分为单位(子单位)工程、分部(子分部)工程、分项工程和检验批。

(1)单位工程的划分确定原则:

①具备独立施工条件并能形成独立使用功能的建筑物及构筑物为一个单位工程。

②建筑规模较大的单位工程,可将其能形成独立使用功能的部分作为一个子单位工程。室外工程可根据专业类别和工程规模划分单位(子单位)工程。

(2)分部工程的划分确定原则:

①分部工程的划分应按专业性质、建筑部位确定。

②当分部工程较大或较复杂时,可按材料种类、施工特点、施工程序、专业系统及类别等划分为若干分部工程。

(3)分项工程应按主要工种、材料、施工工艺、设备类别等进行划分。

分项工程可由一个或若干检验批组成,检验批可根据施工及质量控制和专业验收需要按楼层、施工段、变形缝等进行划分。

三、建筑工程质量验收

(1)检验批合格质量应符合下列规定:

①主控项目和一般项目的质量经抽样检验合格。

②具有完整的施工操作依据、质量检查记录。

(2)分项工程质量验收合格应符合下列规定:

①分部工程所含的检验批均应符合合格质量的规定。

②分项工程所含的检验批的质量验收记录应完整。

(3)分部(子分部)工程质量验收合格应符合下列规定:

①分部(子分部)工程所含工程的质量均应验收合格。

②质量控制资料应完整。

③地基与基础、主体结构和设备安装等分部工程有关安全及功能的检验和抽样检测结果应符合有关规定。

④观感质量验收应符合要求。

(4)单位(子单位)工程质量验收合格应符合下列规定:

①单位(子单位)工程所含分部(子分部)工程的质量均应验收合格。

②质量控制资料应完整。

③单位(子单位)工程所含分部工程有关安全和功能的检测资料应完整。

④主要功能项目的抽查结果应符合相关专业质量验收规范的规定。

⑤观感质量验收应符合要求。

(5)建筑工程质量验收记录应符合规范规定。

(6)当建筑工程质量不符合要求时,应按下列规定进行处理:

①经返工重做或更换器具、设备的检验批,应重新进行验收。

②经有资质的检测单位检测鉴定能够达到设计要求的检验批,应予以验收。

③经有资质的检测单位检测鉴定达不到设计要求,但经原设计单位核算认可能够满足结构安全和使用功能的检验批,可予以验收。

④经返修或加固处理的分项、分部工程,虽然改变外形尺寸,但仍能满足安全使用要求的,可按技术处理方案和协商文件进行验收。

⑤通过返修或加固处理仍不能满足安全使用要求的分部工程、单位(子单位)工程,严禁验收。

(7)分部工程、单位(子单位)工程存在严重的缺陷,经返修或加固处理仍不能满足安全使用要求的严禁验收

四、建筑工程质量验收程序和组织

(1)检验批及分项工程应由监理工程师(建设单位项目技术负责人)组织施工单位项目专业质量(技术)负责人等进行验收。

(2)分部工程应由总监理工程师(建设单位项目负责人)组织施工单位项目负责人和技术、质量负责人等进行验收;地基与基础、主体结构分部工程的勘察、设计单位工程项目负责人和施工单位技术、质量部门负责人也应参加相关分部工程验收。

(3)单位工程完工后,施工单位应自行组织有关人员进行检查评定,并向建设单位提交工程验收报告。

(4)建设单位收到工程报告后,应由建设单位(项目)负责人组织施工(含分包单位)、设计、监理等单位(项目)负责人进行单位(子单位)工程验收。

(5)单位工程有分包单位施工时,分包单位对所承包的工程按《建筑工程施工质量验收统一标准》(GB 50300—2013)规定的程度检查评定,总包单位应派人参加。分包工程完成后,应将工程有关资料交总包单位。

(6)当参加验收各方对工程质量验收意见不一致时,可请当地建设行政主管部门或工程质量监督机构协调处理。

(7)单位工程质量验收合格后,建设单位应在规定时间内将工程竣工验收报告和有关文件报建设行政管理部门备案。

复习思考题

1. 质量管理的基本思想是什么?
2. 简述质量管理的常用方法。
3. 施工项目质量管理的内容有哪些?
4. 简析质量管理、质量体系、质量控制、质量保证之间的关系。
5. 简述质量认证的表示方法。
6. 阐述贯彻 ISO 9000 族标准的意义。

7. 何谓全面质量管理？全面质量管理的基本要求是什么？
8. 如何绘制排列图？如何利用排列图找出影响质量的主次因素？
9. 利用因果分析图分析质量问题及原因时，应注意什么事项？
10. 如何绘制直方图并对其进行观察与分析？
11. 简述控制图的原理，利用控制图如何判断生产过程是否正常？
12. 如何绘制、观察相关图？
13. 何谓工程质量事故？工程质量事故是如何分类的？
14. 常用的工程质量事故处理方法有哪些？

第四章　施工项目成本管理

第一节　施工项目成本的构成

一、施工项目成本的概念

施工项目成本是指建筑业企业以施工项目作为成本核算对象的施工过程中，所耗费的生产资料转移价值和劳动者的必要劳动所创造的价值的货币形式，即某施工项目在施工中所发生的全部生产费用总和。包括所消耗的主、辅材料，构配件，周转材料的摊销费或租赁费，施工机械台班费或租赁费，支付给生产工人的工资、奖金以及项目经理部为组织、管理工程施工所发生的全部费用支出。

施工项目成本不包括劳动者为社会所创造的价值（如税金和利润），也不应包括不构成施工项目价值的一切非生产支出。

施工项目成本是建筑业企业的产品成本，亦称工程成本。一般以项目的单位工程为核算对象，通过各单位工程成本核算的综合来反映施工项目成本。

二、施工项目成本的构成

施工项目成本由直接成本和间接成本两部分构成。

（一）直接成本

直接成本是指施工过程中耗费的构成工程实体或有助于工程形成，并可以直接计入成本核算对象的各项支出。具体包括：

（1）人工费。直接从事建筑安装工程施工的生产工人开支的各项费用。包括工资、奖金、工资性质津贴、生产工人辅助工资、职工福利费、生产工人劳动保护费等。

（2）材料费。施工过程中耗用的构成工程实体的各种材料费用。包括原材料、辅助材料、构配件、零件、半成品的费用、周转材料的摊销费和租赁费。

（3）机械使用费。施工过程中使用机械所发生的费用。包括使用自有施工机械的费用，外租施工机械的租赁费，施工机械安装、拆卸和进出场费。

（4）其他直接费。除上述三项费用外的直接用于施工过程的费用。包括材料二次搬运费、临时设施摊销费、生产工具使用费、检验试验费、工程定位复测费、工程点交费、场地清理费以及冬雨季施工增加费、夜间施工增加费、仪器仪表使用费、特殊工程培训费、特殊地区施工增加费。

（二）间接成本

间接成本是指项目经理部为施工准备、组织和管理施工生产所发生的，与成本核算对象相关联的全部施工间接支出。具体包括：

(1)工作人员薪金。指现场项目管理人员的工资、奖金、工资性质的津贴等。

(2)劳动保护费。指现场管理人员按规定标准发放的劳动保护用品的购置费和修理费、防暑降温费、在有碍身体健康环境中施工的保健费用等。

(3)职工福利费。指按现场项目管理人员工资总额的比例提取的福利费。

(4)办公费。

(5)差旅交通费。

(6)固定资产使用费。

(7)工具用具使用费。

(8)保险费。指施工管理用财产、车辆保险及高空、井下、海上作业特殊工种安全保险等。

(9)工程保修费。指工程施工交付使用后在规定的保修期内的修理费用。

(10)工程排污费。指施工现场按规定缴纳的排污费用。

(11)其他费用。

(12)工会经费。指按现场管理人员的工资总额的2%计提工会经费。

(13)教育经费。指按现场管理人员的工资总额的1.5%提取使用的职工教育经费。

(14)业务活动经费。指按“小额、合理、必需”原则使用的业务活动经费。

(15)税金。指应由项目负担的房产税、车船使用税、土地使用税、印花税等。

(16)劳保统筹费。指按工资总额一定比例缴纳的劳保统筹基金。

(17)利息支出。指项目在银行开户的存贷款利息收支净额。

(18)其他财务费用。指汇兑净损失、调剂外汇手续费、银行手续费用。

第二节 施工成本管理的任务与措施

一、施工成本管理的任务

施工成本管理的任务主要包括成本预测、成本计划、成本控制、成本核算、成本分析和成本考核。

(一)成本预测

施工成本预测是成本管理的第一个环节，就是依据成本的历史资料和有关信息，在认真分析当前各种技术经济条件、外界环境变化及可能采取的管理措施的基础上，对未来的成本与费用及其发展趋势所作的定量描述和逻辑推断。

施工成本预测的实质就是在施工以前对成本进行估算。通过成本预测，可以使项目经理部在满足业主和施工企业要求的前提下，选择成本低、效益好的最佳成本方案，并能够在施工项目成本形成过程中，针对薄弱环节，加强成本控制，克服盲目性，提高预见性。因此，施工项目成本预测是施工项目成本决策与计划的依据。

(二)成本计划

施工成本计划是以货币形式编制施工项目在计划期内的生产费用、成本水平、成本降低率以及为降低成本所采取的主要措施和规划的书面方案，它是建立施工项目成本管理责任制、开展成本控制和核算的基础。一般来说，一个施工项目成本计划应包括从开工到竣工所必需的施工成本，它是该施工项目降低成本的指导文件，是设立目标成本的依据，可以说，成本计划是目标成本的一种形式。

（三）成本控制

成本控制主要是指工程项目施工成本的过程控制。施工成本控制是指在施工过程中，对影响施工项目成本的各种因素加强管理，并采用各种有效措施，将施工中实际发生的各种消耗和支出严格控制在成本计划范围内，随时揭示并及时反馈，严格审查各项费用是否符合标准，计算实际成本和计划成本（目标成本）之间的差异并进行分析，消除施工中的损失浪费现象，发现和总结先进经验。

施工项目成本控制应贯穿于施工项目从投标阶段开始直到项目竣工验收的全过程，分为事先控制、事中控制和事后控制，它是企业全面成本管理的重要环节。

（四）成本核算

施工成本核算是指按照规定开支范围对施工费用进行归集，计算出施工费用的实际发生额，并根据成本核算对象，采用适当的方法，计算出该施工项目的总成本和单位成本。施工项目成本核算所提供的各种成本信息是成本预测、成本计划、成本控制、成本分析和成本考核等各个环节的依据。

（五）成本分析

成本分析是一个动态的过程，它贯穿于施工成本管理的全过程，在成本形成过程中，对施工项目成本进行对比评价和总结工作。主要利用施工项目的成本核算资料，与计划成本、预算成本以及类似施工项目的实际成本等进行比较，了解成本的变动情况，同时也要分析主要技术经济指标对成本的影响，系统地研究成本变动原因，检查成本计划的合理性，深入揭示成本变动的规律，以便有效地进行成本管理。

影响施工项目成本变动的因素有两个方面，一是外部的属于市场经济的因素，二是内部的属于企业经营管理的因素。作为项目经理，应该了解这些因素，但应将施工项目成本分析的重点放在影响施工项目成本升降的内部因素上。

（六）成本考核

施工成本考核是指施工项目完成后，对施工项目成本形成中的各责任者，按施工项目成本目标责任制的有关规定，将成本的实际指标与计划、定额、预算进行对比和考核，评定施工项目成本计划的完成情况和各责任者的业绩，并以此给以相应的奖励和处罚。通过成本考核，做到有奖有惩，赏罚分明，才能有效地调动企业的每一个职工在各自的施工岗位上努力完成目标成本的积极性，为降低施工项目成本和增加企业的积累做出自己的贡献。

施工成本管理的每一个环节都是相互联系和相互作用的。成本预测是成本决策的前提，成本计划是成本决策所确定目标的具体化。成本计划控制则是对成本计划的实施进行控制和监督，保证决策的成本目标的实现，而成本核算又是对成本计划是否实现的最后检验，它所提供的成本信息又对下一个施工项目成本预测和决策提供基础资料。成本考核是实现成本目标责任制的保证和实现决策目标的重要手段。

二、施工成本管理的措施

建设工程的投资主要发生在施工阶段，在这一阶段需要投入大量的人力、物力、资金等，是工程项目建设费用消耗最多的时期，也是施工企业成本管理最困难的阶段，因此对施工阶段的费用支出控制应给予足够的重视。

为了取得施工成本管理的理想效果，应当从多方面采取措施实施管理，通常可以将这些措施归纳为组织措施、技术措施、经济措施、合同措施。

（一）组织措施

组织措施是从施工成本管理的组织方面采取的措施，如实行项目经理责任制，落实施工成本管理的组织机构和人员，明确各级施工成本管理人员的任务和职能分工、权利和责任，编制本阶段施工成本控制工作计划和详细的工作流程图等。施工成本管理不仅是专业成本管理人员的工作，各级项目管理人员都负有成本控制责任。组织措施是其他各类措施的前提和保障，而且一般不需要增加什么费用，运用得当可以收到良好的效果。

（二）技术措施

技术措施不仅对解决施工成本管理过程中的技术问题是不可缺少的，而且对纠正施工成本管理目标偏差也有相当重要的作用。因此，运用技术纠偏措施的关键，一是要能提出多个不同的技术方案，二是要对不同的技术方案进行技术经济分析。在实践中，要避免仅从技术角度选定方案而忽视对其经济效果的分析论证。

（三）经济措施

经济措施是最易为人接受和采用的措施。管理人员应编制资金使用计划，确定、分解施工成本管理目标。对施工成本管理目标进行风险分析，并制定防范性对策。通过偏差原因分析和未完工程施工成本预测，可发现一些潜在的问题将引起未完工程施工成本的增加，对这些问题应以主动控制为出发点，及时采取预防措施。由此可见，经济措施的运用绝不仅仅是财务人员的事情。

（四）合同措施

成本管理要以合同为依据，因此合同措施就显得尤为重要。对于合同措施从广义上理解，除参加合同谈判、修订合同条款、处理合同执行过程中的索赔问题、防止和处理好与业主和分包商之间的索赔外，还应分析不同合同之间的相互联系和影响，对每一个合同做总体和具体分析等。

三、施工项目成本控制的原则

成本控制是施工项目管理的重要内容，是实现成本目标的关键。在实施成本控制时应遵循以下原则：

(1)全面控制的原则。具体体现为“三全性”：全面控制、全员控制和全过程控制。

全员控制要求建立全员参加的责、权、利相结合的项目成本控制责任体系；项目经理、各部门、施工队、班组人员都负有成本控制的责任，在一定的范围内享有成本控制的权利，在成本控制方面的业绩与工资奖金挂钩，从而形成一个有效的成本控制责任网络。全过程控制要求成本控制贯穿项目施工过程的每一个阶段；每一项经济业务都要纳入成本控制的轨道；经常性成本控制通过制度保证，不常发生的“例外问题”也要有相应措施控制，不能疏漏。

(2)动态控制原则。项目施工是一次性行为，其成本控制的重点是事前控制、事中控制。在施工开始之前，应进行成本预测，确定目标成本，编制成本计划，制定各种消耗定额和费用开支标准。施工阶段，重在执行成本计划，落实降低成本措施，实行成本目标管理。

(3)创收与节约相结合的原则。具体体现在：编制工程预算时，应“以支定收”，保证预算收入；严格控制费用支出。

抓住索赔时机，搞好索赔，合理力争甲方给予经济补偿。

每发生一笔成本费用，都要核查是否合理，严格控制成本开支范围、费用开支标准和有关财务制度，对各项成本费用的支出进行限制和监督。

施工的质量、进度、安全都对工程成本有很大的影响，因而成本控制必须与质量控制、进度控制、安全控制等工作相结合、相协调，避免返工损失，降低质量成本，减少并杜绝工程延期违约罚款、安全事故损失等费用支出发生。

在进行提高施工项目的科学管理水平，优化施工方案，提高生产效率，节约人、财、物的消耗。

在进行经常性的成本核算时，要进行实际成本与预算收入的对比分析，采取预防成本失控的技术组织措施，制止可能发生的浪费。

坚持现场管理标准化，堵塞浪费的漏洞。

四、施工项目成本控制的内容

施工项目成本控制在不同阶段的工作内容如表4-1所示。

表4-1　施工项目成本控制在不同阶段的工作内容

项目施工阶段	内容
投标承包阶段	对项目工程成本进行预测、决策；中标后组建与项目规模相适应的项目经理部，以减少管理费用；公司以承包合同价格为依据，向项目经理部下达成本目标
施工准备阶段	审核图纸，选择经济合理、切实可行的施工方案；制订降低成本的技术组织措施。项目经理部确定自己的项目成本目标；进行目标分解。反复测算平衡后做出正式计划成本
施工阶段	制订、落实、检查各部门、各级成本责任制；执行、检查成本计划，控制成本费用。加强材料、机械管理，保证质量，杜绝浪费，减少损失；搞好合同索赔工作，及时办理收入账，避免经济损失；加强经常性的分部分项工程成本核算分析以及月、季、年度成本核算分析，及时反馈，以纠正成本的不利偏差
竣工阶段 保修期间	尽量缩短收尾工作时间，合理精减人员；及时办理工程结算，不得遗漏；控制竣工验收费用；控制保修期费用；算出实际成本；总结成本控制经验

第三节　施工成本计划

一、施工成本计划的类型

对于一个施工项目而言,其成本计划的编制是一个不断深化的过程。在这一过程的不同阶段形成深度和作用不同的成本计划,按其作用可分为三类。

(一)竞争性成本计划

竞争性成本计划是指工程项目投标及签订合同阶段的估算成本计划。这类成本计划是以招标文件中的合同条件、投标须知、技术规程、设计图纸或工程量清单等为依据,以有关价格条件说明为基础,结合调研和现场考察获得的情况,根据本企业的工料消耗标准、水平、价格资料和费用指标,对本企业完成招标工程所需要支出的全部费用的估算。在投标报价过程中,虽也着力考虑降低成本的途径和措施,但总体上较为粗略。

(二)指导性成本计划

指导性成本计划是指选派项目经理阶段的预算成本计划,是项目经理的责任成本目标,也可以称之为概念性计划,是自上而下确定目标的计划。其成本计划是以合同标书为依据,按照企业的预算定额标准制订的设计预算成本计划,且一般情况下只是确定责任总成本指标。

(三)实施性计划成本

实施性计划成本是指项目施工准备阶段的施工预算成本计划,是自下而上的结构分解计划。它是以项目实施方案为依据,以落实项目经理责任目标为出发点,采用企业的施工定额通过施工预算的编制而形成的实施性施工成本计划。实施性成本计划要制订比较详细的工作结构分解图,尽可能把每一个阶段的项目目标及实施措施细化到计划中去,施工成本计划主要指的就是实施性成本计划。

以上三类成本计划共同构成了工程施工成本计划。其中,竞争性成本计划是项目投标阶段企业带有成本战略目的的计划,它奠定了整个施工成本的基本框架和水平。指导性成本计划是竞争性成本计划的进一步展开和深化,是施工企业在进一步根据项目特点经过认真考察、计算得来的一个目标成本计划。实施性成本计划则是具体的实施方案计划,是可控制的、可操作的、具体的现场计划。

二、施工成本计划的编制依据

施工项目的成本计划工作,是一项非常重要的工作。它不仅仅是几张计划表的编制,更是项目成本管理的决策过程,即选定技术上可行、经济上合理的最优降低成本方案。同时,通过成本计划把目标成本层层分解,落实到施工过程的每个环节,以调动全体职工的积极性,有效地进行成本控制。

广泛收集资料并进行归纳整理是编制成本计划的必要步骤。所需收集的资料也即是编制成本计划的依据。这些资料主要包括:

(1)国家和上级部门有关编制成本计划的规定。

(2)项目经理部与企业签订的承包合同及企业下达的成本降低额、降低率和其他有关技术经济指标。

(3)有关成本预测、决策的资料。

(4)施工项目的施工图预算、施工预算。

(5)施工组织设计。

(6)施工项目使用的机械设备生产能力及其利用情况。

(7)施工项目的材料消耗、物资供应、劳动工资及劳动效率等计划资料。

(8)计划期内的物资消耗定额、劳动工时定额、费用定额等资料。

(9)以往同类项目成本计划的实际执行情况及有关技术经济指标完成情况的分析资料。

(10)同行业同类项目的成本、定额、技术经济指标资料及增产节约的经验和有效措施。

(11)本企业的历史先进水平和当时的先进经验及采取的措施。

(12)国外同类项目的先进成本水平情况等资料。

此外,还应深入分析当前情况和未来的发展趋势,了解影响成本升降的各种有利和不利因素,研究如何克服不利因素和降低成本的具体措施,为编制成本计划提供丰富具体和可靠的成本资料。

三、施工成本计划的编制方法

施工项目成本计划工作主要是在项目经理负责下,在成本预测、决策基础上进行的。编制中的关键工作是确定目标成本,这是成本计划的核心,是成本管理所要达到的目的。成本目标通常以项目成本总降低额和降低率来定量地表示。项目成本目标的方向性、综合性和预测性,决定了必须选择科学的确定目标的方法。

施工总成本目标确定之后,还需通过编制详细的实施性成本计划把目标成本层层分解,落实到施工过程的每个环节,有效地进行成本控制。施工成本计划的编制方式有以下几种。

(一)按施工成本组成编制施工成本计划的方法

施工成本可以按成本组成分解为人工费、材料费、施工机械使用费、措施费和间接费(见图4-1),编制按施工成本组成分解的施工成本计划。

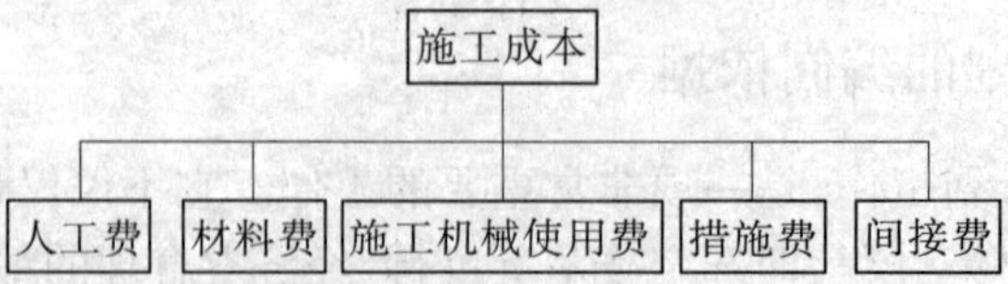

图4-1　按施工成本组成分解

(二)按项目组成编制施工成本计划的方法

大中型工程项目通常是由若干单项工程构成的,而每个单项工程包括了多个单位工程,每个单位工程又是由若干个分部分项工程所构成的。因此,首先要把项目总施工成本分解到单项工程和单位工程中，再进一步分解为分部工程和分项工程，如图 4-2 所示。

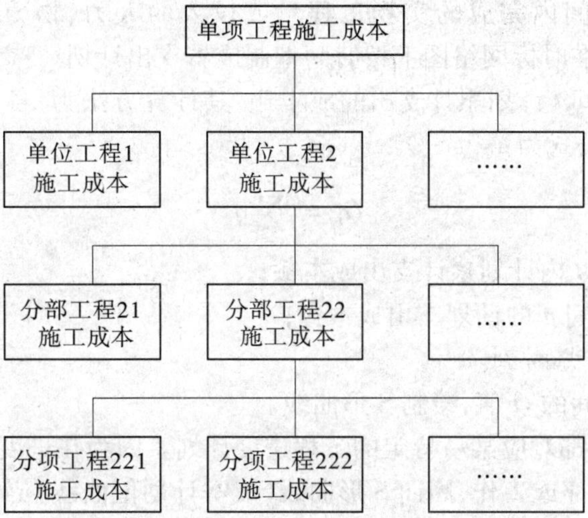

图 4-2　按项目组成分解

在完成施工项目成本目标分解之后，接下来就要具体地分配成本，编制分项工程的成本支出计划，从而得到详细的成本计划表，见表 4-2。

表 4-2　分项工程成本计划表

分项工程编码	工程内容	计量单位	工程数量	计划综合单价	本分项总计
（1）	（2）	（3）	（4）	（5）	（6）

在编制成本支出计划时，要在项目总的方面考虑总的预备费，也要在主要的分项工程中安排适当的不可预见费，避免在具体编制成本计划时，可能发现个别单位工程或工程量表中某项内容的工程量计算有较大出入，使原来的成本预算失实，并在项目实施过程中对其尽可能地采取一些措施。

（三）按工程进度编制施工成本计划的方法

编制按工程进度的施工成本计划，通常可利用控制项目进度的网络图进一步扩充而得。即在建立网络图时，一方面确定完成各项工作所需花费的时间，另一方面同时确定完成这一工作的合适的施工成本支出计划。在实践中，将工程项目分解为既能方便地表示时间，又能方便地表示施工成本支出计划的工作是不容易的，通常如果项目分解程度对时间控制合适的话，则对施工成本支出计划可能分解过细，以至于不可能对每项工作确定其施工成本支出计划；反之亦然。因此，在编制网络计划时，应在充分考虑进度控制对项目划分要求的同时，还要考虑确定施工成本支出计划对项目划分的要求，做到二者兼顾。

按工程进度编制施工成本计划的表现形式是通过对施工成本目标按时间进行分解，在网络计划基础上，可获得项目进度计划的横道图，并在此基础上编制成本计划。其表示方式有两种：一种是在时标网络图上按月编制的成本计划；另一种是利用时间—成本累计曲线（S 形曲线）表示。其中，时间—成本累计曲线的绘制步骤如下：

(1)确定工程项目进度计划,编制进度计划的横道图。

(2)根据单位时间内完成的实物工程量或投入的人力、物力和财力,计算单位时间(月或旬)的成本,在时标网络图上按时间编制成本支出计划。

(3)计算规定时间 t 计划累计支出的成本额,其计算方法为:各单位时间计划完成的成本额累加求和,其公式为:

$$Q_t = \sum_{n=1}^{t} q_n$$

式中 Q_t——某时间 t 内计划累计支出成本额;

q_n——单位时间 n 的计划支出成本额;

t——某规定计划时刻。

(4)按各规定时间的 Q_t 值,绘制 S 形曲线。

每一条 S 形曲线都对应某一特定的工程进度计划。因为在进度计划的非关键线路中存在许多有时差的工序或工作,因而 S 形曲线(成本计划值曲线)必然包络在由全部工作都按最早开始时间开始和全部工作都按最迟必须开始时间开始的曲线所组成的"香蕉图"内。项目经理可根据编制的成本支出计划来合理安排资金,同时项目经理也可以根据筹措的资金来调整 S 形曲线。

一般而言,所有工作都按最迟开始时间开始,对节约资金贷款利息是有利的但同时也降低了项目按期竣工的保证率,因此项目经理必须合理地确定成本支出计划,达到既节约成本支出,又能控制项目工期的目的。

以上三种编制施工成本计划的方法并不是相互独立的,在实践中,往往是将这几种方法结合起来使用,从而达到扬长避短的效果。例如:将按子项目分解项目总施工成本与按施工成本构成分解项目总施工成本两种方法相结合,横向按施工成本构成分解,纵向按子项目分解,或相反。这种分解方法有助于检查各分部分项工程施工成本构成是否完整,有无重复计算或漏算;同时还有助于检查各项具体的施工成本支出的对象是否明确或落实,并且可以从数字上校核分解的结果有无错误。或者还可将按子项目分解项目总施工成本计划与按时间分解项目总施工成本计划结合起来,一般纵向按子项目分解,横向按时间分解。

第四节　施工成本控制

一、施工成本控制的依据

(一)工程承包合同

施工成本控制要以工程承包合同为依据,围绕降低工程成本这个目标,从预算收入和实际成本两方面,努力挖掘增收节支潜力,以求获得最大的经济效益。

(二)施工成本计划

施工成本计划是根据施工项目的具体情况制订的施工成本控制方案,既包括预定的具体成本控制目标,又包括实现控制目标的措施和规划,是施工成本控制的指导文件。

（三）进度报告

进度报告提供了每一时刻工程实际完成量、工程施工成本实际支付情况等重要信息。施工成本控制工作正是通过实际情况与施工成本计划相比较，找出二者之间的差别，分析偏差产生的原因，从而采取措施改进以后的工作。此外，进度报告还有助于管理者及时发现工程实施中存在的问题，并在事态还未造成重大损失之前采取有效措施，尽量避免损失。

（四）工程变更

在项目的实施过程中，由于各方面的原因，工程变更是很难避免的。工程变更一般包括设计变更、进度计划变更、施工条件变更、技术规范与标准变更、施工次序变更、工程数量变更等。一旦出现变更，工程量、工期、成本都必将发生变化，从而使施工成本控制工作变得更加复杂和困难。因此，施工成本管理人员就应当通过对变更要求当中各类数据的计算、分析，随时掌握变更情况，包括已发生工程量、将要发生工程量、工期是否拖延、支付情况等重要信息，判断变更以及变更可能带来的索赔额度等。

除上述几种施工成本控制工作的主要依据外，有关施工组织设计、分包合同文本等也都是施工成本控制的依据。

二、成本控制的步骤

成本控制的步骤就是把计划费用作为工程项目费用控制的目标值，定期将工程项目实施过程中的实际支出额与过程项目费用控制目标进行比较，通过比较发现并找出偏差值，在分析偏差产生原因的基础上，对将来的费用进行预测，并采取措施进行纠正，以确保施工成本控制目标的实现，如图 4-3 所示。

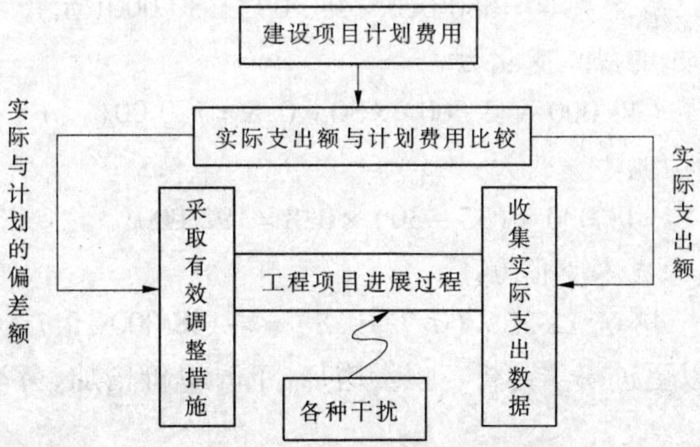

图 4-3　成本控制动态循环图

成本项目费用控制的步骤如下：

（1）比较。将费用计划值与实际值按照某种确定的方式逐项进行比较，确定实际支出额是否超过计划费用。

（2）分析。在比较的基础上，对比较的结果进行分析，以确定偏差的严重性及偏差产生的原因。其主要目的在于找出产生偏差的原因，从而采取有针对性的措施，减少或避免相同原因的再次产生或减少由此造成的损失。

(3)预测。根据项目实施情况估算整个项目完成时的施工成本，为资金准备和投资者决策提供理论基础。

(4)纠偏。当工程项目的实际施工成本出现了偏差时，应当根据工程的具体情况、偏差分析和预测的结果，采取适当的措施，以期达到使施工成本偏差尽可能减小的目的。对于正偏差，通常采取保持加激励的方法。对于负偏差，通常采用纠偏的做法。纠偏是施工成本控制中最具实质性的一步。只有通过纠偏，才能最终达到有效控制施工成本的目的。

(5)检查。是指对工程的进展以及费用使用情况进行跟踪和检查，及时了解工程进展状况以及纠偏措施的执行情况和效果，为今后的工作积累经验。

三、成本分析基本方法和指标

成本分析的方法很多，可以按照不同的需要选择，甚至可以自己灵活设计。通常成本分析的综合指标有如下几大类。

(一)因素差异分析法

对一些分项工程的费用，用因素差异分析的方法不仅可以确定实际和计划的差异，而且可确定差异影响因素以及它们各自的影响份额，因此可以用来分离责任份额。

【例4-1】 如原计划安装45 000 m^2模板，预计劳动效率力0.8工时/m^2，工时单价为30元，则计划人工费 $=30\times45\ 000\times0.8=1\ 080\ 000$(元)。

但最后实际工作量为48 000 m^2，实际劳动生产率为0.7工时/m^2，工时单价35元/m^2，则

$$实际人工费=48\ 000\times35\times0.7=1\ 176\ 000(元)$$

$$成本差异=560\ 000-480\ 000=80\ 000(元)$$

由工作量增加引起的成本变化为：

$$(48\ 000-45\ 000)\times30\times0.8=720\ 00(元)$$

由工时单价引起的成本变化为：

$$48\ 000\times(35-30)\times0.8=192\ 000(元)$$

由劳动效率引起的成本变化为：

$$48\ 000\times35\times(0.7-0.8)=-168\ 000(元)$$

在此基础上，可以更进一步分析工程量增加、工时单价增加、劳动效率提高的更细的原因和责任人。

(二)成本分析指标

对已完成的工程：

$$成本偏差=实际成本-计划成本$$

$$成本偏差率=(实际成本-计划成本)/计划成本\times100\%$$

$$利润=已完工程价格-实际成本$$

在各个成本要素、分部工程成本、总工程成本的比较分析中都可以采用偏差值和偏差率指标。这些指标能比较好地、直观地反映偏差的程度，使管理者始终能够把握每一个费用项目、每一个分项工程以及总工程的成本状况和总利润状况。

(三)工期和进度的分析指标

时间消耗程度=已用工期/计划总工期×100%

工程完成程度=已完成工程量/计划总工程量×100%

或　　工程完成程度=已完成工程价格/工程计划总价格×100%

或　　工程完成程度=已投入人工工时/计划使用总工时×100%

(四)效率比

效率比仅用于已完成的工程的各个成本项目:

机械生产效率=实际台班数/计划台班数

劳动效率=实际使用人工工时/计划使用人工工时

与其相似的还有材料消耗的比较及各项费用消耗的比较。

对工程成本的评价,效率指标比较准确和明确,无论是一个分项工程或是整个工程都可以使用。由于它以实际工作量为基础,所以比较的尺度是统一的。

当机械生产效率小于1时,说明实际台班数比计划台班数少。

当劳动效率小于1时,说明实际人工消耗小于计划使用人工工时数。用同样的方法可以比较材料的消耗。

【例4-2】 某工程计划直接总成本2 668 000元,工地管理费和企业管理费总额592 100元。工程总成本为3 260 100元,则:

管理费分摊率=592 100/2 668 000=22.19%

该工程总工期160天,现已进行了64天,已完成工程总价为1 268 000元,实际工时为14 860工时,已完工程中计划工时14 620工时,实际成本1 266 644元,已完工程计划成本1 166 882元,则至今成本总体状况分析如下:

工期进度=64/160×100%=40%

工程完成程度=1 268 000/3 260 100=39%

劳动效率=14 860/14 620=101.6%

成本偏差=1 266644-1 166 882=99 762(元)

成本偏差率=99 762/1 166 882=8.55%

已实现利润=1 268 000-1 266 644=1 356(元)

利润率=1 356/1 268 000=0.01%

从总体上来看,本工程虽未亏本,但利润太少,成本超支,劳动效率降低。

四、成本比较方法——挣值法

挣值法又称偏差分析法,是对项目进度和费用进行综合控制的一种有效方法。挣值法通过测量和计算已完工程计划费用、已完工程实际费用和拟完工程计划费用得到有关计划实施的进度偏差和费用偏差,从而判断项目执行状况。它的独特之处在于以预算和费用来衡量项目的进度。挣值法中用到一个关键数值——挣值,表示已完成工作的预算费用。

(一)挣值法参数

(1)拟完工程计划费用(*BCWS*, Budgeted Cost for Work Scheduled),是指项目实施过

程中某阶段计划要求完成的工作量所需的预算费用,即计划费用。

拟完工程计划费用(*BCWS*)=计划工作量×预算定额

(2)已完工程实际费用(*ACWP*, Actual Cost for Work Performed),是指项目实施过程中某阶段实际完成的工作量所消耗的费用。

已完工程实际费用(*ACWP*)=已完工作量×实际单价

(3)已完工程计划费用(*BCWP*, Budgeted Cost for Work Performed),是指项目实施过程中某阶段按实际完成工作量及按预算定额计算出来的费用,即挣得值(Earned Value),也称挣值。

已完工程计划费用(*BCWP*)=已完工作量×预算定额

(4)费用偏差(*CV*, Cost Variance),是指检查期间已完工程计划费用(*BCWP*)与已完成实际费用(*ACWP*)之间的差异。

费用偏差(*CV*)=已完工程计划费用(*BCWP*)-已完工程实际费用(*ACWP*)

当 $CV<0$ 时表示执行效果不佳,即实际消费费用超过预算值即超支;反之,当 $CV>0$ 时,表示实际消耗费用低于预算值,即有节余或效率高。

(5)进度偏差(*SV*, Schedule Variance),是指检查日期的已完工程计划费用(*BCWP*)与拟完工程计划费用(*BCWS*)之间的差异。

进度偏差(*SV*)=已完工程计划费用(*BCWP*)-拟完工程计划费用(*BCWS*)

当 $SV<0$ 时表示进度延误,$SV>0$ 表示进度提前。

(6)费用偏差程度(*CPI*, Cost Performed Index),是指费用实际值对计划值的偏离程度,是挣得值与实际费用值之比。

$$CPI=BCWP/ACWP$$

$CPI>1$ 表示低于预算,$CPI<1$ 表示超出预算,$CPI=1$ 表示实际费用与预算费用吻合。

(7)进度偏差程度(*SPI*, Schedule Performed Index),将偏差程度与进度结合起来,引入进度偏差程度,*SPI* 是指项目挣得值与计划值之比,其计算式如下:

$$SPI=BCWP/BCWS$$

$SPI>1$ 时表示进度提前,$SPI<1$ 表示进度延迟,$SPI=1$ 表示实际进度等于计划进度。

(二)挣值法参数分析与对应措施

利用挣值法进行分析,当费用发生偏差时,可以采用对应措施,进行费用控制,如表4-3所示。

表4-3 挣值法参数分析与对应措施

序号	图型	参数间关系	分析	措施
1	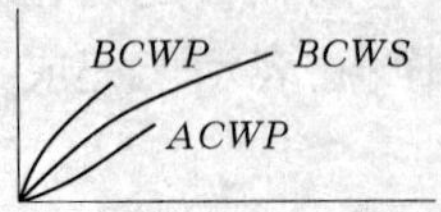	$BCWP>BCWS>ACWP$ $SV>0, CV>0$	进度较快, 投入延后, 效率高	若偏离不大, 维持现状

续表 4-3

序号	图型	参数间关系	分析	措施
2	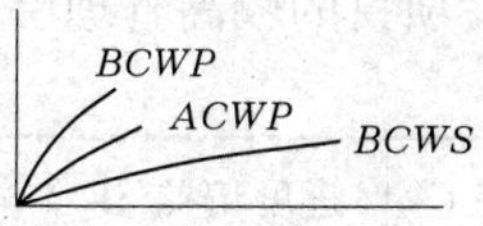	$BCWP>ACWP>BCWS$ $SV>0,CV>0$	进度快，投入超前，效率较高	抽出部分人员和资金，放慢进度
3	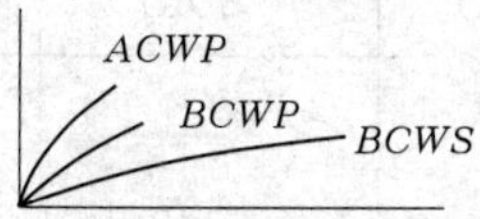	$ACWP>BCWP>BCWS$ $SV>0,CV<0$	进度较快，投入超前，效率较低	抽出部分人员，增加少量骨干人员
4	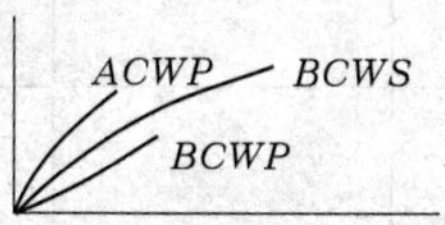	$ACWP>BCWS>BCWP$ $SV<0,CV<0$	进度较慢，投入延后，效率低	用工作效率高的人员更换效率低的人员
5	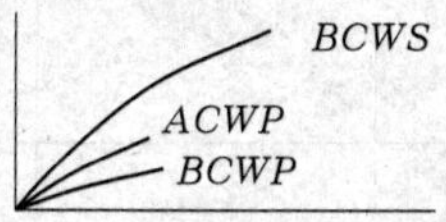	$BCWS>ACWP>BCWP$ $SV<0,CV<0$	进度慢，投入延后，效率较低	增加高效人员和资金的投入
6	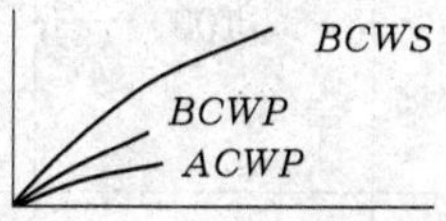	$BCWS>BCWP>ACWP$ $SV<0,CV>0$	进度较慢，投入延后，效率较高	迅速增加人员投入

【例 4-3】 某工程项目生产情况见表 4-4。分析项目成本及进度情况。

表 4-4　项目生产情况汇总　　（单位：元）

计划产值	实际产值	实际成本
26 868 945	25 111 280	21 102 374

解：

$$CV=BCWP-ACWP=25\ 111\ 280-21\ 102\ 374=4\ 008\ 906(\text{元})>0$$

$$SV=BCWP-BCWS=25\ 111\ 280-26\ 868\ 945=-1\ 757\ 665(\text{元})<0$$

或

$$CPI=BCWP/ACWP=25\ 111\ 280/21\ 102\ 374=1.18>1$$

$$SPI=BCWP/BCWS=25\ 111\ 280/26\ 868\ 945=0.93<1$$

说明进度滞后，但成本效益明显。

五、偏差分析方法

对于工程项目费用偏差分析可采用不同的表达方式，常用的有横道图法、表格法和曲线法。

（一）横道图法

用横道图法进行项目费用分析，是用不同的横道标识已完工程计划费用、拟完工程计划费用和已完工程实际费用，横道的长度与其成正比，见表 4-5。

横道图法具有形象、直观、一目了然等优点，它不仅能准确表达出施工成本的绝对偏差，而且能表达偏差的严重性，便于了解项目投资的概貌。但这种方法费用的信息量少，主要反映累计偏差和局部偏差，应用有一定局限性。一般在项目的较高管理层应用。

表 4-5 费用偏差横道图分析

项目编码	项目名称	费用参数数额（万元）	费用偏差 *CV*（万元）	进度偏差 *SV*（万元）	偏差原因
031	模板工程	500 400 540	-40	-140	
032	混凝土工程	1 200 1 200 1 000	200	200	
033	砌筑工程	800 700 600	200	100	
	合计	2 500 2 300 2 140	360	160	

图例：*BCWP*　*BCWS*　*ACWP*

（二）表格法

表格法是进行费用分析最常用的一种方法。可以根据项目的具体情况、数据来源、投资控制工作的要求等条件来设计表格，因而适用性较强。它将项目编号、名称、各工程费用参数以及工程费用数综合归纳入一张表格中，并且直接在表格中进行比较。由于各偏差参数都在表格中列出，因此工程费用管理者能够综合地了解并处理这些数据，见表 4-6。

用表格法进行费用分析，具有灵活、适用性强的特点，可根据实际需要设计表格，进行增减项；信息量大，可以反映偏差分析所需的资料，从而有利于施工成本控制人员及时采取针对性措施，加强控制。表格处理可借助于计算机，节约大量数据处理所需的人力，并大大提高速度。

表 4-6　费用偏差分析

项目编码	(1)	031	032	033
项目名称	(2)	模板工程	混凝土工程	砌筑工程
单位	(3)			
计划单价	(4)			
计划工程量	(5)			
BCWS	(6) = (4) × (5)	200	600	350
已完工程量	(7)			
BCWP	(8) = (4) × (7)	250	600	400
实际单价	(9)			
其他款项	(10)			
ACWP	(11) = (7) × (9) + (10)	270	500	300
CV	(12) = (8) − (11)	−20	100	100
CPI	(13) = (8) ÷ (11)	0.926	1.2	1.333
费用累计偏差	(14) = Σ(12)			
费用累计偏差程度	(15) = Σ(8) + Σ(11)			
SV	(16) = (8) − (6)	50	0	50
SPI	(17) = (8) + (6)	1.25	1	1.143
进度累计偏差	(18) = Σ(16)			
进度累计偏差程度	(19) = Σ(8) ÷ Σ(6)			

(三)曲线法

曲线法是挣值法表示结果，见图 4-4。

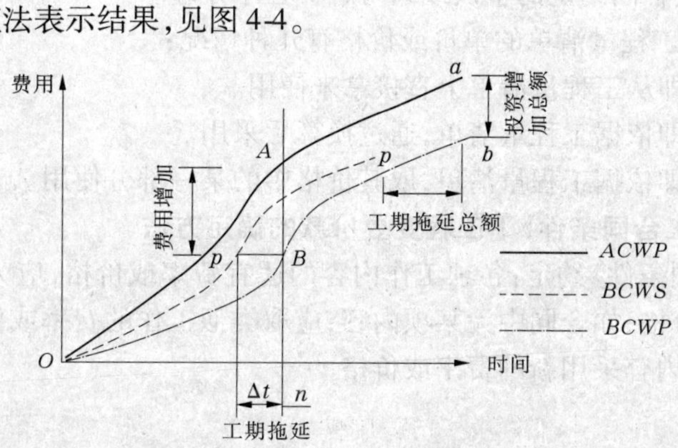

图 4-4　三种费用参数曲线

在用曲线法进行工程费用偏差分析时，首先要确定工程计划值曲线。工程费用计划值曲线是与确定的进度计划联系在一起的。同时，也应考虑实际进度，应当引入三条施工成本参数曲线，即已完成实际费用（*ACWP*）曲线 a，也称实际线；已完工程计划费用（*BCWP*）曲线 b，也称挣值线；拟完工程计划费用（*BCWS*）曲线 p，也称预算线。图4-4中曲线 a 与曲线 b 的竖向距离表示工程费用偏差，曲线 b 与曲线 p 的水平距离表示进度偏差。图4-4反映的偏差为累计偏差。用曲线法进行偏差分析具有形象、直观的特点。

第五节　建筑安装工程费用的结算

一、工程变更价款的确定方法

由于工程建设的周期长、涉及的经济关系和法律关系复杂、受自然条件和客观因素的影响大，因此项目的实际情况与项目招标投标时的情况相比会发生一些变化。工程变更包括工程量变更、工程项目的变更（如发包人提出增加或者删减原项目内容）、进度计划的变更、施工条件的变更等。如果按照变更的起因划分，变更的种类有很多，如：发包人的变更指令（包括发包人对工程有了新的要求、发包人修改项目计划、发包人削减预算、发包人对项目进度有了新的要求等）；设计错误，必须对设计图纸做修改；工程环境变化；新的技术和知识，有必要改变原设计、实施方案或实施计划；法律法规或者政府对建设工程项目有了新的要求等。由于工程变更所引起的工程量的变化、工程延误等，都有可能使项目成本超出原来的预算成本，需要重新调整合同价款。

（一）《建设工程施工合同（示范文本）》（GF—2017—0201）约定的工程变更价款的确定方法

（1）合同中已有适用于变更工程的价格，按合同已有的价格变更合同价款。

（2）合同中只有类似于变更工程的价格，可以参照类似价格变更合同价款。

（3）合同中没有适用或类似于变更工程的价格，由承包人或发包人提出适当的变更价格，经对方确认后执行。如双方不能达成一致意见，双方可提请工程所在地工程造价管理机构进行咨询或按合同约定的争议或纠纷解决程序办理。

（4）采用合同中工程量清单的单价或价格有几种情况：

一是直接套用，即从工程量清单上直接拿来使用。

二是间接套用，即依据工程量清单，通过换算后采用。

三是部分套用，即依据工程量清单，取其价格中的某一部分使用。

（二）FIDIC《施工合同条件》下工程变更价款的确定方法

FIDIC《施工合同条件》约定：各项工作内容的适宜费率或价格，应为合同对此类工作内容规定的费率或价格，如合同中无某项内容，应取类似工作的费率或价格。但在以下情况下，宜对有关工作内容采用新的费率或价格。

1. 第一种情况

（1）如果此项工作实际测量的工程量比工程量表或其他报表中规定的工程量的变动大于10%。

（2）工程量的变化与该项工作规定的费率的乘积超过了中标的合同金额的0.01%。

（3）此工程量的变化直接造成该项工作单位成本的变动超过1%。

(4)此项工作不是合同中规定的“固定费率项目”。

2. 第二种情况

(1)此工作是根据变更与调整的指示进行的；

(2)合同没有规定此项工作的费率或价格；

(3)由于该项工作与合同中的任何工作没有类似的性质或不在类似的条件下进行，故没有一个规定的费率或价格适用。

每种新的费率或价格应考虑以上描述的有关事项对合同中相关费率或价格加以合理调整后得出。如果没有相关的费率或价格可供推算新的费率或价格，应根据实施该工作的合理成本和合理利润，并考虑其他相关事项后得出。

二、建筑安装工程费用的结算方法

(一)建筑安装工程费用的主要结算方式

根据财政部、建设部《建设工程价款结算暂行方法》的规定，建筑安装工程费用的结算方式主要有以下两种。

1. 按月结算与支付

实行按月支付进度款，竣工后清算的办法。合同工期在两个年度以上的工程，在年终进行工程盘点，办理年度结算。

2. 分段结算与支付

当年开工，当年不能竣工的工程按照工程形象进度，划分不同阶段进行结算。具体划分在合同中明确。

除上述两种主要方式外，双方还可以约定其他结算方式。

(二)建筑安装工程费用的按月结算方式

1. 工程预付款

在《建设工程施工合同(示范文本)》(GF—2017—0201)中，对有关工程预付款做了如下约定：实行工程预付款的，双方应当在专用条款内约定发包人向承包人预付工程款的时间和数额，开工后按约定的时间和比例逐次扣回。预付时间应不迟于约定的开工日期前7天。发包人不按约定预付，承包人在约定预付时间7天后向发包人发出要求预付的通知，发包人收到通知后仍不能按要求预付，承包人可在发出通知后7天停止施工，发包人应从约定应付之日起向承包人支付应付款的贷款利息，并承担违约责任。

工程预付款是建设工程施工合同订立后由发包人按照合同约定，在正式开工前预先支付给承包人的工程款。它是施工准备和所需要材料、结构件等流动资金的主要来源，国内习惯上又称为预付备料款。工程预付款的具体事宜由发承包双方根据建设行政主管部门的规定，结合工程款、建设工期和包工包料情况在合同中约定。

2. 工程预付款的扣回

发包人支付给承包人的工程预付款的性质是预支。随着工程进度的推进，支付的工程进度款数额不断增加，工程所需主要材料、构件的用量逐渐减少，原已支付的预付款应以抵扣的方式予以陆续扣回，扣款的方法有以下几种。

(1)可以从未施工工程尚需的主要材料及构件的价值相当于工程预付款数额时扣

起，从每次中间结算工程价款中，按材料及构件比重扣抵工程价款，至竣工之前全部扣清。其基本表达式是：

$$T = P - \frac{M}{N}$$

式中　T——起扣点，即工程预付款开始扣回的累计完成工程金额；

P——承包工程合同总额；

M——工程预付款数额；

N——主要材料、构件所占比重。

（2）承发包双方也可以在专用条款中约定不同的扣回方法，可采用等比率或等额扣款的方式。也可针对工程实际情况具体处理，如有些工程工期较短、造价较低，就无须分期扣还；有些工程工期较长，如跨年度工程，其预付款的占用时间很长，根据需要可以少扣或不扣。

3. 工程进度款

1）工程进度款的计算

工程进度款的计算方法可以分为可调工料单价法和全费用综合单价法两种方法。由于两种计价方法的不同，工程进度款的计算方法也不同。

（1）可调工料单价法计算。当采用可调工料单价法计算工程进度款时，在确定已完工程量后，工程价格的计价方法可按以下步骤计算：根据已完工程量的项目名称、分项编号、单价得出合价；将本月所完全部项目合价相加，得出直接工程费小计；按规定计算措施费、间接费、利润；按规定计算主要材料差价或差价系数；按规定计算税金；累计本月应收工程进度款。

（2）全费用综合单价法计算。采用全费用综合单价法计算工程进度款比用可调工料单价法更方便、简单，工程量得到确认后，只要将工程量与综合单价相乘得出合价，再累加即可完成本月工程进度款的计算工作。这种方法适用于工程量不大且能够较准确计算、工期较短、技术不太复杂、风险不大的项目。

2）工程进度款的支付

《建设工程施工合同（示范文本）》（GF—2017—0201）关于工程款的支付也做出了相应的约定：在确认计量结果后 14 天内，发包人应向承包人支付工程款（进度款）。发包人超过约定的支付时间不支付工程款（进度款），承包人可向发包人发出要求付款的通知，发包人接到承包人通知后仍不能按要求付款，可与承包人协商签订延期付款协议，经承包人同意后可延期支付。协议应明确延期支付的时间和从计量结果确认后第 15 天起计算应付款的贷款利息。发包人不按合同约定支付工程款（进度款），双方又未达成延期付款协议，导致施工无法进行的，承包人可停止施工，由发包人承担违约责任。

4. 竣工结算

《建设工程施工合同（示范文本）》（GF—2017—0201）约定：工程竣工验收报告经发包人认可后 28 天内，承包人向发包人递交竣工结算报告及完整的结算资料，双方按照协议书约定的合同价款及专用条款约定的合同价款调整内容，进行工程竣工结算。专业监理工程师审核承包人报送的竣工结算报表并与发包人、承包人协商一致后，签发竣工结算文件和最终的工程款支付证书。

(三)建筑安装工程费用的动态结算

建筑安装工程费用的动态结算是指在进行工程价款结算的过程中,充分考虑影响工程造价的动态因素,并将这些动态因素纳入到结算过程中进行计算,从而使所结算的工程价款能够如实反映实际的消耗费用,其主要内容是工程价款价差调整。常用的动态结算办法如下。

1.按实际价格结算法

这种方法非常方便,但不利于督促承包人主动降低工程成本。因此,造价管理部门要定期公布最高结算限价,同时合同文件中应规定建设单位或监理工程师有权要求承包人选择更廉价的供应来源。

2.按主材计算价差

按主材计算价差,即发包人在招标文件中列出需要调整价差的主要材料表及其基期价格,工程竣工结算时按竣工当时当地工程造价管理机构公布的材料信息价或结算价,与招标文件中列出的基期价比较计算材料差价。

3.竣工调价系数法

竣工调价系数法,即按工程价格管理机构公布的竣工调价系数及调价计算方法计算差价。

4.调值公式法(又称动态结算公式法)

调值公式法是指在发包方和承包方签订的合同中明确规定了调值公式。其程序是:

第一,确定计算物价指数的品种。一般来说,品种不宜太多,只确立那些对项目投资影响较大的因素,如设备、水泥、钢材、木材和工资等,这样便于计算。

第二,在合同价格条款中,应写明经双方商定的调整因素。在签订合同时要写明考核几种物价波动到何种程度才进行调整。一般都在±10%左右。

第三,考核的地点和时点。地点一般在工程所在地,或指定的某地市场价格;时点指的是某月某日的市场价格。这里要确定两个时点价格,即基准日期的市场价格(基础价格)和与特定付款证书有关的期间最后一天的49天前的时点价格。这两个时点就是计算调值的依据。

第四,确定各成本要素的系数和固定系数。各成本要素的系数要根据各成本要素对总造价的影响程度而定。各成本要素系数之和加上固定系数应该等于1。

第五,用调值公式进行价差调整。

当建筑安装工程的规模和复杂性增大时,公式会复杂,但一般常用的建筑安装工程费用的价格调值公式为:

$$P = P_0\left(a_0 + a_1\frac{A}{A_0} + a_2\frac{B}{B_0} + a_3\frac{C}{C_0} + a_4\frac{D}{D_0}\right)$$

式中 P——调值后合同价款或工程实际结算款;

P_0——合同价款中工程预算进度款;

a_0——固定要素,代表合同支付中不能调整的部分;

a_1、a_2、a_3、a_4——代表有关成本要素(如人工费用、钢材费用、水泥费用、运输费等)

在合同总价中所占的比重，$a_0+a_1+a_2+a_3+a_4=1$；

A_0、B_0、C_0、D_0——基准日期与 a_1、a_2、a_3、a_4 对应的各项费用的基期价格指数或价格；

A、B、C、D——与特定付款证书有关的期间最后一天的49天前与 a_1、a_2、a_3、a_4 对应的各成本要素的现行价格指数或价格。

各部分成本的比重系数在许多标书中要求承包方在投标时即提出，并在价格分析中予以论证。但也有的是由发包方在标书中规定一个允许范围，由投标人在此范围内选定。

第六节　建设工程施工费用索赔

一、建设工程施工索赔的概念

（一）施工索赔的概念

由于建筑行业竞争激烈，施工企业过多，建筑市场形成了“僧多粥少”的局面。有人用“低价中标、管理保本、索赔赚钱”在工程实践中解决了如何中标、如何管理、如何增收节支等问题。关于低价中标、管理保本的知识已在其他章节中学习过，本节将重点介绍“索赔赚钱”有关知识。

索赔是当事人在合同实施过程中，根据法律、合同规定及惯例，对不应由自己承担责任的情况所造成的损失，向合同的另一方当事人提出给予赔偿或补偿要求的行为。在工程承包市场上，一般称工程承包人提出的索赔为施工索赔，即由于发包人或其他方面的原因，承包人在项目施工中付出了额外的费用或受到了损失，承包人通过合法途径和程序，如谈判、诉讼或仲裁，要求发包人补偿其在施工中的费用损失的过程。

（二）索赔的特征

从索赔的基本含义，可以看出索赔具有以下基本特征：

（1）索赔是要求给予赔偿（或补偿）的权利主张，是一种合法的正当权利要求，不是无理争利。

（2）索赔是双向的。合同当事人（含发包人、承包人）双方都可以向对方提出索赔要求，被索赔方可以对索赔方提出异议，阻止对方的不合理的索赔要求。

（3）只有实际发生了经济损失或权利损害，而且必须有确凿的证据，一方才能给予对方相应的赔偿（或补偿）。经济损失是指因对方之故造成合同额外经济支出，如人工费、材料费、机械费、管理费等。一般情况下，由此产生费用索赔。权利损害是指虽然没有经济上的损失，但造成了一方权利上的损害，如由于恶劣气候条件对工程进度的不利影响，承包人有权要求工期延长等。

（4）索赔的依据是所签订的合同和有关法律、法规和规章。索赔成功的主要依据是合同和法律及与此有关的证据。没有合同和法律依据，没有依据合同和法律提出的各种证据，索赔不能成立。

（5）索赔的目的是补偿索赔方在工期和经济上的损失。

（三）索赔成立的条件

监理工程师判定承包人索赔成立的条件为：

（1）索赔事件已造成承包人施工成本的额外支出或者工期延长。

（2）产生索赔事件的原因属于非承包人之故。所谓“非承包人之故”是指建设单位原因、不可抗力原因等，或者按合同约定不属于承包人应承担的责任，如行为责任、风险责任等。

（3）承包人在规定的时间范围内提交了索赔意向通知，“承包人在规定的时间范围”是索赔事件发生后的28天内。

上述三个条件没有先后主次之分，应当同时具备。只有工程师认定索赔成立后，才能够给予承包人赔偿（或补偿）。

二、索赔原因及索赔类型

（一）产生索赔事件的原因

人们易于把索赔与仲裁、诉讼合同纠纷解决联系起来，因此尽可能地避免索赔事件的发生，以消除合同当事人双方的合作误区。实质上索赔是一种正当的权利或要求，是合情、合理、合法的行为，它是在正确履行合同的基础上争取合理的偿付，不是无中生有，无理争利。同时，索赔与守约、合作并不矛盾。索赔本身就是市场经济中合作的一部分，只要是符合有关规定的、合法的或者符合有关惯例的，就应该创造条件，主动地向对方索赔。由于工程的特殊性，引起工程索赔的原因复杂多变，主要有以下方面。

1.设计方面

随着社会的发展，科技时代的到来，人们对生活、居住、工作等环境条件不断提出新的要求，各种各样的新工艺、新技术层出不穷，建设单位（或业主）为满足社会日益增长的物质和精神需要，对工程项目建设的质量、功能要求也越来越高，越来越完善，给设计出尽善尽美的施工图带来一定的难度。因此，在设计施工图时，难免出现如设计的施工图与现场实际施工在地质、环境等方面存在差异或是设计的图纸对规范要求、施工说明等表达不严明，对设备、材料的名称、规格型号表示不清楚等诸多方面的遗漏和缺陷，这都会给工程项目建设在施工上带来不利的因素，而这诸多方面的问题，又只能在工程项目建设施工过程中随时发现，随时解决，从而导致工程项目的建设费用、建设工期发生变化，其中不可避免地产生诸如费用、工期等方面的索赔。

2.施工合同方面

施工合同一般采用标准合同文本。虽然标准合同文本已包括工程项目建设在施工过程中双方应有权利和应尽义务的基本条件，但由于工程项目建设的复杂性和施工工期以及自然环境、气候等因素的限制和意想不到的天灾人祸，加上用词的严密性不强等，都有可能使双方在签订施工合同时不能充分考虑和明确各种因素对工程建设的影响，致使施工合同在履行中出现这样那样的矛盾。例如，在工程招标时，由于对工程施工的地质情况掌握不足或因时间紧迫，在工程招标投标时根本无法了解清楚，工程中标后签订施工合同时也忽视了这方面的因素，由此可能导致如承包商在施工基础开挖土方时，发现劣质土或不能满足地基承载力要求等情况，需要进行处理才能满足基础的施工条件。又如，在签订施工合同时采用"足够深度，抹灰要平整，保温层厚度达到一定的标准"等不严密的词语，使工程在竣工时不能准确地进行验收和结算，从而引起因签订施工合同疏忽和用词不严谨的施工索赔。

3. 意外风险和不可预见因素

在施工过程也就是履行施工合同的过程中，发生了如地震、台风、洪水、火山爆发、地面下陷下沉、火灾、爆炸等人力不可抗拒、无法控制的自然事件和意外事故以及在施工中出现泥石流、地质断层、天然溶洞和地下文物遗址或构筑物等，都可能引起工程造价变化或工期延长，引起施工索赔。

4. 不依法履行施工合同

施工合同经承发包双方依法签订生效，就是承发包双方在工程施工中遵守的规则，具有法律约束力，任何一方不得擅自变更或解除或不履行合同规定的义务。但在实际履行中，往往因一些意见分歧或经济利益驱动等人为因素，不严格执行合同文件。在具体施工中，不可避免地出现不合理低标价引起的种种原因使建筑成本不断增加，合同的双方又不愿意承担义务或让步，致使工程项目不能按质按量如期交付使用，因而引起拖欠工程款、银行利息、工期、质量等原因的工程纠纷和施工索赔。

5. 工程项目建设承发包管理模式的变化

当前的建筑市场，工程项目建设承发包有总包、分包、指定分包、劳务承包及设备、材料供应承包等一系列的承包方式，使工程项目建设承发包变得复杂和管理难度增大。当任何一个承包合同不能顺利履行或管理不善时，都会影响工程项目建设的工期和质量，继而引发在工期、质量和经济等方面的索赔。如设备、材料供应商不按工程项目设计和施工要求（如质量、数量和规格型号）按时提供设备和材料，工程就不能按业主或设计和规范要求施工，因而影响工程项目建设的进度和质量。如业主不按合同约定支付总包方的工程款，总包方就不可能按合同约定给分包方支付工程款，分包方就不能按时向设备、材料供应商支付设备、材料购买费，这一系列的合同违约，直接影响工程项目建设的质量和工期，最终导致业主、总包方、分包方、设备材料供应商相互间的索赔。

（二）施工索赔分类

1. 按索赔目的分类

1）工期索赔

由于非承包人责任的原因而导致施工进程延误，要求批准顺延合同工期的索赔，称之为工期索赔。这样，承包人可以避免承担误期损害赔偿费。工期索赔形式上是对权利的要求，以避免在原定合同竣工日不能完工时，被发包人追究拖期违约责任。一旦获得批准合同工期顺延后，承包人不仅免除了承担拖期违约赔偿费的严重风险，而且可能提前工期得到奖励，最终仍反映在经济收益上。

2）费用索赔

费用索赔是承包人向业主要求补偿不应该由承包人自己承担的经济损失或额外开支，也就是取得合理的经济补偿。前提是：在实际施工过程中所发生的施工费用超过了投标报价书中该项工作所预算的费用；而这项费用超支的责任不在承包人方面，也不属于承包人的风险范围。具体地说，施工费用超支主要来自两种情况：一是施工受到干扰，导致工作效率降低；二是业主指令工程变更或产生额外工程，导致工程成本增加。由于这两种情况所增加的新增费用或额外费用，承包人有权索赔。

2. 按索赔发生的原因分类

1）延期索赔

延期索赔主要表现在由于发包人的原因不能按原定计划的时间进行施工所引起的索赔。由于材料和设备价格的上涨，为了控制建设的成本，发包人往往把材料和设备自己直接订货，再供应给施工的承包人，这样发包人则要承担因不能按时供货，而导致工程延期的风险；建设法规的改变也容易造成延期索赔；还有设计图纸和规范的错误和遗漏，设计者不能及时提交审查或批准图纸，引起延期索赔的事件更是屡见不鲜。

2）工程变更索赔

工程变更索赔是指由于发包人或监理工程师指令增加或减少工程量或增加附加工程、修改设计、变更工程顺序等，造成工期延长或费用增加，承包人对此提出的索赔。

3）施工加速索赔

施工加速索赔是指由于发包人或工程师指令承包人加快施工速度，缩短工期，引起承包人人、财、物的额外开支而提出的索赔。

4）意外风险和不可预见因素索赔

在工程实施过程中，因人力不可抗拒的自然灾害、特殊风险以及一个有经验的承包人通常不能合理预见的不利施工条件或外界障碍，如地下水、地质断层、地面沉陷、地下障碍物等引起的索赔，称为意外风险和不可预见因素索赔。

5）其他索赔

其他索赔是指因货币贬值、物价与工资上涨、政策法令变化、银行利率变化、外汇利率变化等原因引起的索赔。

3. 按索赔的处理方式分类

1）单项索赔

它是指采取一事一索赔的方式，即在每一件索赔事项发生后，报送索赔通知书，编报索赔报告，要求单项解决支付，不与其他的索赔事项混在一起。工程索赔通常采用这种方式，它能有效避免多项索赔的相互影响和制约，解决起来比较容易。

2）总索赔

它又称为一揽子索赔，是指承包人在工程竣工决算前，将施工过程中未得到解决的和承包人对发包人答复不满意的单项索赔集中起来，综合提出一份索赔报告，综合在一起解决。在实际工程中，总索赔方式应尽量避免采用，因为它涉及的因素十分复杂，且纵横交错，不太容易索赔成功。

三、索赔程序与技巧

（一）承包人的索赔程序

1. 发出索赔意向通知

索赔事件发生后，承包人应在索赔事件发生后的 28 天内向工程师递交索赔意向通知，声明将对此事件提出索赔。该意向通知是承包人就具体的索赔事件向工程师和发包人表示的索赔愿望和要求。如果超过这个期限，工程师和发包人有权拒绝承包人的索赔要求。索赔事件发生后，承包人有义务做好现场施工的同期记录，并加大收集索赔证据的管理力度，以便于工程师随时检查和调阅，为判断索赔事件所造成的实际损害提供依据。

2. 递交索赔报告

承包人应在索赔意向通知提交后的28天内，或工程师可能同意的其他合理时间内递送正式的索赔报告。索赔报告的内容应包括索赔的合同依据、事件发生的原因、对其权益影响的证据资料、此项索赔要求补偿的款项和工期展延天数的详细计算等有关材料。如果索赔事件的影响持续存在，28天内还不能算出索赔额和工期展延天数时，承包人应按工程师合理要求的时间间隔（一般为28天），定期陆续报出每一个时间段内的索赔证据资料和索赔要求。在该项索赔事件的影响结束后的28天内，提交最终详细报告。

承包人发出索赔意向通知后，可以在工程师指示的其他合理时间内再报送正式索赔报告，也就是说，工程师在索赔事件发生后有权不马上处理该项索赔。如果事件发生，现场施工非常紧张，工程师不希望立即处理索赔而分散各方抓施工管理的精力，可通知承包人将索赔的处理留待施工不太紧张时再去解决。但承包人的索赔意向通知必须在事件发生后的28天内提出，包括因对变更估价双方不能取得一致意见，而先按工程师单方面决定的单价或价格执行时，承包人提出的保留索赔权力的意向通知，这在司法活动中称为证据保全。如果承包人未能按时间规定提出索赔意向和索赔报告，则他就失去了就该项事件请求补偿的索赔权利。此时他所受到损害的补偿，将不超过工程师认为应主动给予的补偿额。

3. 评审索赔报告

工程师（发包人）接到承包人的索赔报告后，应该马上认真研究承包人报送的索赔资料，并对不合理的索赔进行反驳或提出疑问。在评审过程中，承包人应对工程师提出的各种质疑做出完整的答复。工程师根据自己掌握的资料和处理索赔的工作经验可以就以下问题提出质疑：

(1)索赔事件不属于发包人和工程师的责任，而是第三方的责任。

(2)事实和合同依据不足。

(3)承包人未能遵守索赔意向通知的要求。

(4)合同中的开脱责任条款已经免除了发包人补偿的责任。

(5)索赔是由不可抗力引起的，承包人没有划分和证明双方责任的大小。

(6)承包人没有采取适当措施避免或减少损失。

(7)承包人必须提供进一步的证据。

(8)损失计算夸大。

工程师（发包人）对索赔报告的审查主要包括以下几个方面：

(1)事态调查。通过对合同实施的跟踪、分析了解事件经过、前因后果，掌握事件详细情况。

(2)损害事件原因分析。分析索赔事件是由何种原因引起，责任应由谁来承担。在实际工作中，损害事件的责任有时是多方面原因造成的，故必须进行责任分解，划分责任范围，按责任大小，承担损失。

(3)分析索赔理由。主要依据合同文件判明索赔事件是否属于未履行合同规定义务或未正确履行合同义务导致,是否在合同规定的赔偿范围之内。只有符合合同规定的索赔要求才有合法性,才能成立。例如,某合同规定,在工程总价5%范围内的工程变更属于承包人承担的风险,则发包人指令增加工程量在这个范围内,承包人不能提出索赔。

(4)实际损失分析。分析索赔事件的影响,主要表现为工期的延长和费用的增加。如果索赔事件不造成损失,则无索赔可言。损失调查的重点是分析、对比实际和计划的施工进度、工程成本和费用方面的资料,在此基础上核算索赔值。

(5)证据资料分析。主要分析证据资料的有效性、合理性、正确性,这也是索赔要求有效的前提条件。如果在索赔报告中提不出证明其索赔理由、索赔事件的影响、索赔值的计算等方面的详细资料,索赔要求是不能成立的。如果工程师认为承包人提出的证据不能足以说明其要求的合理性,可以要求承包人进一步提交索赔的证据资料。

4.确定合理的补偿额

经过工程师对索赔报告的评审,与承包人进行了较充分的讨论后,工程师应提出索赔处理的初步意见,并参加发包人与承包人进行的索赔谈判,通过谈判,做出索赔的最后决定。

1)工程师与承包人协商补偿

监理工程师核查后初步确定应予以补偿的额度往往与承包人的索赔报告中要求的额度不一致,甚至差额较大。主要原因大多为对承担事件损害责任的界限划分不一致,索赔证据不充分,索赔计算的依据和方法分歧较大等,因此双方应就索赔的处理进行协商。

对于持续影响时间超过28天的工期延误事件,当工期索赔条件成立时,对承包人每隔28天报送的阶段索赔临时报告审查后,每次均应做出批准临时延长工期的决定,并于事件影响结束后28天内承包人提出最终的索赔报告后,批准顺延工期总天数。应当注意的是,最终批准的总顺延天数,不应少于以前各阶段已同意顺延天数之和。规定承包人在事件影响期间必须每隔28天提出一次阶段索赔报告,可以使工程师能及时根据同期记录批准该阶段应予顺延工期的天数,避免事件影响时间太长而不能准确确定索赔值。

2)工程师索赔处理决定

在经过认真分析研究,与承包人、发包人广泛讨论后,工程师应该向发包人和承包人提出自己的"索赔处理决定"。工程师收到承包人送交的索赔报告和有关资料后,于28天内给予答复或要求承包人进一步补充索赔理由和证据。《建设工程施工合同(示范文本)》(GF—2013—0201)规定,工程师收到承包人递交的索赔报告和有关资料后,如果在28天内既未予答复,也未对承包人作进一步要求的话,则视为承包人提出的该项索赔要求已经认可。

工程师在"工程延期审批表"和"费用索赔审批表"中应该简明地叙述索赔事项、理由和建议给予补偿的金额及延长的工期,论述承包人索赔的合理方面及不合理方面。通过协商达不成共识时,承包人仅有权得到所提供的证据满足工程师认为索赔成立那部分的付款和工期顺延。不论工程师与承包人协商达到一致,还是他单方面做出的处理决定,批准给予补偿的款额和顺延工期的天数如果在授权范围之内,则可将此结果通知承包人,并抄送发包人。补偿款将计入下月支付工程进度款的支付证书内,顺延的工期加到原合同工期中去。如果批准的额度超过工程师权限,则应报请发包人批准。

通常,工程师的处理决定不是终局性的,对发包人和承包人都不具有强制性的约束力。承包人对工程师的决定不满意,可以按合同中的争议条款提交约定的仲裁机构仲裁或诉讼。

5.发包人审查索赔处理

当工程师确定的索赔额超过其权限范围时,必须报请发包人批准。

发包人首先根据事件发生的原因、责任范围、合同条款审核承包人的索赔申请和工程师的处理报告,再依据工程建设的目的、投资控制、竣工投产日期要求以及针对承包人在施工中的缺陷或违反合同规定等的有关情况,决定是否同意工程师的处理意见。例如,承包人某项索赔理由成立,工程师根据相应条款规定,既同意给予一定的费用补偿,也批准顺延相应的工期。但发包人权衡了施工的实际情况和外部条件的要求后,可能不同意顺延工期,而宁可给承包人增加费用补偿额,要求他采取赶工措施,按期或提前完工。这样的决定只有发包人才有权做出。索赔报告经发包人同意后,工程师即可签发有关证书。

6.承包人是否接受最终索赔处理

承包人接受最终的索赔处理决定,索赔事件的处理即告结束。如果承包人不同意,就会导致合同争议。通过协商双方达到互谅互让的解决方案,是处理争议的最理想方式。如达不成谅解,承包人有权提交仲裁或诉讼解决。

承包人的索赔程序如图4-5所示。

（二）发包人的索赔

《建设工程施工合同(示范文本)》(GF—2017—0201)规定,承包人未能按合同约定履行自己的各项义务或发生错误而给发包人造成损失时,发包人也应按合同约定向承包人提出索赔。

FIDIC《施工合同条件》中,业主的索赔主要限于施工质量缺陷和拖延工期等违约行为导致的业主损失。合同内规定业主可以索赔的条款如表4-7所示。

表4-7　合同内规定业主可以索赔的条款

序号	条款号	内容
1	7.5	拒收不合格的材料和工程
2	7.6	承包人未能按照工程师的指示完成缺陷补救工作
3	8.6	由于承包人的原因修改进度计划导致业主有额外投入
4	8.7	拖期违约赔偿
5	2.5	业主为承包人提供的电、气、水等应收款项
6	9.4	未能通过竣工验收
7	11.3	缺陷通知期的延长
8	11.4	未能补救缺陷
9	15.4	承包人违约终止合同后的支付
10	18.2	承包人办理保险未能获得补偿的部分

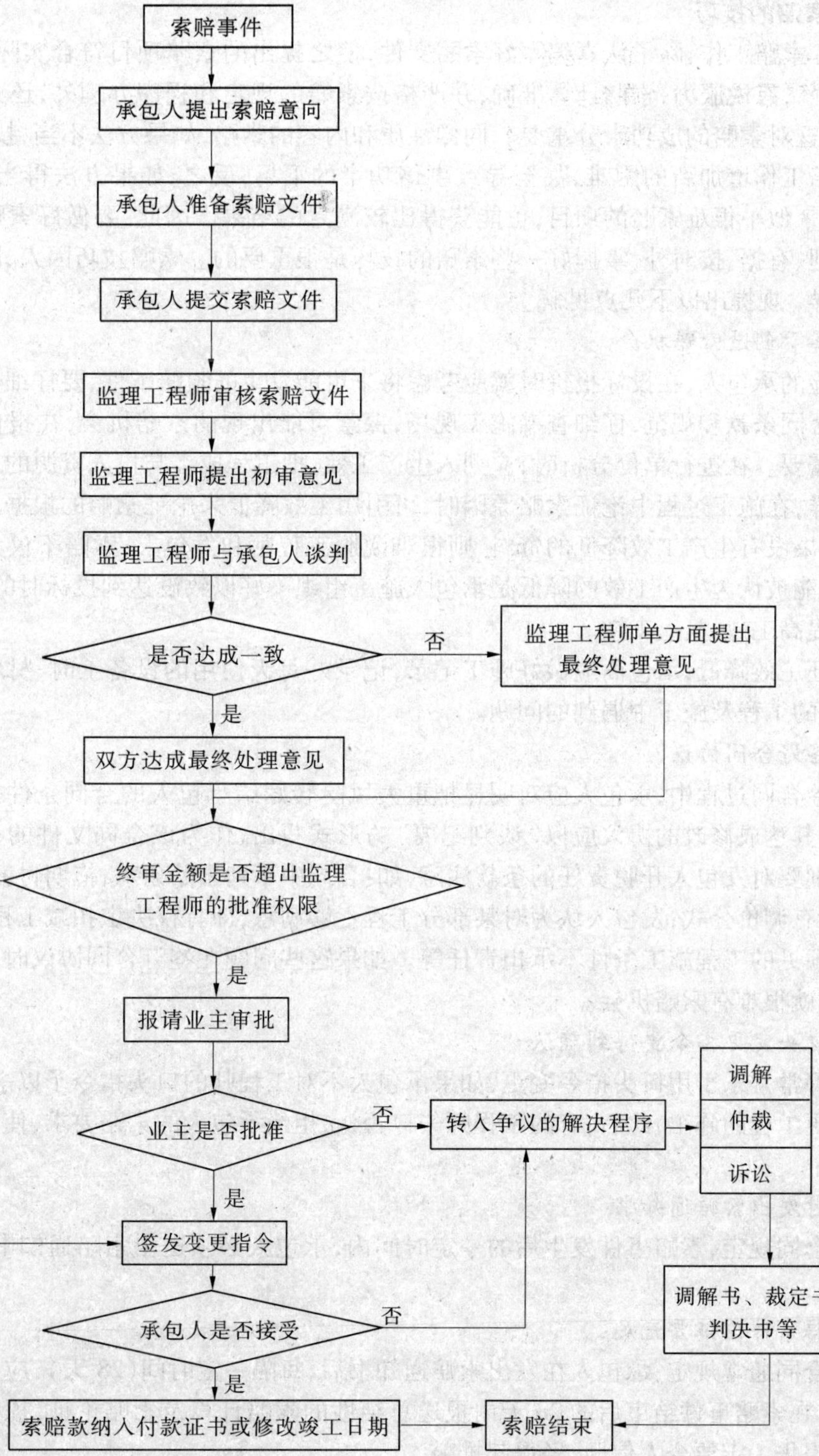

图 4-5　承包人的索赔程序

（三）索赔的技巧

要做好索赔工作，除了认真编写好索赔文件，使之提出的索赔项目符合实际，内容充实，证据确凿，有说服力，索赔计算准确，并严格按索赔的规定和程序办理外，还必须掌握索赔技巧，这对索赔的成功十分重要。同样性质和内容的索赔，如果方法不当，技巧不高，容易给索赔工作增加新的困难，甚至导致事倍功半的下场；反之，如果方法得当，技巧高明，一些看来似乎很难索赔的项目，也能获得比较满意的结果。因此，要做好索赔工作除了做到有理、有据、按时外，掌握好一些索赔的技巧是很重要的。索赔技巧因人、因客观环境条件而异，现提出以下几点见解。

1. 要善于创造索赔机会

有经验的承包人，在投标报价时就应考虑将来可能发生的索赔事件，要仔细研究招标文件中的合同条款和规范，仔细查勘施工现场，探索可能出现的索赔机会，在报价时要考虑索赔的需要。在进行单价分析时，应列入生产工效，把工程成本与投入资源的工效结合起来。这样，在施工过程中论证索赔原因时，可引用工效降低来论证索赔的根据。在索赔谈判中，如果没有生产工效降低的资料，则很难说服工程师和发包人，索赔不仅无取胜可能，反而可能被认为生产工效的降低是承包人施工组织不好以致没达到投标时的工效，应采取措施提高工效，赶上工期。

要论证工效降低，承包商应做好施工记录，记录好每天使用的设备工时、材料和人工数量、完成的工程及施工中遇到的问题。

2. 商签好合同协议

在商签合同过程中，承包人应对明显把重大风险转嫁给承包人的合同条件提出修改的要求，对其达成修改的协议应以“谈判纪要”的形式写出，作为该合同文件的有效组成部分。特别要对发包人开脱责任的条款注意，如：合同中不列索赔条款；拖期付款无时限，无利息；没有调价公式；发包人认为对某部分工程不够满意，即有权决定扣减工程款；发包人对不可预见的工程施工条件不承担责任等。如果这些问题在签订合同协议时不谈判清楚，承包人就很难有索赔机会。

3. 对口头变更指令要得到确认

工程师常常乐于用口头指令变更，如果承包人不对工程师的口头指令予以书面确认，就进行变更工程的施工，此后，有的工程师矢口否认，拒绝承包人的索赔要求，使承包人有苦难言。

4. 及时发出索赔通知书

一般合同规定，索赔事件发生后的一定时间内，承包人必须送出索赔通知书，过期无效。

5. 索赔事件论证要充足

承包合同通常规定，承包人在发出索赔通知书后，每隔一定时间（28 天），应报送一次证据资料，在索赔事件结束后的 28 天内报送总结性的索赔计算及索赔论证，提交索赔报告。索赔报告一定要令人信服，经得起推敲。

索赔的成功很大程度上取决于承包人对索赔做出的解释和强有力的证据材料。因此，承包人在正式提出索赔报告前，必须保证索赔证据详细完整，这就要求承包人注意记录和积累保存以下资料:施工日志、来往文件、气象资料、备忘录、会议纪要、工程照片、工程声像资料、工程进度计划、工程核算资料、工程图纸、招投标文件。

6. 索赔计价方法和款额要适当

索赔计算时采用附加成本法容易被对方接受,因为这种方法只计算索赔事件引起的计划外的附加开支,计价项目具体,使经济索赔能较快得到解决。另外,索赔计价不能过高,要价过高容易让对方发生反感,使索赔报告被束之高阁,长期得不到解决。还有可能让发包人准备周密的反索赔计价,以高额的反索赔对付高额的索赔,使索赔工作更加复杂化。

7. 力争单项索赔,避免总索赔

单项索赔事件简单,容易解决,而且能及时得到支付。总索赔,问题复杂,金额大,不易解决,往往到工程结束后还得不到付款。

8. 坚持采用清理账目法

承包人往往只注意接受发包人按对某项索赔的当月结算索赔款,而忽略了该项索赔款的余额部分。没有以文字的形式保留自己今后获得余额部分的权利,等于同意并承认了发包人对该项索赔的付款,以后对余额再无权追索。

因为在索赔支付过程中,承包人和工程师对确定新单价和工程量方面经常存在不同意见。按合同规定,工程师有决定单价的权力,如果承包人认为工程师的决定不尽合理,而坚持自己的要求时,可同意接受工程师决定的"临时单价"或"临时价格"付款,先拿到一部分索赔款,对其余不足部分,则书面通知工程师和业主,作为索赔款的余额,保留自己的索赔权利,否则,将失去将来要求付款的权利。

9. 力争友好解决,防止对立情绪

在索赔时争端是难免的,如果遇到争端不能理智协商讨论问题,有可能导致发包人拒绝谈判,使谈判旷日持久,这是最不利索赔问题解决的。因此,在索赔谈判时承包人尤其要头脑冷静,营造和谐的谈判气氛,防止对立情绪,力争友好解决索赔争端。

10. 注意同工程师搞好关系

工程师是处理解决索赔问题的公正的第三方,索赔必须取得工程师的认可,注意同工程师搞好关系,争取工程师的公正裁决,竭力避免仲裁或诉讼。

四、费用索赔计算

费用索赔是指承包商在由于业主的原因或双方不可控制的因素发生变化而遭受损失的条件下,向业主提出补偿其费用损失的要求。因而,索赔费用应是承包商根据合同条款的有关规定,向业主索取的合价以外的费用索赔费用不应被视为承包商的意外收入,也不应该被视为业主的不必要支出。实际上,索赔费用的存在是由于建立合同时还无法确定的某些应由业主承担的风险因素导致的结果。承包商的投标报价中一般不含有业主应承担的风险对报价的影响,因而一旦这类风险发生并影响承包商的工程成本时,承包商提出费用索赔是一种正常现象和合理行为。

费用索赔是工程索赔的重要组成部分,是承包商进行索赔的主要目标之一。同时,由于索赔费用的多少关系着承包商的盈亏,也影响着业主工程项目的建设成本,因而费用索赔常常是最困难,也是双方分歧最大的索赔。特别是对于发生亏损或接近亏损的承包商和财务状况不佳的业主,情况更是如此。

费用索赔是整个工程合同索赔的重点和最终的目标。工期索赔在很大程度上也是为了费用索赔。

（一）计算原则

费用索赔都以赔偿实际损失为原则,在费用索赔中,它体现在如下几个方面：

(1)实际损失,即为干扰事件对承包商工程成本和费用的实际影响。这个实际影响即可作为费用索赔值。所以,索赔对业主不具有任何惩罚性质。实际损失包括两个方面：

①直接损失,即承包商财产的直接减少。在实际工程中,常常表现为成本的增加和实际费用的超支。

②间接损失,即可能获得利益的减少,例如由于业主拖欠工程款,承包商失去这笔款的存款利息收入。

(2)所有干扰事件直接引起的实际损失,以及这些损失的计算,都应有详细的具体的证明。

在索赔报告中必须出具这些证据,没有这些证据,索赔要求是不能成立的。

实际损失以及这些损失的计算证据通常有:各种费用支出的账单工资表,现场用工、用料、用机的证明,财务报表,工程成本核算资料等。

(3)合理计算。符合工程实际情况,符合规定,符合一般惯例,能够为业主、工程师、调解人或仲裁人接受。如果计算方法选用不合理,使费用索赔值计算明显过高,会使整个索赔报告和索赔要求被否定。计算方法的合理性表现为：

①扣除承包商自己责任造成的损失。即由于承包商自己管理不善、组织失误等造成的损失由他自己负责。

②符合合同规定的赔补偿条件,扣除承包商应承担的风险。

③合同规定的计算基础。合同是索赔的依据,又是索赔值计算的依据。合同中的人工费单价材料费单价、机械费单价、各种费用的取值标准和各分部分项目合同单价是索赔值的计算基础。

④有些合同对索赔值的计算规定了计算方法,计算采用的公式、计算过程等。这些必须执行。

(4)符合规定的,或通用的会计核算原则。索赔值的计算是在成本计划和成本核算基础上,通过计划和实际成本对比进行的。实际成本的核算必须与计划成本的核算有一致性,而且符合通用的会计核算原则。

(5)符合国际惯例,即采用能为业主、调解人、仲裁人认可的,在工程中常用的计算方法。

(6)有利。如果选用不利的计算方法,会使索赔值计算过低,使自己的实际损失得不到应有补偿,或失去可能获得的利益。

通常索赔值中应包括如下几方面的因素：

①承包商所受的实际损失。是索赔的实际期望值,也是最低目标。如果最后承包商

通过索赔从发包商处获得的实际补偿低于这个值，则导致亏本。甚至有时承包商希望通过索赔弥补自己其他方面的损失，如报价低、报价失误、合同规定风险范围内的损失、施工中管理失误造成的损失等。

②对方的反索赔，在承包商提出索赔后，对方有可能采取各种措施进行反索赔，以抵消或降低承包商索赔值。

③最终解决中的让步。对重大的索赔，特别是重大的一揽子索赔，在最后解决中，承包商常常必须做出让步，即索赔值的计算中应考虑这几个因素，留有余地。

（二）索赔费用的构成

1. 人工费

索赔费用中的人工费部分包括：人工费是指完成合同之外的额外工作所花费的人工费用；由于非施工单位责任导致的工效降低所增加的人工费用；法定的人工费增长以及非施工单位责任工程延误导致的人员窝工费和工资上涨费等。

2. 材料费

索赔费用中的材料费部分包括：由于索赔事项的材料实际用量超过计划用量而增加的材料费，由于客观原因材料价格大幅度上涨；由于非施工单位责任工程延误导致的材料价格上涨和材料超期储存费用。

3. 施工机械使用费

索赔费用中的施工机械使用费部分包括：由于完成额外工作增加的机械使用费；非施工单位责任的工效降低增加的机械使用费；由于建设单位或监理工程师原因导致机械停工的窝工费。

4. 分包费用

指的是分包人的索赔费。分包人的索赔应如数列入总承包人的索赔款总额以内。

5. 工地管理费

工地管理费指施工单位完成额外工程、索赔事项工作以及工期延长期间的工地管理费，但如果对部分工人窝工损失索赔时，因其他工程仍然进行，可能不予计算工地管理费索赔。

6. 利息

索赔费用中的利息部分包括：拖期付款利息；由于工程变更的工程延误增加投资的利息；索赔款的利息；错误扣款的利息。这些利息的具体利率，有这样几种规定：按当时的银行贷款利率；按当时的银行透支利率；按合同双方协议和利率。

7. 总部管理费

总部管理费主要指工程延误期间所增加的管理费、利润。一般来说，由于工程范围的变更和施工条件变化引起的索赔，施工单位可列入利润。索赔利润的款额计算通常是与原报价单中的利润百分率保持一致的，即在直接费用的基础上增加原报价单中的利润率，作为该项索赔的利润。

工程延误和工程加速索赔事件的费用构成如表4-8所示。

其中，停滞台班费是在正常台班费的基础上乘一个折减系数，如60%、50%，不包括运转费部分。

(4)非承包人原因造成施工机械降低工效或机械闲置且使用的是租赁来的设备时：

租赁设备窝工闲置的索赔 = 窝工台班数 × 租赁费率(元/台班)

4)现场管理费的索赔计算

现场管理费是某单个合同发生的、用于现场管理的总费用，一般包括现场管理人员的费用、办公费、差旅费、工具用具使用费、保险费、工程排污费等。

(1)直接成本增加的现场管理费索赔计算：

$$MF(C) = C_1 \times F_0 \div C_0$$

式中 $MF(C)$——索赔的现场管理费；

C_1——索赔事件的直接成本；

F_0——合同中总的现场管理费；

C_0——合同中总直接成本。

【例4-5】 某工程承包合同，价款2 100万元，其中利润占5%，总部管理费150万元，现场管理费250万元。在合同履行中，新增加工程的直接费为400万元，试计算应索赔的现场管理费为多少？

解：合同中利润为：$2\ 100 \times 5\%/(1+5\%) = 100$(万元)；

则合同中的直接成本：$C_0 = 2\ 100 - 100 - 150 - 250 = 1\ 600$(万元)；

合同中总现场管理费：$F_0 = 250$ 万元；

索赔的现场管理费 $= 400 \times 250/1\ 600 = 62.5$(万元)。

(2)由于工期延长引起现场管理费的索赔：

$$MF(_T) = \Delta T \times F_0 \div T_0$$

式中 $MF(_T)$——因工期延长索赔现场管理费；

ΔT——顺延工期；

F_0——合同中总的现场管理费；

T_0——合同工期。

5)上级管理费(总部管理费)

上级管理费(总部管理费)是承包商企业总部发生的、为整个企业的经营运作提供支持和服务所发生的管理费用，一般包括总部管理人员费用、企业经营活动费用、差旅交通费、办公费、固定资产折旧、修理费、职工教育培训费用、保险费。

(1)总直接费分摊法：

f = 总部管理费总额/合同期承包商完成总直接费

索赔合同总部管理费 = f × 索赔合同索赔的直接费

【例4-6】 某工程承包合同，索赔的直接费为40万元，在此期间该承包商完成其他合同的总直接费为160万元，已知在此期间，该承包商发生总部管理费为10万元。试计算此承包合同应索赔的总部管理费。

解：$f = 10/(160+40) = 5\%$

可索赔的总部管理费 $= 40 \times 5\% = 2$(万元)

(2)日费率分摊法：

争议合同应分摊的总部管理费 = 同期总部管理费总额 ×(争议合同额/合同期承包商完成的合同总额)

日总部管理费率 = 争议合同应分摊的总部管理费/合同履行天数

总部管理费索赔额 = 日总部管理费率 × 合同延误天数

【例 4-7】 某工程承包合同,合同工期为 240 天,实施过程中由于业主原因延期 60 天,在此期间,承包商的经营状况如表 4-9 所示。试计算争议合同应索赔总部管理费额。

表 4-9　承包商的经营状况

项目	争议合同	其他合同	全部合同
合同额(万元)	20	40	60
实际直接总成本(万元)	18	32	50
当期总部管理费(万元)			3
总利润(万元)			7

解:索赔合同分摊总部管理费 = 3 ×20/60 = 1(万元);

日总部管理费率 = 10 000 /(240 +60) =33.33(万元/天);

索赔总部管理费 =33.33 ×60 =2 000(万元)。

6)利润

通常是指由于工程变更、工程延期、中途终止合同等使承包商产生利润损失。在 FIDIC 合同条件中,有如下 9 项内容可让承包商进行利润索赔:

(1)因工程师提供的原始基准点、基准线和参考标高数据错误,导致承包商放线错误,对纠正该错误所进行的工作。

(2)工程师指示打钻孔、进行勘探开挖,而这些工作又不属于合同工作范围。

(3)修补由于业主风险造成的损失或损坏。

(4)根据工程师的书面要求,为其他承包商提供服务。

(5)在缺陷责任期内,修补由于非承包商原因造成的工程缺陷或其他毛病。

(6)实施变更工作。

(7)特殊风险对工程造成损害(包括永久工程、材料和工程设备),承包商对此进行的修复和重建工作。

(8)业主违约终止合同。

(9)货币及汇率变化产生的利润损失。

利润索赔值的计算方法如下:

利润索赔值 = 利润百分比 ×(索赔直接费 + 索赔现场管理费 + 索赔上级管理费)

【例 4-8】 某厂(甲方)与某建筑公司(乙方)订立了某工程项目施工合同,同时与某降水公司订立了工程降水合同。甲、乙双方合同规定:采用单价合同,每一分项工程的实际工程量增加(或减少)超过招标文件中工程量的 10% 以上时调整单价;主导施工机械一台(乙方自备),台班费为 400 元/台班,其中台班折旧费为 50 元/台班。施工网络计划如

图 4-6 所示(单位:天)。

甲、乙双方合同约定 8 月 15 日开工。工程施工中发生如下事件:

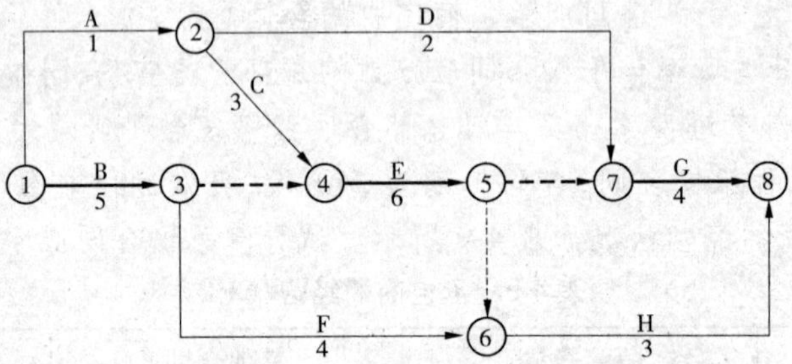

图 4-6　施工网络计划图

(箭线上方为工作名称,箭线下方为持续时间,粗箭线为关键线路)

(1)降水方案错误,致使工作 D 推迟 2 天,乙方人员配合用工 5 个工日,窝工 6 个工日。

(2)8 月 21 ~22 日,场外停电,停工 2 天,造成人员窝工 16 个工日。

(3)因设计变更,工作 E 工程量由招标文件中的 300 m^3 增加至 350 m^3,超过了 10%;合同中该工作的综合单价为 55 元/m^3,经协商调整后综合单价为 50 元/m^3。

(4)为保证施工质量,乙方在施工中将工作 B 原设计尺寸扩大,增加工程量 15 m^3,该工作综合单价为 78 元/m^3。

(5)在工作 D、E 均完成后,甲方指令增加一项临时工作 K,经核准,完成该工作需要 1 天时间,机械 1 台班,人工 10 个工日。

问题:(1)上述哪些事件乙方可以提出索赔要求?哪些事件不能提出索赔要求?说明其原因。

(2)每项事件工期索赔各是多少?总工期索赔多少天?

(3)工作 E 结算价应为多少?

(4)假设人工工日单价为 25 元/工日,合同规定窝工人工费补偿标准为 12 元/工日,因增加用工所需管理费为增加人工费的 20%。试计算除事件 3 外合理的费用索赔总额。

【案例分析】

工程师判定承包人索赔成立的条件:

(1)与合同相对照,事件已造成了承包人施工成本的额外支出,或总工期延误;

(2)造成费用增加或工期延误的原因,按合同规定不属于承包人应承担的责任,包括行为责任或风险责任;

(3)承包人按合同规定的程序提交了索赔意向通知和索赔报告。

上述三个条件没有先后主次之分,应当同时具备。只有工程师认定索赔成立后,才可批准应给予承包人的补偿额。

解:(1)提出索赔要求后的判定如下:

事件 1　可提出索赔要求,因为降水工程由甲方另行发包,是甲方的责任。

事件 2　可提出索赔要求,因为停水、停电造成的人员窝工是甲方的责任。

事件3　可提出索赔要求，因为设计变更是甲方的责任，且工作E的工程量增加了50 m^3，超过了招标文件中工程量的10%。

事件4　不应提出索赔要求，因为保证施工质量的技术措施费应由乙方承担。

事件5　可提出索赔要求，因为甲方指令增加工作，是甲方的责任。

(2)工期索赔天数为：

事件1　工作D总时差为8天，推迟2天，尚有总时差6天，不影响工期，因此可索赔工期0天。

事件2　8月20～22日停工，工期延长，可索赔工期：2天。

事件3　因E为关键工作，可索赔工期：$(350-300)/(300/6)=1$（天）。

事件5　因G为关键工作，在此之前增加K，则K也为关键工作，索赔工期1天。

总计索赔工期：0天+2天+1天+1天=4天。

(3)工作E的结算价：

按原单价结算的工程量：$300\times(1+10\%)=300(m^3)$。

按新单价结算的工程量：$350-330=20(m^3)$。

总结算价$=330\times55+202\times50=19\ 150$（元）。

(4)费用索赔总额的计算：

事件1　人工费：$6\times12+5\times25\times(1+20\%)=222$（元）

事件2　人工费：$16\times12=192$（元）；机械费：$2\times50=100$（元）。

事件5　人工费：$10\times25\times(1+20\%)=300$（元）；机械费：$1\times100=400$（元）。

合计费用索赔总额为：$222+192+100+300+400=1\ 214$（元）。

7)利息

利息索赔主要分为两种情况：一是指由于工程变更和工程延期，承包商不能按原计划收到合同款，造成资金占用，产生利息损失；二是延迟支付工程款的利息。在计算利息索赔时，可根据合同条款中规定的利率，或根据当时银行的贷款利率进行计算。

在上述各单项索赔计算中，承包商要提供和证明其索赔值的计算方法是合理的，如劳动效率降低索赔中，承包商必须向工程师证明其原计划工时的计算方法是合理的，这一点承包商很难拿出具有说服力的证据，因此也就增加了索赔的难度。

2. 总费用法

总费用法又称总成本法，就是当发生多次索赔事件后，重新计算该工程的实际总费用，再从这个实际总费用中减去投标报价时的估算总费用，计算索赔余额。

该方法要求承包商必须出示足够的证据，证明其全部费用是合理的，否则业主将不接受承包商提出的索赔款额，而承包商要想证明全部费用是合理支出，则并非易事。因此，该方法不宜过多采用，只有在无法按分项方法计算索赔费用时，才可使用该方法。采用总费用法时应注意的问题有：

(1)由于非承包商的原因，施工过程受到严重干扰，造成多个索赔事件混杂在一起，导致承包商难以准确地进行分项记录和收集证据资料，也无法分项计算出承包商产生的损失，只得采用总费用法进行索赔。

(2)承包商报价必须合理。所谓合理是指承包商标价计算合理，其价格应接近业主计算的标价,并非是采取低价中标的策略,导致标价过低。

(3)承包商发生的实际费用证明是合理的。对承包商发生的每一项费用进行审核,证明费用的支出是实施工程必需的。承包商对费用增加不负任何责任。

总费用索赔方法在实际应用中,又衍生出一些改进的总费用索赔法。其总的想法是承包商易于证明其索赔款额(提交索赔证明资料),同时便于业主和工程师进行核实、确定索赔费用。这些方法是:

(1)按多个索赔事件发生的时段,分别计算每时段的索赔费用,再汇总出总费用。

(2)按单一索赔事件计算索赔的总费用。

上述两种方法,由于时段的限制或单一事件的限制,其索赔总费用额较小,在处理索赔时,业主也较易接受,同时承包商也能尽快得到索赔款。

3. 修正总费用法

修正总费用法是对总费用法的改进,即在总费用计算的原则上,去掉一些不合理的因素,使其更合理。修正内容如下:

(1)将计算索赔款的时段局限于受到外界影响的时间,而不是整个施工期。

(2)只计算受影响时段内的某项工作所受影响的损失,而不是计算该时段内所有施工工作受到的损失。

(3)与该项工作无关的费用不列入总费用中。

(4)对投标报价费用重新进行核算:按所受影响时段内该项工作的实际单价进行核算,乘以实际完成的该项工作的工作量,得出调整后的报价费用。

按修正后的总费用计算索赔金额的公式如下:

索赔金额 = 某项工作调整后的实际费用 - 该项工作的报价费用

修正总费用法与总费用法相比,有了实质性的改进,能够相当准确地反映出实际增加的费用。

【例4-9】 某工程业主与承包商按施工合同条件签订施工合同。规定:钢材、木材、水泥由业主供货,其他材料由承包商自行采购。

当工程施工至第五层时,因业主提供的钢筋未到,该项作业从10月3日至10月16日停工(该项作业为关键工作);

10月7日至10月9日停电导致砌砖停工(该项工作的总时差为4天);

10月14日至10月17日因砂浆搅拌机故障使抹灰工作拖延开工(该项工作的总时差4天)。

据此,承包商提出如下索赔报告:

1. 工期索赔:总计21天

绑扎钢筋	10-03 ~ 10-16 停工	14天
砌砖	10-07 ~ 10-09 停工	3天
抹灰	10-14 ~ 10-17 迟开工	4天

2. 费用索赔:窝工机械设备费4 214元

塔吊一台	14 × 234 = 3 276(元)
混凝土搅拌机一台	14 × 55 = 770(元)

砂浆搅拌机一台　　　　　　　　　　(3+4)×24=168(元)

——窝工人工费:14 508 元

钢筋工　　　　　　35 人×20.15×14=9 873.5(元)

砌砖工　　　　　　30 人×20.15×3=1 813.5(元)

抹灰工　　　　　　35 人×20.15×4=2 821(元)

问题:(1)承包商的工期索赔是否正确?

(2)若窝工机械设备费按原台班单价的65%计,窝工人工费按每工日10元计,试确定费用索赔额。

解:(1)工期不正确。

——扎钢筋停工14天,因在关键工序上,且由业主原因造成,给予工期补偿14天;

——砌砖工作总时差4天,该工序只拖延3天,不予顺延;

——砂浆搅拌机故障属承包商责任,工期不予顺延。

(2)——窝工机械费:

塔吊一台　　　　　　　　　　14×234×65%=2 129.4(元)

混凝土搅拌机一台　　　　　　14×55×65%=500.5(元)

砂浆搅拌机一台　　　　　　　3×24×65%=46.8(元)

——窝工人工费:

钢筋工　　　　　　35×10×14=4 900 元

砌砖工　　　　　　30×10×3=900 元

费用索赔共计8 476.7元。

【例4-10】　某工程项目开工之前,承包方提交了施工进度计划,见图4-7。该计划满足工期100天的要求,合同价500万元。

在该施工计划中,由于工作E和G共同使用一台塔吊,所以必须顺序施工,工作E先开始施工。根据投标书规定,塔吊租赁费600元/天,台班费850元/天,综合管理费率15%,人工费30元/工日,人员窝工费20元/工日,赶工费5 000元/天。

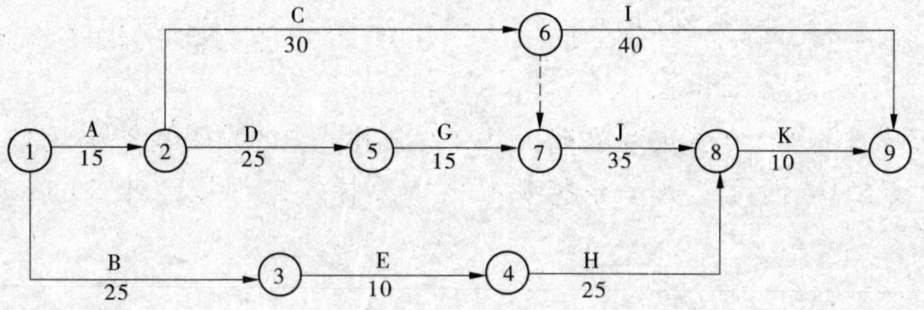

图4-7

问题:(1)施工过程中,由于设计变更,使工作B停工10天,30个工人窝工。计划应如何调整才不影响总工期?计算承包商应提出的费用索赔。

(2)在施工过程中,由于不利的现场条件,引起人工费、材料费、机械费分别增加1.5万元、3.8万元和2万元;另因设计变更,造成承包商额外用工30工日,请问承包商可提出的费用索赔应为多少万元?

解:(1)B 工作延误 10 天,对关键线路没有影响,因此不影响合同工期。施工顺序应调整为先 G 后 E。

费用索赔额为:

塔吊闲置 10 天:$10 \times 600 = 6\,000$ 元;

人员窝工费:$10 \times 30 \times 20 = 6\,000$ 元;

该项索赔费用合计:$(6\,000 + 6\,000) \times (1 + 15\%) = 13\,800$(元)。

(2)直接费为:

$1.5 + 3.8 + 2 = 7.3$(万元);

$30 \times 30 = 0.09$(万元);

应索赔的费用 $= (7.3 + 0.09) \times (1 + 15\%) = 8.5$(万元)。

复习思考题

1. 什么是施工成本?
2. 施工项目成本是如何划分的?
3. 施工成本管理的工作有哪些?
4. 简述降低施工项目成本的途径。
5. 如何理解施工索赔的概念?产生索赔的原因有哪些?施工索赔有哪些分类?
6. 承包人的索赔程序有哪些步骤?索赔的技巧有哪些?
7. 开展索赔应遵循哪些原则?
8. 索赔费用如何计算?

第五章 施工进度管理

第一节 施工进度管理的概述

一、工程项目进度管理的概念

(一)工程项目进度管理

工程项目进度管理,是指在项目实施过程中,对各阶段的进展程度和项目最终完成的期限所进行的管理。其目的是保证项目能在满足其时间约束条件前提下实现其总体目标,是保证项目如期完成和合理安排资源供应、节约工程成本的重要措施之一。

工程项目进度管理是项目管理的一个重要方面,它与项目投资管理、项目质量管理等同为项目管理的重要组成部分。它们之间有着相互依赖和相互制约的关系,工程管理人员在实际工作中要对这三项工作全面、系统、综合地加以考虑,正确处理好进度、质量和投资的关系,提高工程建设的综合效益。特别是对一些投资较大的工程,如何确保进度目标的实现,往往对经济效益产生很大影响。在这三大管理目标中,不能只片面强调某一方面的管理,而是要相互兼顾、相辅相成,这样才能真正实现项目管理的总目标。工程项目进度管理包括工程项目进度计划的制订和工程项目进度计划的控制两大任务。

1. 工程项目进度计划

在项目实施之前,必须先对工程项目各建设阶段的工作内容、工作程序、持续时间和衔接关系等制订出一个切实可行的、科学的进度计划,然后再按计划逐步实施。

工程项目进度计划的作用有:

(1)为项目实施过程中的进度控制提供依据。

(2)为项目实施过程中的劳动力和各种资源的配置提供依据。

(3)为项目实施过程中有关各方在时间上的协调配合提供依据。

(4)为在规定期限内保质、高效地完成项目提供保障。

2. 工程项目进度控制

施工项目进度控制是指在既定的工期内,编制出最优的施工进度计划,在执行该计划的施工中,按时检查施工实际进度情况,并将其与计划进度相比较,若出现偏差,就分析产生的原因及对工期的影响程度,提出必要的调整措施,修改原计划,如此不断地循环,直至工程竣工验收。施工项目进度控制是保证施工项目按期完成、合理安排资源供应、节约工程成本的重要措施。

工程项目进度控制的最终目的是确保项目进度计划目标的实现,实现施工合同约定的竣工日期,其总目标是建设工期。

（二）工程项目进度计划控制原理

项目进度计划控制时，计划不变是相对的，变是绝对的；平衡是相对的，不平衡是绝对的。而且，制订项目进度计划时所依据的条件在不断变化，工程项目的进度受许多因素的影响，必须事先对影响进度的各种因素进行调查，预测它们对进度可能产生的影响，编制可行的进度计划，指导工程建设按进度计划进行。同时，在工程项目进度控制时，必须经常地、定期地针对变化的情况，采取对策，对原有的进度计划进行调整。

在进度计划执行过程中，必然会出现一些新的或意想不到的情况，它既有人为因素的影响，也有自然因素的影响和突发事件的发生，往往难以按照原定的进度计划进行。因此，在确定进度计划制订的条件时，要具有一定的预见性和前瞻性，使制订出的进度计划尽量接近变化后的实施条件；在项目实施过程中，掌握动态控制原理，不断进行检查，将实际情况与计划安排进行对比，找出偏离进度计划的原因，特别是找出主要原因，然后采取相应的措施。措施的确定有两个前提：一是通过采取措施，维持原进度计划，使之正常实施；二是采取措施后不能维持原进度计划，要对进度计划进行调整或修正，再按新的进度计划实施。不能完全拘泥于原进度计划的实施，也就是要有动态管理思想，按照进度控制的原理进行管理，不断地计划、执行、检查、分析、调整进度计划，达到工程进度计划管理的最终目标。

工程进度控制原理包括下面几个方面：

（1）动态控制原理：进度控制是一个不断进行的动态控制过程，也是一个循环进行的过程，从项目开始，计划就进入了执行的动态。实际进度与计划进度不一致时，采取相应措施调整偏差，使两者在新的起点重合，继续按其施工，然后在新的因素影响下又会产生新的偏差，施工进度计划控制就是采用这种动态循环的控制方法。

（2）系统原理：施工进度控制包括计划系统、进度实施组织系统、检查控制系统。为了对施工项目进行进度计划控制，必须编制施工项目的各种进度计划，其中有施工总进度计划、单位工程进度计划、分部分项工程进度计划、季度和月（周）作业计划，这些计划组成了施工项目进度计划系统。施工组织各级负责人，从项目经理、施工队长、班组长及所属成员都按照进度计划进行管理、落实各自的任务，组成了项目实施的完整的组织系统。为了保证进度实施，项目设有专门部门或人员负责检查汇报、统计整理进度实施资料，并与计划进度比较分析和进行调整，形成纵横相连的检查控制系统。

（3）信息反馈原理：信息反馈是进度控制的依据，施工的实际进度通过信息反馈给基层进度控制人员，在分工范围内，加工整理逐级向上反馈，直到主控制室，主控制室对反馈信息分析做出决策，调整进度计划，达到预定目标。施工项目控制的过程就是信息反馈的过程。

（4）弹性原理：施工项目进度计划工期长、影响因素多，编制计划时要留有余地，使计划具有弹性，在进度控制时，便可以利用这些弹性缩短剩余计划工期，达到预期目标。

（5）封闭循环原理：项目进度计划控制的全过程是计划、实施、检查、分析、确定调整措施、再计划，形成一个封闭的循环系统。

（6）网络计划技术原理：在项目进度的控制中利用网络计划技术原理编制进度计划，根据收集的信息，比较分析进度计划，再利用网络工期优化、工期与成本、资源优化调整计划。网络计划技术原理是施工项目进度控制的完整计划管理和分析计算理论基础。

二、影响工程项目进度的因素

(一)影响工程项目进度的因素

由于建设工程项目的施工特点,尤其是大型和复杂的施工项目,工期较长,影响进度的因素较多,编制和控制计划时必须充分认识和考虑这些因素,才能克服其影响,使施工进度尽可能按计划进行。工程项目进度的主要影响因素有:

(1)有关单位的影响。施工项目的主要施工单位对施工进度起决定性作用,但建设单位与业主、设计单位、材料供应部门、运输部门、水电供应部门及政府主管部门都可能给施工造成困难而影响施工进度,如业主使用要求改变或设计不当而进行设计变更,材料、构配件、机具、设备供应环节的差错等。

(2)施工条件的变化。勘察资料不准确,特别是地质资料错误或遗漏而引起的未能预料的技术障碍。在施工中工程地质条件和水文地质条件与勘察设计不符,发现断层、溶洞、地下障碍物以及恶劣的气候、暴雨和洪水等都对施工进度产生影响,造成临时停工或破坏。

(3)技术失误。施工单位采用技术措施不当,施工中发生技术事故;应用新技术、新材料时不能保证质量等都能够影响施工进度。

(4)施工组织管理不利。劳动力和施工机械调配不当、施工平面布置不合理等将影响施工进度计划的执行。

(5)意外事件的出现。施工中出现意外事件,如战争、严重自然灾害、火灾、重大工程事故等都会影响施工进度计划。

影响工程项目进度的因素很多,除以上因素外,如业主资金方面存在问题,未及时向施工单位或供应商拨款,业主越过监理职权无端干涉,造成指挥混乱等也会影响工程项目进度。

(二)影响工程项目进度的责任和处理

工程进度的推迟一般分为工程延误和工程延期,其责任及处理方法不同。

1. 工程延误

由于承包商自身的原因造成的工期延长,称之为工程延误。由于工程延误所造成的一切损失由承包商自己承担,包括承包商在监理工程师的同意下采取加快工程进度的措施所增加的费用。同时,由于工程延误所造成的工期延长,承包商还要向业主支付误期损失补偿费。由于工程延误所延长的时间不属于合同工期的一部分。

2. 工程延期

由于承包商以外的原因造成施工期的延长,称之为工程延期。经过监理工程师批准的延期,所延长的时间属于合同工期的一部分,即工程竣工的时间等于标书中规定的时间加上监理工程师批准的工程延期时间。可能导致工程延期的原因有工程量增加、未按时向承包商提供图样、恶劣的气候条件、业主的干扰和阻碍等。判断工程延期总的原则就是除承包商自身以外的任何原因造成的工程延长或中断。工程中出现的工程延长是否为工程延期对承包商和业主都很重要。因此,应按照有关的合同条件,正确地区分工程延误与工程延期，合理地确定工程延期的时间。

第二节　进度控制的方法及措施

一、工程项目进度控制的内容

进度控制是指管理人员为了保证实际工作进度与计划一致，有效地实现目标而采取的一切行动。建设项目管理系统及其外部环境是复杂多变的，管理系统在运行中会出现大量的管理主体不可控制的随机因素，即系统的实际运行轨迹是由预期量和干扰量共同作用而决定的。在项目实施过程中，得到的中间结果可能与预期进度目标不符甚至相差甚远，因此必须及时调整人力、时间及其他资源，改变施工方法，以期达到预期的进度目标，必要时应修正进度计划。这个过程称为施工进度动态控制。

根据进度控制方式的不同，可以将进度控制过程分为预先进度控制、同步进度控制和反馈进度控制。

（一）预先进度控制

预先进度控制是指项目正式施工前所进行的进度控制，其行为主体是监理单位和施工单位的进度控制人员，其具体内容如下。

1. 编制施工阶段进度控制工作细则

施工阶段进度控制工作细则，是进度管理人员在施工阶段对项目实施进度控制的一个指导性文件。其总的内容应包括：

（1）施工阶段进度目标系统分解图。

（2）施工阶段进度控制的主要任务和管理组织部门机构划分与人员职责分工。

（3）施工阶段与进度控制有关的各项相关工作的时间安排，项目总的工作流程。

（4）施工阶段进度控制所采用的具体措施（包括进度检查日期、信息采集方式、进度报表形式、信息分配计划、统计分析方法等）。

（5）进度目标实现的风险分析。

（6）尚待解决的有关问题。

施工阶段进度控制工作细则，使项目在开工之前的一切准备工作（包括人员挑选与配置、材料物资准备、技术资金准备等）皆处于预先控制状态。

2. 编制并审核施工总进度计划

施工阶段进度管理人员的主要任务就是保证施工总进度计划的开工日期、竣工日期与项目合同工期的时间要求一致。当采用多标发包形式施工时，施工总进度计划的编制要保证标与标之间的施工进度保持衔接关系。

3. 审核单位工程施工进度计划

承包商根据施工总进度计划编制单位工程施工进度计划，监理工程师对承包商提交的施工进度计划进行审核认定后方可执行。

4. 进度计划系统的综合

对施工进度计划进行审核以后，往往要把若干个有相互关系的处于同一层次或不同层次的施工进度综合成一个多阶施工总进度计划，以利于进行总体控制。

（二）同步进度控制

同步进度控制是指项目施工过程中进行的进度控制，这是施工进度计划能否付诸实现的关键过程。进度控制人员一旦发现实际进度与目标偏离，必须及时采取措施以纠正这种偏差。项目施工过程中进度控制的执行主体是工程施工单位，进度控制主体是监理单位。施工单位按照进度要求及时组织人员、设备、材料进场，并及时上报分析进度资料确保进度的正常进行，监理单位同步进行进度控制。

对收集的进度数据进行整理和统计，并将计划进度与实际进度进行比较，从中发现是否出现进度偏差。分析进度偏差将会带来的影响并进行工程进度预测，从而提出可行的修改措施。组织定期和不定期的现场会议，及时分析、通报工程施工进度状况，并协调各承包商之间的生产活动。

（三）反馈进度控制

反馈进度控制是指完成整个施工任务后进行的进度控制工作，具体内容有：

（1）及时组织验收工作。

（2）处理施工索赔。

（3）整理工程进度资料。

（4）根据实际施工进度，及时修改和调整验收阶段进度计划及监理工作计划，以保证下一阶段工作的顺利开展。

二、进度控制的主要方法

工程项目进度控制的方法主要有行政方法、经济方法和管理技术方法等。

（一）行政方法

用行政方法控制进度，是指通过发布进度指令，进行指导、协调、考核，利用激励手段（奖、罚、表扬、批评等）监督、督促等方式进行进度控制。

（二）经济方法

进度控制的经济方法，是指有关部门和单位用经济手段对进度控制进行影响和制约，主要有以下几种：投资部门通过投资投放速度控制工程项目的实施进度；在承包合同中写进有关工期和进度的条款；建设单位通过招标的进度优惠条件鼓励施工单位加快进度；建设单位通过工期提前奖励和工程延误罚款实施进度控制等。

（三）管理技术方法

进度控制的管理技术方法主要有规划、控制和协调。所谓规划，就是确定项目的总进度目标和分进度目标；所谓控制，就是在项目进行的全过程中，进行计划进度与实际进度的比较，发现偏离，及时采取措施进行纠正；所谓协调，就是协调参加工程建设各单位之间的进度关系。

三、进度控制的措施

进度控制的措施包括组织措施、技术措施、合同措施、经济措施和信息管理措施等。

（一）组织措施

工程项目进度控制的组织措施主要有：

（1）落实进度控制部门人员、具体控制任务和管理职责分工。

（2）进行项目分解，如按项目结构分、按项目进展阶段分、按合同结构分，并建立编码体系。

（3）确定进度协调工作制度，包括协调会议举行的时间、协调会议的参加人员等。

（4）对影响进度目标实现的干扰和风险因素进行分析。风险分析要有依据，主要是根据多年统计资料的积累，对各种因素影响进度的概率及进度拖延的损失值进行计算和预测，并应考虑有关项目审批部门对进度的影响等。

（二）技术措施

工程项目进度控制的技术措施是指采用先进的施工工艺、方法等以加快施工进度。

（三）合同措施

工程项目进度控制的合同措施主要有分段发包、提前施工，以及合同的合同期与进度计划的协调等。

（四）经济措施

工程项目进度控制的经济措施是指保证资金供应的措施。

（五）信息管理措施

工程项目进度控制的信息管理措施主要是通过计划进度与实际进度的动态比较，收集有关进度的信息等。

四、建设项目进度控制实施系统

建设项目进度控制的实施系统如图5-1所示。图5-1所示的系统关系是建设单位委托监理单位进行进度控制。监理单位根据建设监理合同分别对建设单位、设计单位、施工单位的进度控制实施监督。各单位都按本单位编制的各种进度计划实施，并接受监理单位监督。各单位的进度控制实施又相互衔接和联系，进行合理而协调的运行，从而保证进度控制总目标的实现。

第三节　进度计划实施及其监测

一、进度计划实施

施工进度计划的实施就是施工活动的开展，就是用施工进度计划指导施工活动、落实和完成计划。施工进度计划逐步实施的过程就是施工项目建造逐步完成的过程。为了保证施工进度计划的实施、保证各进度目标的实现，应做好以下工作。

（一）施工进度计划的审核

项目经理应进行施工项目进度计划的审核，其主要内容包括：

（1）进度安排是否符合施工合同确定的建设项目总目标和分目标的要求，是否符合其开工日期、竣工日期的规定。

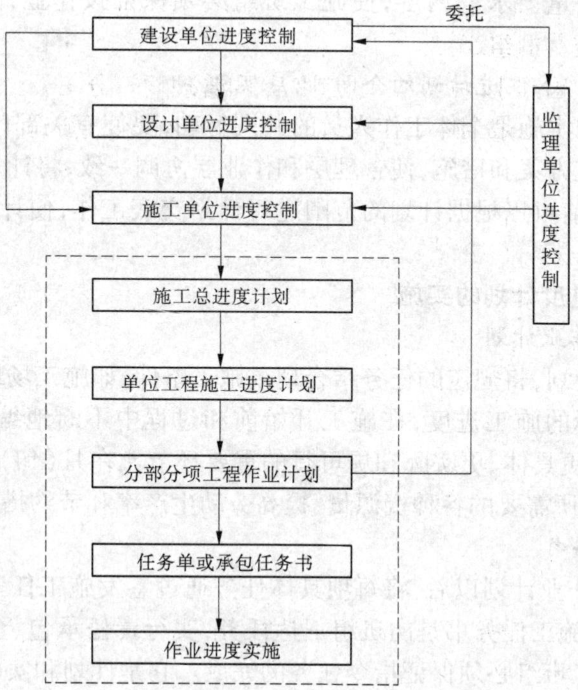

图 5-1　建设项目进度控制实施系统

(2)施工进度计划中的内容是否有遗漏，分期施工是否满足分批交工的需要和配套交工的要求。

(3)施工顺序安排是否符合施工程序的要求。

(4)资源供应计划是否能保证施工进度计划的实现，供应是否均衡，分包人供应的资源是否能满足进度的要求。

(5)施工图设计的进度是否满足施工进度计划要求。

(6)总分包之间的进度计划是否相协调，专业分工与计划的衔接是否明确、合理。

(7)对实施进度计划的风险是否分析清楚，是否有相应的对策。

(8)各项保证进度计划实现的措施设计是否周到、可行、有效。

(二)施工项目进度计划的贯彻

1. 检查各层次的计划，形成严密的计划保证系统

施工项目的所有的施工总进度计划、单项工程施工进度计划、分部分项工程施工进度计划，都是围绕一个总任务编制的，它们之间的关系是高层次计划为低层次计划提供依据，低层次计划是高层次计划的具体化。在其贯彻执行时，应当首先检查是否协调一致，计划目标是否层层分解、互相衔接，组成一个计划实施的保证体系，以施工任务书的方式下达施工队，保证施工进度计划的实施。

2. 层层明确责任，并充分利用施工任务书

施工项目经理、作业队和作业班组之间分别签订责任状，按计划目标规定工期、质量标准、承担的责任、权限和利益。用施工任务书将作业任务下达到作业班组，明确具体施工任务、技术措施、质量要求等内容,使施工班组必须保证按作业计划时间完成规定的任务。

3.进行计划的交底,促进计划的全面、彻底实施

施工进度计划的实施是全体工作人员的共同行动,要使有关部门人员都明确各项计划的目标、任务、实施方案和措施,使管理层和作业层协调一致,将计划变成全体员工的自觉行动,在计划实施前可以根据计划的范围进行计划交底工作,使计划得到全面、彻底的实施。

(三)施工项目进度计划的实施

1.编制月(旬)作业计划

为了实施施工计划,将规定的任务结合现场施工条件,如施工场地的情况、劳动力、机械等资源条件和实际的施工进度,在施工开始前和过程中不断地编制本月(旬)作业计划,这是使施工计划更具体、更实际和更可行的重要环节。在月(旬)计划中要明确:本月(旬)应完成的任务、所需要的各种资源量、提高劳动生产率和节约措施等。

2.签发施工任务书

编制好月(旬)作业计划以后,将每项具体任务通过签发施工任务书的方式下达班组进一步落实、实施。施工任务书是向班组下达任务,实行责任承包、全面管理和原始记录的综合性文件。施工班组必须保证指令任务的完成。它是计划和实施的纽带。

施工任务书应由工长编制并下达。在实施过程中要做好记录,任务完成后回收,作为原始记录和业务核算资料。

施工任务书应按班组编制和下达。它包括施工任务单、限额领料单和考勤表。施工任务单包括分项工程施工任务、工程量、劳动量、开工日期、完工日期、工艺、质量、安全要求。限额领料单是根据施工任务书编制的控制班组领用材料的依据,应具体列明材料名称、规格、型号、单位、数量和领用记录、退料记录等。考勤表可附在施工任务书背面,按班组人名排列,供考勤时填写。

3.做好施工进度记录,填好施工进度统计表

在计划任务完成的过程中,各级施工进度计划的执行者都要跟踪做好施工记录,即记载计划中的每项工作开始日期、每日完成数量和完成日期;记录施工现场发生的各种情况、干扰因素的排除情况;跟踪做好工程形象进度、工程量、总产值、耗用的人工、材料和机械台班等的数量统计与分析,为施工项目进度检查和控制分析提供反馈信息。因此,要求实事求是记载,并填好上报统计报表。

4.做好施工中的调度工作

施工中的调度是组织施工中各阶段、环节、专业和工种的配合、进度协调的指挥核心。调度工作内容主要有:督促作业计划的实施,调整协调各方面的进度关系;监督检查施工准备工作;督促资源供应单位按计划供应劳动力、施工机具、运输车辆、材料构配件等,并对临时出现的问题采取调配措施;按施工平面图管理现场,结合实际情况进行必要的调整,保证文明施工;了解气候、水、电、气的情况,采取相应的防范和保证措施;及时发现和处理施工中各种事故和意外事件;调节各薄弱环节;定期及时召开现场调度会议,贯彻施工项目主管人员的决策,发布调度令。

二、施工进度计划的检查

在施工项目的实施过程中，为了进行进度控制，进度控制人员应经常地、定期地跟踪检查施工实际进度情况，主要是收集施工进度材料，进行统计整理和对比分析，确定实际进度与计划进度之间的关系，其主要工作包括以下内容。

(一)跟踪检查施工实际进度

为了对施工进度计划的完成情况进行统计、进度分析和调整计划提供信息，应对施工进度计划依据其实施记录进行跟踪检查。

跟踪检查施工实际进度是项目施工进度控制的关键措施。一般检查的时间间隔与施工项目的类型、规模、施工条件和对进度执行要求程度有关。通常可以确定每月、半月、旬或周进行一次。若施工中遇到天气、资源供应等不利因素的严重影响，检查的时间间隔可临时缩短，次数应频繁，甚至可以每日进行检查，或派人员驻现场督阵。检查和收集资料的方式一般采用进度报表方式或定期召开进度工作汇报会。为了保证汇报资料的准确性，进度控制人员要经常到现场察看施工项目的实际进度情况，从而保证经常的、定期的准确掌握施工项目的实际进度。

根据不同需要，进行日检查或定期检查的内容包括：

(1)检查期内实际完成和累计完成工程量。

(2)实际参加施工的人力、机械数量和生产效率。

(3)窝工人数、窝工机械台班数及其原因分析。

(4)进度偏差情况。

(5)进度管理情况。

(6)影响进度的特殊原因及分析。

(7)整理统计检查数据。

对收集到的施工项目实际进度数据，要进行必要的整理，按计划控制的工作项目进行统计，形成与计划进度具有可比性的数据、相同的量纲和形象进度。一般按实物工程量、工作量和劳动消耗量以及累计百分比整理和统计实际检查的数据，以便与相应的计划完成量相对比。

(二)对比实际进度与计划进度

将收集的资料整理和统计成具有与计划进度可比性的数据后，用施工项目实际进度与计划进度进行比较。通常用的比较方法有横道图比较法、S形曲线比较法、香蕉形曲线比较法、前锋线比较法和列表比较法等。通过比较得出实际进度与计划进度相一致、超前、拖后三种情况。

(三)施工进度检查结果的处理

施工进度检查的结果，按照检查报告制度的规定，形成进度控制报告向有关主管人员和部门汇报。

进度控制报告是把检查比较结果、有关施工进度现状和发展趋势提供给项目经理及各级业务职能负责人的最简单的书面形式报告。

进度控制报告是根据报告对象的不同，确定不同的编制范围和内容而分别编制的。

一般分为：项目概要级的进度控制报告，是报给项目经理、企业经理或业务部门以及建设单位（业主）的，它是以整个施工项目为对象说明进度计划执行情况的报告；项目管理级的进度控制报告是报给项目经理及企业业务部门的，它是以单位工程或项目分区为对象说明进度计划执行情况的报告；业务管理级的进度报告是就某个重点部位或重点问题为对象编写的报告，供项目管理者及各业务部门采取应急措施而使用的。

进度报告由计划负责人或进度管理人员与其他项目管理人员协作编写。报告时间一般与进度检查时间相协调，也可按月、旬、周等间隔时间进行编写上报。

通过检查应向企业提供施工进度报告的内容主要包括：项目实施概况、管理概况、进度概要的总说明；项目施工进度、形象进度及简要说明；施工图纸提供进度；材料物资、构配件供应进度；劳务记录及预测；日历计划；对建设单位、监理和施工者的工程变更指令、价格调整、索赔及工程款收支情况；进度偏差的状况和导致偏差的原因分析；解决的措施；计划调整意见等。

第四节　实际进度与计划进度的比较方法

实际进度与计划进度的比较是建设工程进度监测的主要环节。常用的进度比较方法有横道图比较法、S形曲线比较法、香蕉形曲线比较法、前锋线比较法和列表比较法。

一、横道图比较法

横道图比较法是指将项目实施过程中检查实际进度收集到的数据，经加工整理后直接用横道线平行绘于原计划的横道线处，进行实际进度与计划进度的比较方法。采用横道图比较法，可以形象、直观地反映实际进度与计划进度的比较情况。

例如，某工程项目基础工程的计划进度和截止到第9周末的实际进度如图5-2所示，其中双线条表示该工程计划进度，粗实线表示实际进度。从图中实际进度与计划进度的比较可以看出，到第9周末进行实际进度检查时，挖土方和做垫层两项工作已经完成；支模板按计划也应该完成，但实际只完成75%，任务量拖欠25%；绑扎钢筋按计划应该完成60%，而实际只完成20%，任务量拖欠40%。

根据各项工作的进度偏差，进度控制者可以采取相应的纠偏措施对进度计划进行调整，以确保该工程按期完成。

图5-2所表达的比较方法仅适用于工程项目中的各项工作都是均匀进展的情况，即每项工作在单位时间内完成的任务量都相等的情况。事实上，工程项目中各项工作的进展不一定是匀速的。根据工程项目中各项工作的进展是否匀速，可分别采用以下两种方法进行实际进度与计划进度的比较。

（1）匀速进展横道图比较法。

匀速进展是指在工程项目中，每项工作在单位时间内完成的任务量都是相等的，即工作的进展速度是均匀的。此时，每项工作累计完成的任务量与时间呈线性关系，如图5-3所示。完成的任务量可以用实物工程量、劳动消耗量或费用支出表示。为了便于比较，常用上述物理量的百分比表示。

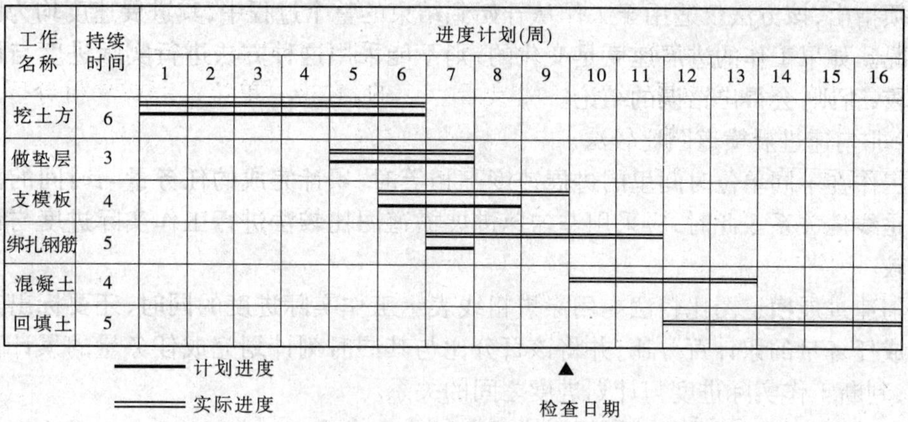

图 5-2 某工程项目基础工程实际进度与计划进度比较

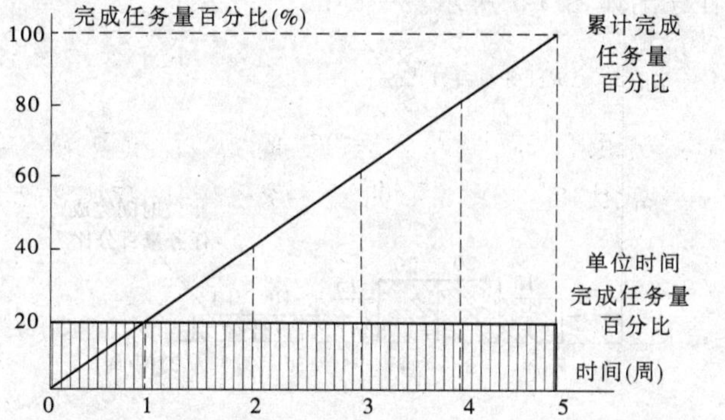

图 5-3 工作日速进展时任务量与时间关系曲线

采用匀速进展横道图比较法时,其步骤如下:

①编制横道图进度计划。

②在进度计划上标出检查日期。

③将检查收集到的实际进度数据经过加工整理后按比例用粗黑线标于计划进度的下方,如图 5-4 所示。

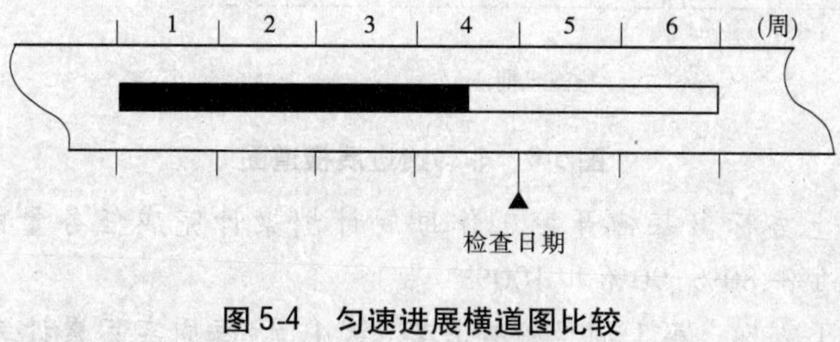

图 5-4 匀速进展横道图比较

④对比分析实际进度与计划进度:如果涂黑的粗线右端落在检查日期左侧(右侧),表明实际进度拖后(超前);如果涂黑的粗线右端与检查日期重合,表明实际进度与计划进度一致。

必须指出，该方法仅适用于工作从开始到结束的整个过程中，其进展速度均为固定不变的情况。如果工作的进展速度是变化的，则不能采用这种方法进行实际进度与计划进度的比较；否则，会得出错误的结论。

(2)非匀速进展横道图比较法。

当工作在不同单位时间里的进展速度不相等时，累计完成的任务量与时间的关系就不可能是线性关系。此时，应采用非匀速进展横道图比较法进行工作实际进度与计划进度的比较。

非匀速进展横道图比较法在用涂黑粗线表示工作实际进度的同时，还要标出其对应时刻完成任务量的累计百分比，并将该百分比与其同时刻计划完成任务量的累计百分比相比较，判断工作实际进度与计划进度之间的关系。

下面以一实例说明非匀速进展横道图比较法的步骤。

【例5-1】 某工程项目中的基槽开挖工作按施工进度计划安排需要7周完成，每周计划完成的任务量百分比如图5-5所示。

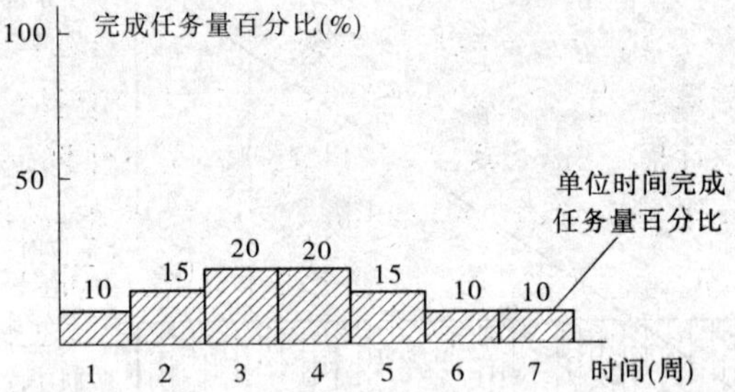

图5-5 基槽开挖工作进展时间与完成任务量关系

(1)编制横道图进度计划，如图5-6所示。

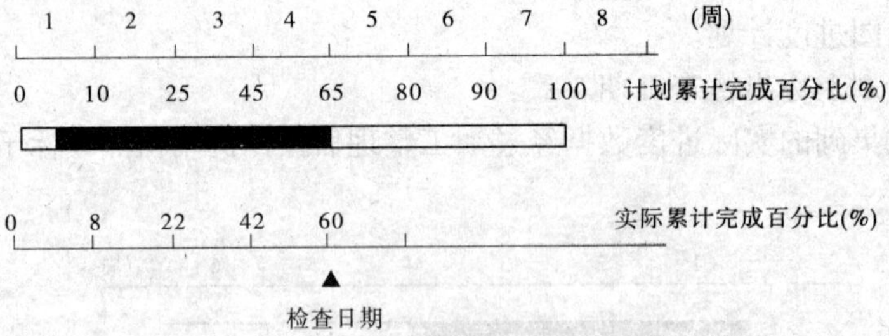

图5-6 非匀速进展横道图

(2)在横道线上方标出基槽开挖工作每周计划累计完成任务量的百分比，分别为10%、25%、45%、65%、80%、90%和100%。

(3)在横道线下方标出第1周至检查日期（第4周）每周实际累计完成任务量的百分比，分别为8%、22%、42%、60%。

(4)用涂黑粗线标出实际投入的时间。图5-6表明，该工作实际开始时间晚于计划开始时间，在开始后连续工作，没有中断。

(5)比较实际进度与计划进度。从图5-6中可以看出，该工作在第一周实际进度比计划进度拖后2%，以后各周末累计拖后分别为3%、3%和5%。

由于工作进展速度是变化的，因此在图中的横道线，无论是计划的还是实际的，只能表示工作的开始时间、完成时间和持续时间，并不表示计划完成的任务量和实际完成的任务量。此外，采用非匀速进展横道图比较法，不仅可以进行某一时刻(如检查日期)实际进度与计划进度的比较，而且还能进行某一时间段实际进度与计划进度的比较。当然，这需要实施部门按规定的时间记录当时的任务完成情况。

横道图比较法虽有记录和比较简单、形象直观、易于掌握、使用方便等优点，但由于其以横道计划为基础，因而带有不可克服的局限性。在横道图比较法中，各项工作之间的逻辑关系表达不明确，关键工作和关键线路无法确定。一旦某些工作实际进度出现偏差时，难以预测其对后续工作和工程总工期的影响，也就难以确定相应的进度计划调整方法。因此，横道图比较法主要用于工程项目中某些工作实际进度与计划进度的局部比较。

二、S形曲线比较法

S形曲线比较法是以横坐标表示时间，纵坐标表示累计完成任务量，绘制一条按计划时间累计完成任务量的S形曲线；然后将工程项目实施过程中各检查时间实际累计完成任务量的S形曲线也绘制在同一坐标系中，进行实际进度与计划进度比较的一种方法。

从整个工程项目进展全过程来看，单位时间投入的资源量一般是开始和结束时较少，中间阶段较多，与其相对应，单位时间完成的任务量也呈现相同的变化规律，如图5-7(a)所示。而随工程进展累计完成的任务量则应呈S形变化，如图5-7(b)所示。

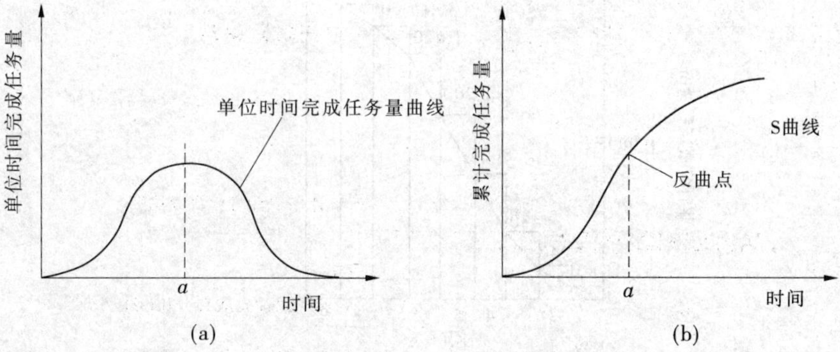

图5-7　时间与完成任务量关系曲线

(一)S形曲线的绘制方法

下面以一实例说明S形曲线的绘制方法。

【例5-2】　某混凝土工程的浇筑总量为2 000 m^3，按照施工方案，计划9个月完成，每月计划完成的混凝土浇筑量如图5-8所示，试绘制该混凝土工程的计划S形曲线。

解：根据已知条件得：

(1)确定单位时间计划完成任务量。将每月计划完成混凝土浇筑量列于表5-1中。

(2)计算不同时间累计完成任务量。依次计算每月计划累计完成的混凝土浇筑量，

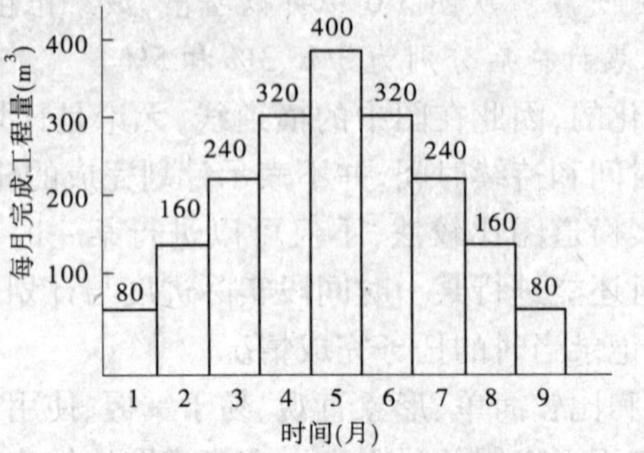

图 5-8 时间与完成任务量关系曲线

结果列于表 5-1 中。

表 5-1 完成工程量汇总表

时间(月)	1	2	3	4	5	6	7	8	9
每月完成量(m^3)	80	160	240	320	400	320	240	160	80
累计完成量(m^3)	80	240	480	800	1 200	1 520	1 760	1 920	2 000

(3)根据累计完成任务量绘制 S 形曲线。根据每月计划累计完成混凝土浇筑量绘制的 S 形曲线如图 5-9 所示。

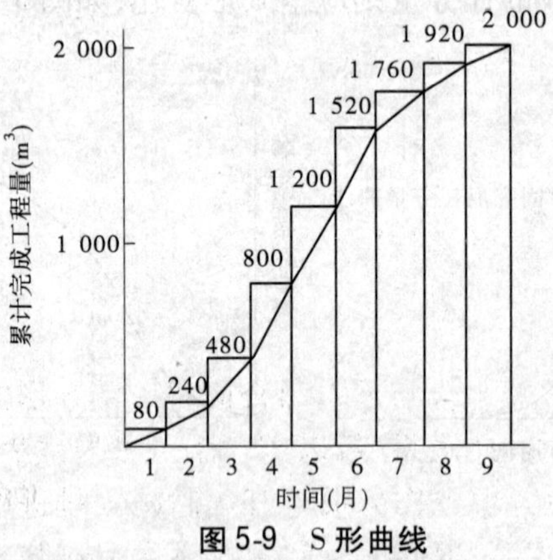

图 5-9 S 形曲线

(二)实际进度与计划进度的比较

同横道图比较法一样,S 形曲线比较法也是在图上进行工程项目实际进度与计划进度的直观比较。在工程项目实施过程中,按照规定时间将检查收集到的实际累计完成任务量绘制在原计划 S 形曲线图上,即可得到实际进度 S 形曲线,如图 5-10 所示。

通过比较实际进度 S 形曲线和计划进度 S 形曲线,可以获得如下信息。

1. 工程项目实际进展状况

如果工程实际进展点落在计划 S 形曲线左侧,表明此时实际进度比计划进度超前,如图 5-10中的 a 点;如果工程实际进展点落在 S 形曲线右侧,表明此时实际进度拖后,如

图 5-10中的 b 点；如果工程实际进展点正好落在计划 S 形曲线上，则表示此时实际进度与计划进度一致。

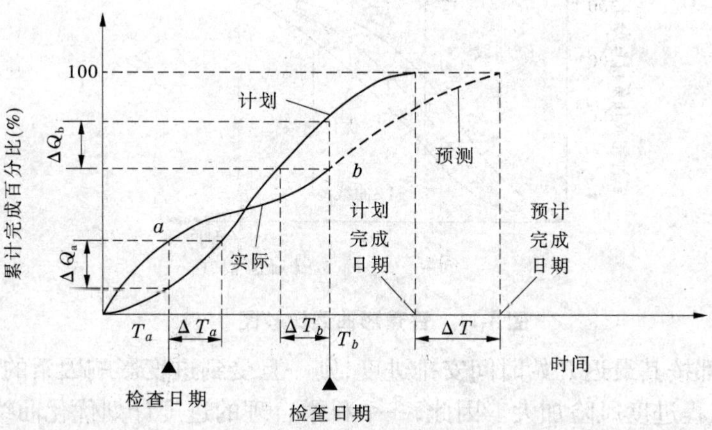

图 5-10　S 形曲线比较图

2. 工程项目实际进度超前或拖后的时间

在 S 形曲线比较图中可以直接读出实际进度比计划进度超前或拖后的时间。如图 5-10 所示，ΔT_a表示 T_a时刻实际进度超前的时间，ΔT_b表示 T_b时刻实际进度拖后的时间。

3. 工程项目实际超额或拖欠的任务量

在 S 形曲线比较图中也可直接读出实际进度比计划进度超额或拖欠的任务量。如图 5-10所示，ΔQ_a表示 T_a时刻超额完成的任务量，ΔQ_b表示 T_b时刻拖欠的任务量。

4. 后期工程进度预测

如果后期工程按原计划速度进行，则可做出后期工程计划 S 形曲线，如图 5-10 中虚线所示，从而可以确定工期拖延预测值 ΔT。

三、香蕉曲线比较法

香蕉曲线是由两条 S 形曲线组合而成的闭合曲线。由 S 形曲线比较法可知，工程项目累计完成的任务量与计划时间的关系，可以用一条 S 形曲线表示。对于一个工程项目的网络计划来说，如果以其中各项工作的最早开始时间安排进度而绘制 S 形曲线，称为 ES 曲线；如果以其中各项工作的最迟开始时间安排进度而绘制 S 形曲线，称为 LS 曲线。两条 S 形曲线具有相同的起点和终点，因此两条曲线是闭合的。在一般情况下，ES 曲线上的其余各点均落在 LS 曲线的相应点的左侧。由于该闭合曲线形似“香蕉”，故称为香蕉形曲线，如图 5-11 所示。

（一）香蕉形曲线比较法的作用

香蕉曲线比较法能直观地反映工程项目的实际进展情况，并可以获得比 S 形曲线更多的信息。其主要作用如下。

1. 合理安排工程项目进度计划

如果工程项目中的各项工作均按其最早开始时间安排进度，将导致项目的投资加大；

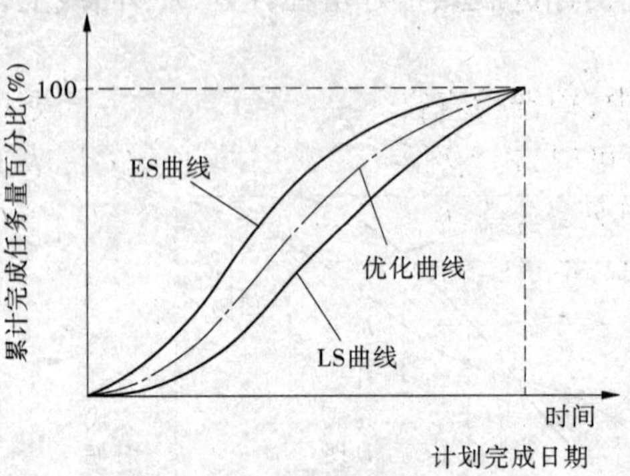

图 5-11　香蕉形曲线比较图

而如果各项工作都按其最迟开始时间安排进度，则一旦受到进度影响因素的干扰，又将导致工期拖延，使工程进度风险加大。因此，一个科学合理的进度计划优化曲线应处于香蕉曲线所包络的区域之内，如图 5-11 中的点画线所示。

2. 定期比较工程项目的实际进度与计划进度

在工程项目的实施过程中，根据每次检查收集到的实际完成任务量，绘制出实际进度 S 曲线，便可以与计划进度进行比较。工程项目实施进度的理想状态是任一时刻工程实际进展点应落在香蕉形曲线图的范围之内。如果工程实际进展点落在 ES 曲线的左侧，表明此刻实际进度比各项工作按其最早开始时间安排的计划进度超前；如果工程实际进展点落在 LS 曲线的右侧，则表明此刻实际进度比各项工作按其最迟开始时间安排的计划进度拖后。

3. 预测后期工程进展趋势

利用香蕉形曲线可以对后期工程的进展情况进行预测。例如在图 5-12 中，该工程项目在检查日期实际进度超前。检查日期之后的后期工程进度安排如图中虚线所示，预计该工程项目将提前完成。

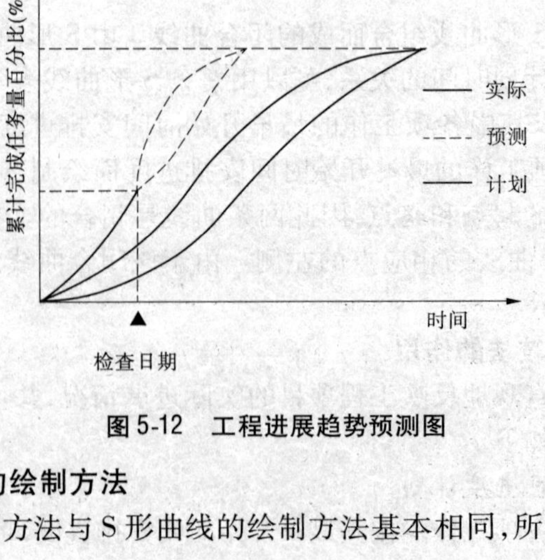

图 5-12　工程进展趋势预测图

（二）香蕉形曲线的绘制方法

香蕉形曲线的绘制方法与 S 形曲线的绘制方法基本相同，所不同之处在于香蕉形曲线是以工作按最早开始时间安排进度和按最迟开始时间安排进度分别绘制的两条S形曲线组合而成的。

在工程项目实施过程中，根据检查得到的实际累计完成任务量，在原计划香蕉形曲线图上绘出实际进度曲线，便可以进行实际进度与计划进度的比较。

【例5-3】 某工程项目网络计划如图5-13所示，图中箭线上方括号内数字表示各项工作计划完成的任务量，以劳动消耗量表示；箭线下方数字表示各项工作的持续时间(周)。试绘制香蕉形曲线。

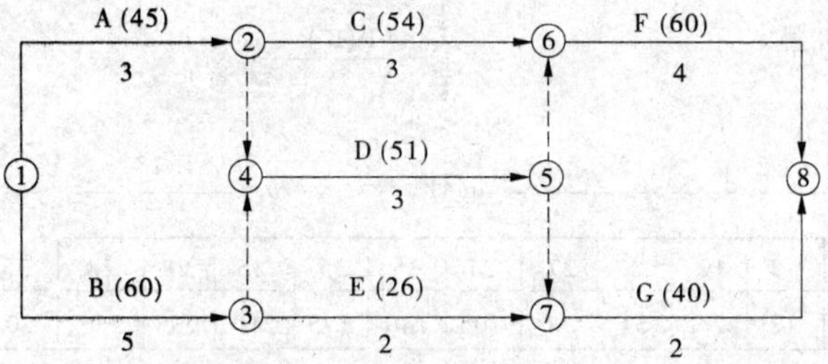

图5-13　某工程项目网络计划

解：假设各项工作都以匀速进展，即各项工作每周的劳动消耗量相等。

(1)确定各项工作每周的劳动消耗量：

工作A：45÷3=15　工作B：60÷5=12　工作C：54÷3=18　工作D：51÷3=17

工作E：40÷2=20　工作F：60÷4=15　工作G：40÷2=20

(2)计算工程项目劳动消耗总量：

$$Q=45+60+54+51+26+60+40=336$$

(3)根据各项工作按最早开始时间安排的进度计划，确定工程项目每周计划劳动消耗量及各周累计劳动消耗量，如图5-14所示。

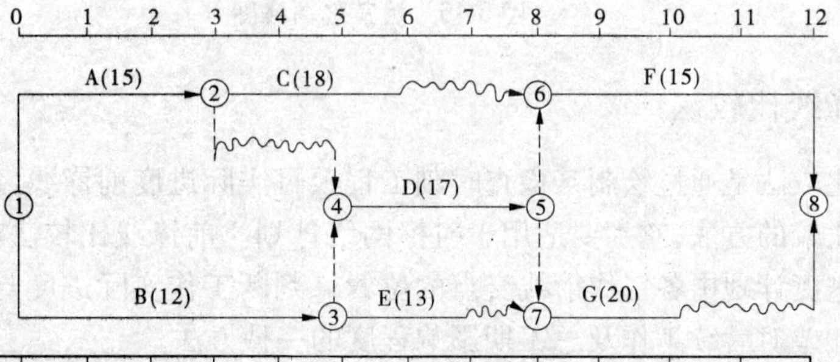

每周劳动消耗量	27	27	27	30	30	48	30	17	35	35	15	15
累计劳动消耗量	27	54	81	111	141	189	219	236	271	306	321	336

图5-14　按工作最早开始时间安排的进度计划及劳动消耗量

(4)根据各项工作按最迟开始时间安排的进度计划，确定工程项目每周计划劳动消耗量及各周累计劳动消耗量，如图5-15所示。

(5)根据不同的累计劳动消耗量分别绘制ES曲线和LS曲线，便得到香蕉形曲线，如

图 5-16所示。

（6）根据不同的累计劳动消耗量分别绘制 ES 曲线和 LS 曲线，便得到香蕉形曲线，如图 5-16所示。

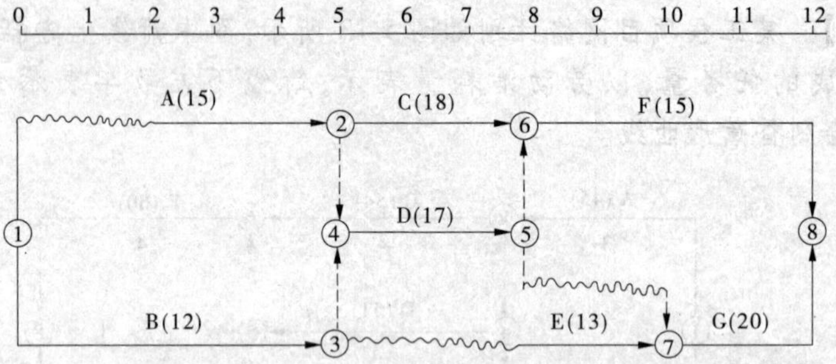

每周劳动消耗量	12	12	27	27	27	35	35	35	28	28	35	35
累计劳动消耗量	12	24	51	78	105	140	175	210	238	266	301	336

图 5-15　按工作最迟开始时间安排的时度计划及劳动消耗量

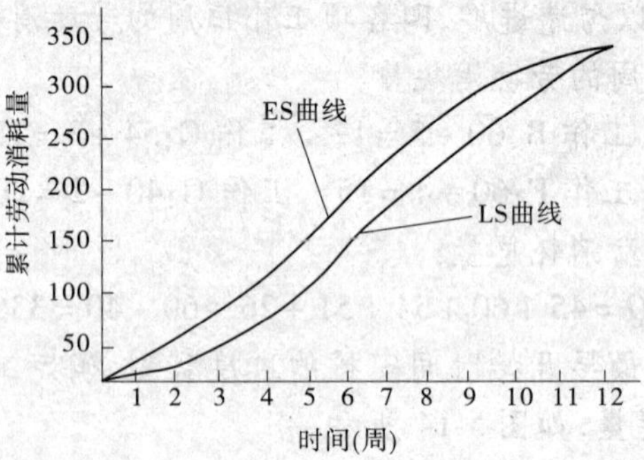

图 5-16　香蕉形曲线图

四、前锋线比较法

前锋线比较法是通过绘制某检查时刻工程项目实际进度前锋线，进行工程实际进度与计划进度比较的方法，它主要适用于时标网络计划。前锋线比较法就是通过实际进度前锋线与原进度计划中各工作箭线交点的位置来判断工作实际进度与计划进度的偏差，进而判定该偏差对后续工作及总工期影响程度的一种方法。

采用前锋线比较法进行实际进度与计划进度的比较，其步骤如下。

（一）绘制时标网络计划图

工程项目实际进度前锋线是在时标网络计划图上标示的，为清楚起见，可在时标网络计划图的上方和下方各设一时间坐标。

（二）绘制实际进度前锋线

一般从时标网络计划图上方时间坐标的检查日期开始绘制，依次连接相邻工作的实际进展位置点，最后与时标网络计划图下方坐标的检查日期相连接。

工作实际进展位置点的标定方法有两种：

（1）按该工作已完任务量比例进行标定。假设工程项目中各项工作均为匀速进展，根据实际进度检查时刻该工作已完任务量占其计划完成总任务量的比例，在工作箭线上从左至右按相同的比例标定其实际进展位置点。

（2）按尚需作业时间进行标定。当某些工作的持续时间难以按实物工程量来计算而只能凭经验估算时，可以先估算出检查时刻到该工作全部完成尚需作业的时间，然后在该工作箭线上从右向左逆向标定其实际进展位置点。

（三）进行实际进度与计划进度的比较

前锋线可以直观地反映出检查日期有关工作实际进度与计划进度之间的关系。对某项工作来说，其实际进度与计划进度之间的关系可能存在以下两种情况：

（1）工作实际进展位置点落在检查日期的左侧（右侧），表明该工作实际进度拖后（超前），拖后（超前）的时间为二者之差。

（2）工作实际进展位置点与检查日期重合，表明该工作实际进度与计划进度一致。

（四）预测进度偏差对后续工作及总工期的影响

通过实际进度与计划进度的比较确定进度偏差后，还可根据工作的自由时差和总时差预测该进度偏差对后续工作及项目总工期的影响。由此可见，前锋线比较法既适用于工作实际进度与计划进度之间的局部比较，又可用来分析和预测工程项目整体进度状况。

值得注意的是，以上比较是针对匀速进展的工作。对于非匀速进展的工作，比较方法较复杂，此处不再赘述。

【例5-4】 某工程项目时标网络计划如图5-17所示。该计划执行到第6周末检查实际进度时，发现工作A和B已经全部完成，工作D和E分别完成计划任务量的20%和50%，工作C尚需3周完成，试用前锋线法进行实际进度与计划进度的比较。

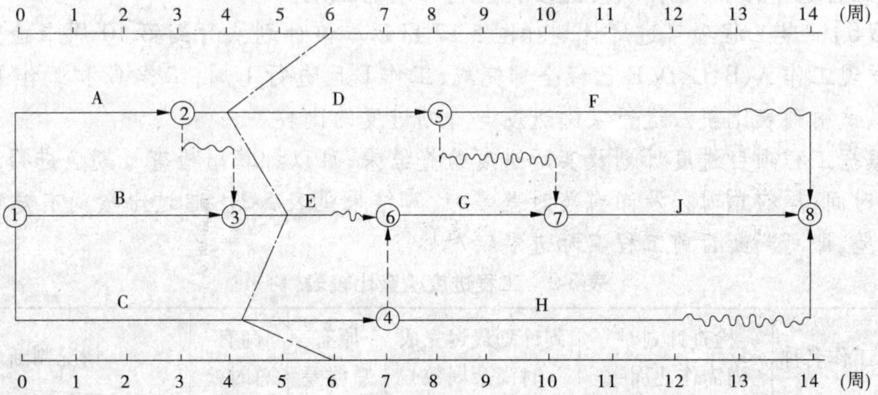

图5-17 某工程项目时标网络计划

解：根据第6周末实际进度的检查结果绘制前锋线，如图5-17中点画线所示。通过比较可以看出：

（1）工作D实际进度拖后2周，将使其后续工作F的最早开始时间推迟2周，并使总工期延长1周。

（2）工作E实际进度拖后1周，既不影响总工期，也不影响其后续工作的正常进行。

(3)工作C实际进度拖后2周,将使其后续工作G、H、J的最早开始时间推迟2周。由于工作G、J开始时间的推迟,从而使总工期延长2周。

综上所述,如果不采取措施加快进度,该工程项目的总工期将延长2周。

五、列表比较法

当工程进度计划用非时标网络图表示时,可以采用列表比较法进行实际进度与计划进度的比较。这种方法是记录检查日期应该进行的工作名称及其已经作业的时间,然后列表计算有关时间参数,并根据工作总时差进行实际进度与计划进度比较的方法。

采用列表比较法进行实际进度与计划进度的比较,其步骤如下:

(1)对于实际进度检查日期应该进行的工作,根据已经作业的时间,确定其尚需作业时间。

(2)根据原进度计划计算检查日期应该进行的工作从检查日期到原计划最迟完成时间尚余时间。

(3)计算工作尚有总时差,其值等于工作从检查日期到原计划最迟完成时间尚余时间与该工作尚需作业时间之差。

(4)比较实际进度与计划进度,可能有以下几种情况。

①如果工作尚有总时差与原有总时差相等,说明该工作实际进度与计划进度一致。

②如果工作尚有总时差大于原有总时差,说明该工作实际进度超前,超前的时间为二者之差。

③如果工作尚有总时差小于原有总时差,且仍为非负值,说明该工作实际进度拖后,拖后的时间为二者之差,但不影响总工期。

④如果工作尚有总时差小于原有总时差,且为负值,说明该工作实际进度拖后,拖后的时间为二者之差,此时工作实际进度偏差将影响总工期。

【例5-5】 某工程项目进度计划如图5-17所示。该计划执行到第10周末检查实际进度时,发现工作A、B、C、D、E已经全部完成,工作F已进行1周,工作G和工作H均已进行2周,试用列表比较法进行实际进度与计划进度的比较。

解:根据工程项目进度计划及实际进度检查结果,可以计算出检查日期应进行工作的尚需作业时间、原有总时差及尚有总时差等,计算结果见表5-2。通过比较尚有总时差和原有总时差,即可判断目前工程实际进展状况。

表5-2 工程进度检查比较表

工作代号	工作名称	检查计划时尚需作业周数	到计划最迟完成时尚余周数	原有总时差	尚有总时差	情况判断
5—8	F	4	4	1	0	拖后1周,但不影响工期
6—7	G	1	0	0	−1	拖后1周,影响工期1周
4—8	H	3	4	2	1	拖后1周,但不影响工期

第五节　进度计划实施中的调整方法

一、分析进度偏差对后续工作及总工期的影响

工程项目实施过程中，通过实际进度与计划进度的比较，发现有进度偏差时，需要分析该偏差对后续工作及总工期的影响，从而采取相应的调整措施对原进度计划进行调整，以确保工期目标的顺利实现。进度偏差的大小及其所处的位置不同，对后续工作和总工期的影响程度是不同的，分析时需要利用网络计划中工作总时差和自由时差的概念进行判断。分析步骤如下：

(1)分析出现进度偏差的工作是否为关键工作。如果出现进度偏差的工作为关键工作，则无论其偏差有多大，都将对后续工作和总工期产生影响，必须采取相应的调整措施；如果出现偏差的工作是非关键工作，则需要根据进度偏差值与总时差和自由时差的关系作进一步分析。

(2)分析进度偏差是否超过总时差。如果工作的进度偏差大于该工作的总时差，则此进度偏差必将影响其后续工作和总工期，必须采取相应的调整措施；否则，此进度偏差不影响总工期。至于对后续工作的影响程度，还需要根据偏差值与其自由时差的关系作进一步分析。

(3)分析进度偏差是否超过自由时差。如果工作的进度偏差大于该工作的自由时差，则此进度偏差将对其后续工作产生影响，此时应根据后续工作的限制条件确定调整方法；如果工作的进度偏差未超过该工作的自由时差，则此进度偏差不影响后续工作，因此原进度计划可以不作调整。

通过分析，进度控制人员可以根据进度偏差的影响程度，制订相应的纠偏措施进行调整，以获得符合实际进度情况和计划目标的新进度计划。

二、进度计划的调整方法

当实际进度偏差影响到后续工作、总工期而需要调整进度计划时，其调整方法主要有两种。

（一）改变某些工作间的逻辑关系

当工程项目实施中产生的进度偏差影响到总工期，且有关工作的逻辑关系允许改变时，可以改变关键线路和超过计划工期的非关键线路上的有关工作之间的逻辑关系，达到缩短工期的目的。例如，将顺序进行的工作改为平行作业、搭接作业以及分段组织流水作业等，都可以有效地缩短工期。

【例 5-6】 某工程项目基础工程包括挖基槽、做垫层、砌基础、回填土 4 个施工过程，各施工过程的持续时间分别为 21 天、15 天、18 天和 9 天，如果采取顺序作业方式进行施工，则其总工期为 63 天。为缩短该基础工程总工期，如果在工作面及资源供应允许的条件下，将基础工程划分为工程量大致相等的 3 个施工段组织流水作业，试绘制该基础工程流水作业网络计划，并确定其计算工期。

解：该基础工程流水作业网络计划如图 5-18 所示。通过组织流水作业，使得该基础工程的计算工期由63 天缩短为 35 天。

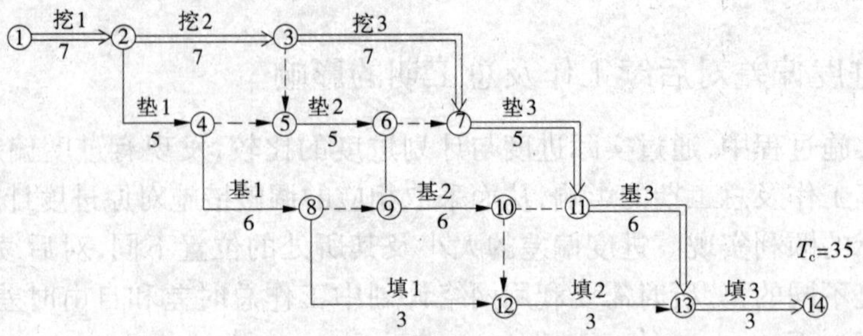

图 5-18　某基础工程流水施工网络计划

(二) 缩短某些工作的持续时间

这种方法是不改变工程项目中各项工作之间的逻辑关系，而通过采取措施来缩短某些工作的持续时间，以保证按计划工期完成该工程项目。这些被压缩持续时间的工作是位于关键线路和超过计划工期的非关键线路上的工作。同时，这些工作又是其持续时间可被压缩的工作。这种调整方法通常可以在网络图上直接进行。其调整方法视限制条件及对其后续工作的影响程度的不同而有所区别，一般可分为以下三种情况。

1. 网络计划中某项工作进度拖延的时间已超过其自由时差但未超过其总时差

如前所述，此时该工作的实际进度不会影响总工期，而只对其后续工作产生影响。因此，在进行调整前，需要确定其后续工作允许拖延的时间限制，并以此作为进度调整的限制条件。该限制条件的确定常常较复杂，尤其是当后续工作由多个平行的承包单位负责实施时更是如此。后续工作如不能按原计划进行，在时间上产生的任何变化都可能使合同不能正常履行，而导致蒙受损失的一方提出索赔。因此，必须寻求合理的调整方案，把进度拖延对后续工作的影响减少到最低程度。

【例 5-7】　某工程项目双代号时标网络计划如图 5-19 所示，该计划执行到第 35 天下班时刻检查时，其实际进度如图中前锋线所示。试分析目前实际进度对后续工作和总工期的影响，并提出相应的进度调整措施。

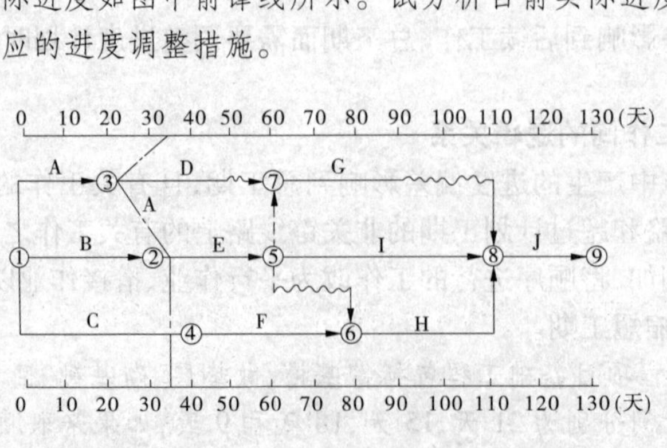

图 5-19　某工程项目时标网络计划

解：从图中可以看出，目前只有工作 D 的开始时间拖后 15 天，而影响其后续工作 G 的最早开始时间，其他工作的实际进度均正常。由于工作 D 的总时差为 30 天，故此时工作D的实际进度不影响总工期。

该进度计划是否需要调整,取决于工作D和G的限制条件。

1)后续工作拖延的时间无限制

如果后续工作拖延的时间完全被允许时,可将拖延后的时间参数代入原计划,并化简网络图(即去掉已执行部分,以进度检查日期为起点,将实际数据代入,绘制出未实施部分的进度计划),即可得调整方案。例如在本例中,以检查时刻第35天为起点,将工作D的实际进度数据及G被拖延后的时间参数代入原计划(此时工作D、G的开始时间分别为35天和65天),可得如图5-20所示的调整方案。

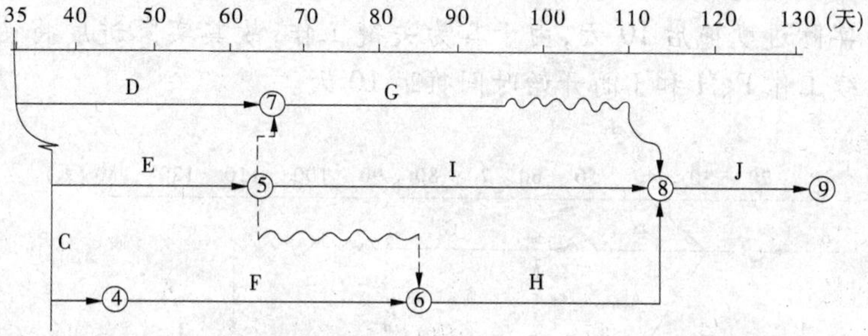

图5-20　后续工作拖延时间无限制时的网络进度计划

2)后续工作拖延的时间有限制

如果后续工作不允许拖延或拖延的时间有限制,需要根据限制条件对网络计划进行调整,寻求最优方案。例如在本例中,如果工作G的开始时间不允许超过第60天,则只能将其紧前工作D的持续时间压缩为25天,调整后的网络计划见图5-21。

如果在工作D、G之间还有多项工作,则可以利用工期优化的原理确定应压缩的工作,得到满足G工作限制条件的最优调整方案。

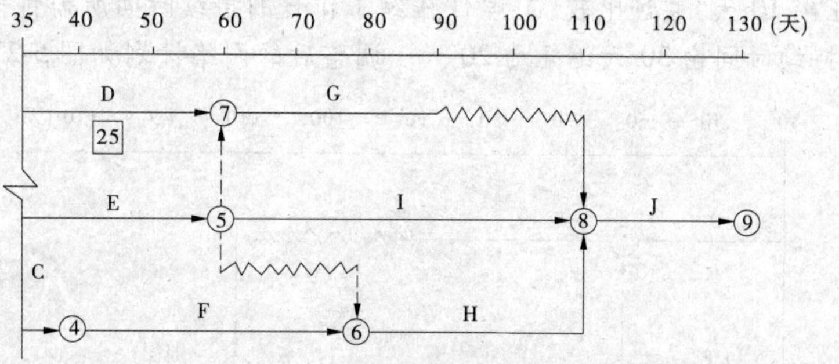

图5-21　后续工作拖延时间有限制时的网络计划

2. 网络计划中某项工作进度拖延的时间超过其总时差

如果网络计划中某项工作进度拖延的时间超过其总时差,则无论该工作是否为关键工作,其实际进度都将对后续工作和总工期产生影响。此时,进度计划的调整方法又可分为以下三种情况。

1)项目总工期不允许拖延

如果工程项目必须按照原计划工期完成,则只能采取缩短关键线路上后续工作持续时间的方法来达到调整计划的目的。

【例5-8】 仍以如图5-19所示的网络计划为例,如果在计划执行到第40天下班时刻检查时,其实际进度如图5-22中前锋线所示,试分析目前实际进度对后续工作和总工期的影响,并提出相应的进度调整措施。

解:从图中可看出:

(1)工作D实际进度拖后10天,但不影响其后续工作,也不影响总工期。

(2)工作E实际进度正常,既不影响后续工作,也不影响总工期。

(3)工作C实际进度拖后10天,由于其为关键工作,故其实际进度将使总工期延长10天,并使其后续工作F、H和J的开始时间推迟10天。

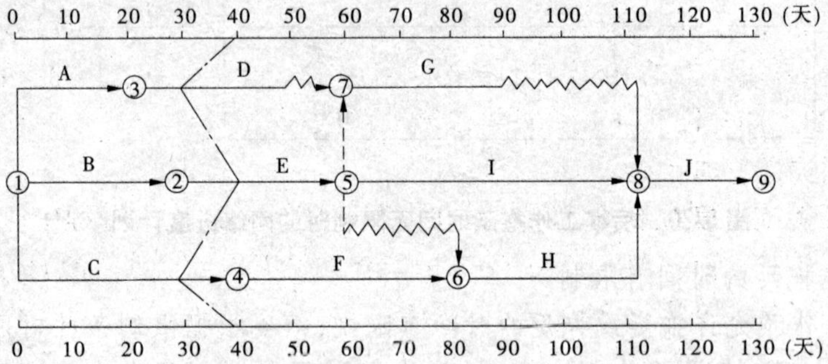

图5-22 某工程实际进度前锋线

如果该工程项目总工期不允许拖延,则为了保证其按原计划工期130天完成,必须采用工期优化的方法,缩短关键线路上后续工作的持续时间。现假设工作C的后续工作F、H和J均可以压缩10天,通过比较,工作H压缩工作日的持续时间所需付出的代价最小,故将工作H的持续时间由30天缩短为20天。调整后的网络计划如图5-23所示。

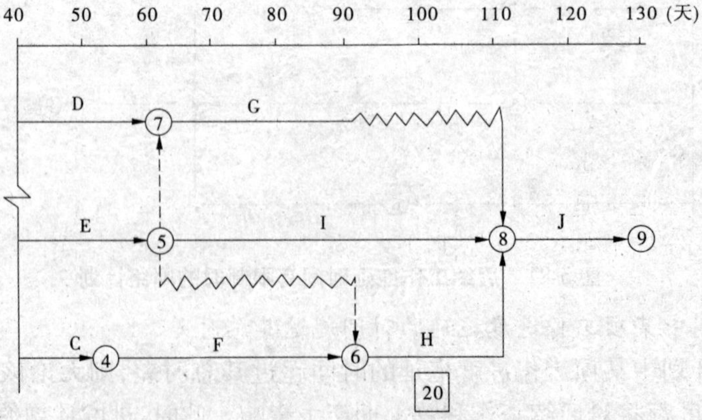

图5-23 调整后工期不拖延的网络计划

2)项目总工期允许拖延

如果项目总工期允许拖延,则此时只需以实际数据取代原计划数据,并重新绘制实际进度检查日期之后的简化网络计划即可。

3)项目总工期允许拖延的时间有限

如果项目总工期允许拖延,但允许拖延的时间有限,则当实际进度拖延的时间超过此限制时,也需要对网络计划进行调整,以便满足要求。

具体的调整方法是以总工期的限制时间作为规定工期,对检查日期之后尚未实施的网络计划进行工期优化,即通过缩短关键线路上后续工作持续时间的方法来使总工期满足规定工期的要求。

以上三种情况均是以总工期为限制条件调整进度计划的。值得注意的是,当某项工作实际进度拖延的时间超过其总时差而需要对进度计划进行调整时,除需考虑总工期的限制条件外,还应考虑网络计划中后续工作的限制条件,特别是对总进度计划的控制更应注意这一点。因为在这类网络计划中,后续工作也许就是一些独立的合同段。时间上的任何变化,都会带来协调上的麻烦或者引起索赔。因此,当网络计划中某些后续工作对时间的拖延有限制时,同样需要以此为条件,按前述方法进行调整。

3. 网络计划中某项工作进度超前

对建设工程实施进度控制的任务就是在工程进度计划的执行过程中,采取必要的组织协调和控制措施,以保证建设工程按期完成。在建设工程计划阶段所确定的工期目标,往往是综合考虑了各方面因素而确定的合理工期。因此,时间上的任何变化,无论是进度拖延还是超前,都可能造成其他目标的失控。例如,在一个建设工程施工总进度计划中,由于某项工作的进度超前,致使资源的需求发生变化,而打乱了原计划对人、材、物等资源的合理安排,亦将影响资金计划的使用和安排;特别是当多个平行的承包单位进行施工时,由此引起后续工作时间安排的变化,势必给监理工程师的协调工作带来许多麻烦。因此,如果建设工程实施过程中出现进度超前的情况,进度控制人员必须综合分析进度超前对后续工作产生的影响,并同承包单位协商,提出合理的进度调整方案,以确保工期总目标的顺利实现。

三、工期索赔

在工程施工中,常常会发生一些未能预见的干扰事件使施工不能顺利进行,造成工期延长,这样,对合同双方都会造成损失。承包人提出工期索赔的目的通常有两个:一是免去自己对已产生的工期延长的合同责任,使自己不支付或尽可能不支付工期延长的罚款;二是进行因工期延长而造成的费用损失的索赔。在工期索赔中,首先要确定索赔事件发生对施工活动的影响及引起的变化,其次再分析施工活动变化对总工期的影响。计算工期索赔一般采用分析法,其主要依据为合同规定的总工期计划、进度计划,以及双方共同认可的对工期的修改文件,调整计划和受干扰后实际工程进度记录,如施工日记、工程进度表等。施工单位应在每个月底以及在干扰事件发生时,分析对比上述资料,以发现工期拖延及拖延原因,提出有说服力的索赔要求。分析法又分为网络图分析法和对比分析法两种。

（1）网络图分析法。是利用进度计划的网络图，分析其关键线路，如果延误的工作为关键工作，则延误的时间为索赔的工期；如果延误的工作为非关键工作，当该工作由于延误超过时差限制而成为关键工作时，可以索赔延误时间与时差的差值；若该工作延误后仍为非关键工作，则不存在工期索赔问题。

可以看出，网络图分析法要求承包人切实使用网络技术进行进度控制，才能依据网络计划提出工期索赔。按照网络图分析法得出的工期索赔值是科学合理的，容易得到认可。

（2）对比分析法。比较简单，适用于索赔事件仅影响单位工程或分部分项工程的工期，由此计算对总工期的影响。计算公式为：

总工期索赔 =（额外或新增工程量价格/原合同总价）×原合同总工期

复习思考题

1. 工程项目进度管理的任务是什么？
2. 工程项目进度控制的原理有哪些？
3. 影响工程项目进度的因素有哪些？
4. 工程项目进度控制的方式有哪些？各有什么特点？
5. 工程项目进度控制的方法有哪些？
6. 工程项目进度控制的措施有哪些？
7. 简述实际进度与计划进度的比较方法。
8. 简述施工进度计划的调整方法。

第六章 施工项目职业健康、安全与环境管理

第一节 施工项目职业健康安全管理

一、职业健康安全管理体系的背景

职业健康安全标准的制定是出于两方面的要求。一方面是随着现代社会中生产的急速发展,产品更新周期的缩短,竞争日益加剧,有的企业领导迫于生产的压力和资源的紧张有意或无意地存在着对劳动者的劳动条件和环境状况改善的忽视,因此劳动者的条件相对下降。据国际劳工组织(ILO)统计,全世界每年发生各类生产伤亡事故约为2.5亿起,平均每天8.5万起。国际社会呼吁:不能以牺牲劳动者的职业健康安全利益为代价去取得经济的发展。在此同时,这些企业也发现了劳动者的伤亡将会给企业和国家带来麻烦,有时甚至是非常严重的。因此,劳动者的安全问题又提上了工作日程,很多企业制定了安全标准,很多国家也制定了各自的国家标准,逐渐发展成为寻求一个系统的、结构化的职业健康安全管理模式。另一方面在国际的贸易合作日益广泛的情况下,也需要一个统一的职业健康安全标准,因此各种国际合作制定的标准也相继产生。其中,对国际较有影响的是英国标准化协会(BSI)和其他多个组织,参照了ISO 9000和ISO 14000模式,制定的职业健康安全评价体系(Occupational Healthand Safety Assessment Series,简称OHSAS)18000标准。

国际对于职业健康安全统一标准的需求,使ISO组织也曾经考虑是否能制定一个国际通用的标准。ISO/TC 207环境管理技术委员会在1994年就提出希望采用类似ISO 9000的方式制定有关职业健康安全管理体系的标准。但在召开多次会议后,考虑到各国的法律、情况不一致的因素,最后ISO成员国在1997年的有关会议上,表决认为制定统一的国际标准的时机尚未成熟,做出了暂时不制定统一的国际标准的决议。虽然ISO未能达成制定统一标准的意见,但是很多国家已经承认了OHSAS 18000体系,不少企业贯彻了这个体系标准,在加强职业健康安全管理上取得了成绩。具有资质的认证机构接受企业的申请,根据OHSAS 18000审核合格后,予以发证。这样OHSAS 18000就与ISO 9000一样成为企业具有的一种资质资源。它对于企业管理的加强、企业信誉的提高,以及进入国际市场都有较大的作用。

我国作为加入WTO的国家,对职业健康安全标准也给予充分的重视。在2001年中国标准化委员会发布了《职业健康安全管理体系规范》(GB/T 88001—2001),2002年发布了《职业健康安全管理体系 规范》(GB/T 28002—2001),2011年发布了《职业健康安全管理体系 要求》(GB/T 28001—2011)。发布标准的目的是规定对职业健康安全管理体系的要求,使组织能够制定有关方针与目标,通过有效应用控制职业健康安全风险,达到

持续改进的目的。该标准所针对的是职业健康安全而不是产品和服务的安全。标准已覆盖了 OHSAS 18001—1999 和 OHSAS 18008—2000 的所有技术内容，并考虑了国际上有关职业健康安全管理体系的现有文件的技术内容，这个体系对于建筑施工企业的职业健康安全管理有着一定的指导作用。所以，建筑施工企业的工程建造师应当了解这个标准，积极创造条件，实施标准。

二、职业健康安全管理体系的有关概念

建立体系应当先树立有关职业健康安全的概念，有关的概念有：

(1)安全。是免除了不可接受的损害风险的状态。绝大部分情况下都存在风险，想消灭所有的风险，使人们在毫无风险的情况下工作，有时是不符合实际的。当存在的风险可以接受时，就可认为处在安全状态，因此安全与否要对照风险的可接受程度进行判定。随着社会和科技的进步，风险的可接受程度也在不断地变化，因此安全是一个相对的概念。比如航空事故一直在发生，经常造成人员伤亡和资产损失，有时甚至非常巨大，这就是航空风险。而且由于飞行的条件限制，飞机的安全系数不能无限地加大，加之不可预知的气象因素，航空风险始终存在。但随着科技的进步，飞机安全性能的提高，相对于航空交通的总流量、总人次和人们对航空的需求来说，风险的损失还是较小的，是社会和人们可以接受的，因此普遍认为航空运输是安全的。对于建筑施工有同样的情况，近年来建筑施工安全工作有了很大的进步，而且风险的可接受程度也在不断变化，但建筑施工还是存在着风险，建筑企业属于高风险行业。因此，正确理解安全的定义将有助于树立符合实际的安全工作目标。

(2)风险。是某一特定危险情况发生的可能性和后果的组合，是一种可预见的危险情况发生的概率及其后果的严重程度这两项指标的总体反映，也是对危险情况的一种综合性描述。当风险超出了法规的要求，超出了组织的方针、目标和规定的其他要求或者超出了人们普遍接受程度(通常是隐含的)的要求时，就被认为是不可接受的风险。不可接受的风险要根据组织的法律义务和职业健康方针，降至组织可接受程度的风险，这时称为可允许的风险。

(3)事件。是导致或可能导致事故的情况。对于未导致事故发生的情况，在英文中称之为 nearmiss，在建筑业中通常称为险肇事故。

(4)事故。是造成死亡、疾病、伤害、损坏或其他损失的意外情况。对于事故要贯彻四不放过的原则。

(5)危险源。是可能导致伤害或疾病、财产损失、工作环境破坏或这几种情况组合的根源或状态。

(6)组织。指职责、权限和相互关系得到安排的一组人员及设施。

(7)职业健康安全。指影响工作场所内员工、临时工作人员、合同方人员、访问者和其他人员健康和安全的条件和因素，即制定职业健康安全方针、策划、实施和运行、检查与纠正以及管理评审。

三、职业健康安全体系的建立和实施

职业健康安全管理体系的模式分为五个过程，即确定方针、策划、实施与运行、检查纠正措施及管理评审。组织应根据其规模的大小和活动的性质、产品来确定职业健康安全管理体系的复杂程度以及文件多少和资源投入的数量。

职业健康安全管理体系的建立和实施的步骤可按照前述五个过程的步骤进行。

首先是组织应当建立一个经最高管理者批准的职业健康安全方针，该方针应清楚阐明职业健康安全总目标和改进职业健康安全绩效的承诺。

(1)制订的职业健康安全方针应：

①适合组织的职业健康安全风险的性质和规模。

②包括持续改进的承诺。

③包括组织至少遵守现行职业健康安全法规和组织接受的其他要求的承诺。

④形成文件，实施并保持。

⑤传达到全体员工，使其认识各自的职业健康安全义务。

⑥可为相关方所获取。

⑦定期评审，以确保其与组织保持相关和适宜。

在策划过程中包括危险源辨识、风险评价和风险控制、法规和其他要求的识别和获得管理目标的建立和管理方案的制订等工作，其中的主要工作是危险源辨识、风险评价和风险控制，这是整个管理体系的基础。

(2)组织应持续进行危险源辨识、风险评价和实施必要的控制措施，建立并保持程序，这些程序应包含：

①组织的常规和非常规活动。

②所有进入工作场所的人员(包括合同方人员和访问者)的活动。

③工作场所的设施(无论是由本组织还是由外界所提供)。

(3)进行危险源的辨识，可以从问答下列的三个问题着手：

①有伤害的来源吗?

②谁(什么)会受到伤害?

③伤害如何发生?

(4)危险源的辨识和风险评价的方法如下：

①依据风险的范围、性质和时限性进行辨识，以确保该方法是主动性而不是被动性的。

②规定风险分级，识别可通过职业健康安全标准中规定的措施消除或控制的风险。

③与运行经验和所采取的风险控制措施的能力相适应。

④为确定设施要求、识别培训需求和(或)开展运行控制提供输入信息。

⑤规定对所要求的活动进行监视，以确保其及时有效的实施。

进行辨识时，宜按照我国在 1992 年发布的中华人民共和国国家标准《生产过程危险和有害因素分类与代码》(GB/T 13861—92)。该标准适用于各个行业在规划、设计和组织生产时，对危险源的预测和预防、伤亡事故的统计分析和应用计算机管理。按照该标准，危险源分为物理性危险和有害因素，化学性危险和有害因素，生物性危险和有害因素，心理、生理性危险和有害因素，行为性危险和有害因素以及其他危险和有害因素等六大类。在进行危险源辨识时可参照该标准的分类和编码，便于管理。

在危险源辨识时，对于危险源可能发生的伤害可以明确忽略时，则不宜列入文件或进一步考虑。

辨识的方法有询问交谈、现场观察、查阅有关记录、获取外部信息、工作任务分析、安全检查表、危险与可操作性研究、事故树分析、故障树分析等。这些方法都有各自的特点和局限性，因此一般都使用两种或两种以上的方法识别危险源。

对于辨识后的危险源要进行风险的评价，估算其潜在伤害的严重程度和发生的可能性，然后对风险进行分级。《职业健康安全管理体系 要求》（GB/T 28002—2011）推荐的简单的风险水平评估如表6-1所示。

表6-1 简单的风险水平评估

可能性	严重程度（后果）		
	轻微伤害	伤害	严重伤害
极不可能	可忽略的风险	可容许的风险	中度风险
不可能	可容许的风险	中度风险	重大风险
可能	中度风险	重大风险	不可容许风险

依据表6-1提供的风险分级，确定是否需要采取控制措施，以及行动的时间表。表6-2只是一种探讨性研究方法，仅为了便于举例说明。控制措施宜与风险水平相称。

表6-2 基于风险水平的简单措施计划

风险水平	措施和时间表
可忽略的风险	无须采取措施且不必保持文件记录
可允许的风险	无须增加另外的控制措施，宜考虑成本效益的更佳解决方案或不增加额外成本的改进措施。需要监视以确保控制措施得以保持
中度风险	宜努力降低风险，但宜仔细测量和限定预防措施的成本，宜在规定的时间内实施风险降低措施； 当中度风险的后果属于“严重伤害”时，则需要进一步的评价，以便更准确地确定伤害的可能性，从而确定是否需要改进控制措施
重大风险	对于尚未进行的工作，则不宜开始工作，直至风险降低为止。为了降低风险，可能必须配置大量的资料，对于正在进行的工作，则在继续工作的同时宜采取应急措施
不可允许风险	不宜开始工作或继续工作，直至风险降低为止。如果即使投入无限的资源也不可能降低风险，就必须禁止工作

风险评价的输出宜为一个按优先顺序排列的控制措施清单。控制措施应包括新设计的措施、拟保持的措施或加以改进的措施。

(5)选择控制措施时宜考虑以下几个方面:

①如果可能,则完全消除危险源。

②如果不可能消除,则努力降低风险。

③采取技术进步、程序控制、安全防护等措施。

④当所有其他可选择的措施均已考虑后,作为最终手段而使用个体防护装备。

⑤考虑对应急方案的需求,建立应急计划,提供有关的应急设备。

⑥对监视措施的控制程度进行主动性的监视。

(6)措施计划宜在实施前进行评审。评审包括以下几个方面:

①更改的措施是否使风险降低至可允许水平。

②是否产生新的危险源。

③是否已选定了成本效益最佳的解决方案。

④受影响的人员如何评价更改的预防措施的必要性和实用性。

⑤更改的预防措施是否会用于实际工作中,以及在其他压力情况下是否会被忽视。

风险评价是一个持续不断的过程,要持续评审控制措施的充分性,当条件变化时要对风险重新进行评审。

在策划过程中要考虑的其他工作还有识别和获得适用法规和其他职业健康安全要求制订目标和管理方案。

识别和获得适用的法规和其他要求是职业健康安全管理的一项重要内容,要求做到能识别需要应用哪些法规和要求、从哪里可获取、在哪里应用和及时更新。要采用最适宜的获取信息的手段,但并不要求组织建立一个包含很少涉及和使用的法规和要求的资料库。

在实施和运行过程中,首先需要考虑的是组织的结构和职责。组织应对职业健康安全风险有影响的各类人员,确定其作用、职责和权限,并进行沟通。

职业健康安全管理体系标准规定职业健康安全的最终责任由最高管理者承担,这里的最高管理者是指组织的最高领导层。组织应在最高管理者中指定一名成员作为管理者代表,管理者代表应有明确的作用、职责和权限,以确保职业健康安全管理体系的正确实施,并能在组织内执行各项要求。

确定职责时要特别注意不同职能之间的接口位置的人员的职责,还要注意到职业健康安全是组织内全体人员的责任,而不是只具有明确的职业健康安全职责的人员的责任。

实施和运行过程的其他要求是培训、协商和沟通、文件、运行控制和应急准备。

职业健康安全管理体系对于培训的要求是通过有效的程序确保员工有能力完成所安排的职责,因此组织应建立并保持程序。对于与职业健康安全有关的人员,应有所受教育、培训和经历方面的适当规定。按照规定要求识别现有水平与要求的不足,并结合危险源辨识、风险评价和风险控制进行培训。

培训还要注意对管理组织以外的其他人员(如进入现场的合同方人员、访问者、临时工)的培训。管理人员对于其他人员也要根据需要进行必要的教育或培训,使其他人员也能在工作场所内安全地从事活动。

培训应当有记录和对培训有效性的评价记录。

对于协商和沟通工作，组织应确保与员工和其他相关方就相关职业健康安全信息进行相互沟通，并将员工参与和协商的安排形成文件，通报相关方。

员工应参与风险管理方针和程序的制定和评审，参与商讨影响工作场所职业健康安全的任何变化，参与职业健康安全事务，了解谁是职业健康安全的员工代表和指定的管理者代表。

有关文件和资料的控制的要求是组织应以适当的媒介建立和保持有关描述管理体系核心要素及其相互作用的信息，并提供查询相关文件的途径，要使文件数量尽可能得少。职业健康安全标准并不要求一定要按某一特定格式将已有的文件重新编写，但必须确保文件和资料易于查找；定期评审，必要时修订并由授权人员确认其适宜性；关键性的岗位能得到有关的文件和资料以及采取措施防止失效文件和资料的误用。

对于运行控制，组织应注意对已认定的需要采取措施的风险有关的活动，对这些活动进行策划。如有因缺乏形成文件的程序，而可能导致偏离职业健康安全方针、目标的后果时，必须建立并保持形成文件的程序。程序要考虑与人的能力相适应。

应急准备、响应的计划、程序建立、保持是施工企业工作执行实施和运行过程的重要工作。要识别潜在的事件和紧急情况，并做出响应。要评审这些计划和程序，特别是在事件或紧急情况发生之后。

在实施检查和纠正措施时，组织应对其职工健康安全的绩效进行常规的测量和监视。监视可分为主动性和被动性两种。主动性的监视是监视组织的活动是否符合管理方案、运行准则和有关的法规要求；被动性的监视是监视事件、事故、因事故伤害的误工等。监视应有记录，作为以后的纠正和预防措施的分析依据。

实施检查和纠正措施应对事故、事件、不符合进行处理调查，并采取与问题的严重性和风险相适应的纠正或预防措施，所拟定的纠正和预防措施在实施前还应先通过风险评价过程进行评审，如果这些措施引起了对已形成的文件的更改则应进行文件的更改并作记录。

第二节　施工项目安全管理

一、安全管理的范围

安全管理的中心问题，是保护生产活动中人的安全与健康，保证生产顺利进行。从宏观的角度，安全管理包括劳动保护、安全技术和工业卫生三个方面。

(1)劳动保护。侧重于政策、规程、条例、制度等形式的操作或管理行为，从而使劳动者的安全与身体健康得到应有的法律保障。

(2)安全技术。侧重于对劳动手段和劳动对象的管理，包括预防伤亡事故的工程技术和安全技术规范、技术规定、标准、条例等，以规范物的状态，减少或消除对人、对物的危害。

(3)工业卫生。侧重于工业生产中高温、振动、噪声、毒物的管理。通过防护、医疗、保健等措施，防止劳动者的安全与健康受到有害因素的危害。

从生产管理的角度，安全管理可以概括为，在进行生产管理的同时，通过采用计划、组织、技术等手段，依据并适应生产中的人、物、环境因素的运动规律，使其积极方面充分发挥，而又利于控制事故不致发生的一切管理活动。

由于施工现场中直接从事生产作业的人员密集，机、料集中，存在着多种危险因素，因此施工现场属于事故多发的作业现场。控制人的不安全行为和物的不安全状态，是施工现场安全管理的重点，也是预防与避免伤害事故，保证生产处于最佳安全状态的根本环节。

施工现场安全管理的内容，大体可归纳为安全组织管理、场地与设备管理、行为控制和安全技术管理四个方面，分别对生产中的人、物、环境的行为与状态，进行具体的管理与控制。

二、安全管理的基本原则

为有效地将生产因素的状态控制好，在实施安全管理过程中，必须正确处理好五种关系，坚持六项基本原则。

（一）正确处理五种关系

（1）安全与危险并存。有危险才要进行安全管理。保持生产的安全状态，必须采取多种措施，以预防为主，危险因素就可以得到控制。

（2）安全与生产的统一。安全是生产的客观要求。生产有了安全保障，才能持续稳定地进行。生产活动中事故不断，生产势必陷于混乱，甚至瘫痪。

（3）安全与质量的包含。从广义上看，质量包括安全工作质量，安全概念也包含着质量，二者交互作用，互为因果。

（4）安全与速度的互保。安全与速度成正比例关系，速度应以安全作保障。一味强调速度，置安全于不顾的做法是极其有害的。一旦形成安全事故，非但无速度可言，反而会延误时间。

（5）安全与效益的兼顾。安全技术措施的实施，定会改善劳动条件，调动职工积极性，由此带来的经济效益足以使原来的投入得以补偿。

（二）坚持安全管理六项基本原则

（1）管生产同时管安全。安全管理是生产管理的重要组成部分。各级管理人员在管理生产的同时，必须负责管理安全工作。企业中各有关专职机构，都应在各自的业务工作范围内，对实现安全生产的要求负责。

（2）坚持安全管理的目的性。没有明确目的的安全管理是一种盲目行为，既劳民伤财，又不能消除危险因素的存在。只有有针对性地控制人的不安全行为和物的不安全状态，消除或避免事故，才能达到保护劳动者安全与健康的目的。

（3）必须贯彻预防为主的方针。安全管理不是事故处理，而是在生产活动中，针对生产的特点，对生产因素采取鼓励措施，有效地控制不安全因素的发展与扩大，把可能发生的事故消灭在萌芽状态。

（4）坚持“四全”动态管理。安全管理涉及生产活动的方方面面，涉及从开工到竣工交付使用的全部生产过程，涉及全部的生产时间和一切变化着的生产因素，是一切与生产有关的人员共同的工作。因此，在生产过程中，必须坚持全员、全过程、全方位、全天候的动态安全管理。

(5)安全管理重在控制。在安全管理的四项工作内容中，对生产因素状态的控制，与安全管理目的关系更直接，作用更突出。因此，对生产中人的不安全行为和物的不安全状态进行控制，必须作为动态的安全管理的重点。

(6)在管理中发展、提高。要不间断地摸索新的规律，总结管理、控制的办法和经验，指导新的变化后的管理，从而使安全管理不断上升到新的高度。

三、施工不安全因素分析

(一)人的不安全行为

控制靠人，人也是控制的对象，人的行为是安全的关键。人的不安全行为可能导致安全事故，所以要对人的不安全行为加以分析。

人的不安全行为是人的生理和心理特点的反映，主要表现在身体缺陷、错误行为和违纪违章三个方面。

身体缺陷指疾病、职业病、精神失常、智商过低、紧张、烦躁、疲劳、易冲动、易兴奋、运动迟钝、对自然和其他环境过敏、不适应复杂和快速工作、应变能力差等。

错误行为指嗜酒、吸毒、吸烟、赌博、玩耍、嬉闹、追逐、误视、误听、误嗅、误触、误动作、误判断、意外碰撞和受阻、误入险区等。

违纪违章指粗心大意、漫不经心、注意力不集中、不履行安全措施、安全检查不认真、不按工艺规程或标准操作、不按规定使用防护用品、玩忽职守、有意违章等。

统计资料表明，有88%的不安全事故是由人的不安全行为所造成的，而人的生理和心理特点直接影响人的不安全行为。因此，在安全控制中，一定要抓住人的不安全行为这一关键因素，采取相应对策。在采取对策时，又必须针对人的生理和心理特点对安全的影响，培养劳动者的自我保护能力，以结合自身生理和心理特点预防不安全行为发生，增强安全意识，减少或消除安全隐患。

(二)物的不安全状态

如果人的生理和心理状态能适应物质和环境条件，而物质和环境条件又能满足劳动者生理和心理的需要，便不会产生不安全行为，反之就可能导致安全伤害事故。

物的不安全状态表现为三个方面，即设备和装置的缺陷、作业场所的缺陷、物质和环境的危险源。

设备和装置的缺陷是指机械设备和装置的技术性能降低、强度不够、结构不良、磨损、老化、失灵、腐蚀、物理和化学性能达不到要求等。

作业场所的缺陷是指施工场地狭窄、立体交叉作业组织不当、多工种交叉作业不协调、道路狭窄、机械拥挤、多单位同时施工等。物质和环境的危险源有化学方面的、机械方面的、电气方面的、环境方面的等。

物质和环境均有危险源存在，是产生安全事故的另一类主要因素。在安全控制中，必须根据施工的具体条件，采取有效的措施断绝危险源。当然，在分析物质、环境因素对安全的影响时，也不能忽视劳动者本身的生理和心理特点。在创造和改善物质、环境的安全条件时,也应从劳动者生理和心理状态出发,使两方面能相互适应。如解决采光照明、树立色彩标志、调节环境温度、加强现场管理等,都是将人的不安全行为导因和物的不安全状态的排除结合起来考虑,并将心理和生理特点结合考虑,以控制安全事故、确保安全的重要措施。

四、安全体系的建立

(一)组织系统

施工现场安全生产保证体系的建立、有效实施并不断完善是工程项目部强化安全生产管理的核心,也是控制不安全状态和不安全行为,实现安全生产管理目标的需要。

1. 建立施工现场安全生产保证体系的目的和作用

(1)满足工程项目部自身安全生产管理的要求。为了达到安全管理目标,负责施工现场工程项目部应建立相应的安全生产保证体系,使影响施工安全的技术、管理、人及环境处于受控状态。所有的这些控制应针对减少、消除安全隐患与缺陷,改善安全行为,特别是通过预防活动来进行,使体系有效运行,持续改进。

(2)满足相关方对工程项目部的要求。工程项目部需要向工程项目的相关方(政府、社会、投资者、业主、银行、保险公司、雇员、分包方等)展示自己的安全生产保证能力,并以资料和数据形式向相关方提供关于安保体系的现状和持续改善的客观证据,以取得相关方的信任。应当指出,工程项目部作为施工企业的窗口,通过在施工现场建立安保体系,在市场竞争中便可提高企业的形象和信誉,提高满足相关方要求的能力,提高工程项目部自身素质,扩大商机,显示一种社会责任感。

2. 建立施工现场安全生产保证体系的基本原则

(1)安全生产管理是工程项目管理最重要的工作之一。安全生产管理是工程项目管理最重要的工作之一,只有将安全目标纳入工程项目部综合决策的优先序列和重要议事日程,才能保证工程项目部为实现经济、社会和环境效益的统一而采取强有力的管理行为。

(2)持续改进是贯彻安全生产保证体系的基本目的。贯彻安保体系的一个基本目的是工程项目部安全生产状况的持续改进。所谓持续改进是一个强化安保体系的过程,目的是根据施工现场的安全管理目标,实现整个安全状况的改进。因此,它不仅包括通过检查、审核等方式,不断根据内部和外部条件及要求的变化,及时调整和完善,组织安保体系的改进,而且也包括随着体系的改进,按照安全管理改进目标,实现安全生产状况的改进。在通过安全生产保证体系实现安全状况改进的过程中,一个基本的要求是保持改进的持续性和不间断性,即建立自我约束的安全生产保证体系的动态循环机制。

(3)预防事故是贯彻安全生产保证体系的根本要求。预防事故是指为防止、减少或控制安全隐患,对各种行为、过程、设施进行动态管理,从事故的发生源头去预防事故发生的活动。预防事故并不排除对事故处理作为降低事故最后有效手段的必要性,但它更强调避免事故发生在经济上与社会上的影响,预防事故比事故发生后的处理更为可取。

(4)项目的施工周期是贯彻安全生产保证体系的基本周期。工程项目部应对包括从施工准备直至竣工交付的工程各个施工阶段与生产环节、各个施工专业的安全因素进行分析,对工程项目施工周期内执行安全生产保证体系进行全面规划、控制和评价。

(5)工程项目部建立安全生产保证体系应从实际出发。工程项目部在施工现场建立安全生产保证体系必须符合安全生产保证体系的全部要求,并应结合企业和现场的具体条件和实际需要,与其他管理体系兼容与协同运作,包括质量管理体系和环境管理体系。这并不意味着将现有体系一律推倒重建,而是一个改造、更新和完善的过程,当然这对每个施工现场都不是轻而易举的,其难易程度完全取决于现有体系的完善程度。

(6)立足于全员意识和全员参与是安全生产保证体系成功实施的重要基础。施工现场的全体员工,特别是工程项目部负责人,都要以高度的安全责任感参与安全生产保证活动。根据安保体系规定的要求,安全管理的职责不应仅限于各级负责人,更要渗透到施工现场内所有层次与职能,它既强调纵向的层次,又强调横向的职能。任何职能部门或人员,只要其工作可能对安全生产产生影响,就应具备适当的安全意识,并应该承担相应的责任。

3.建立安全生产保证体系的程序

工程项目部建立安全生产保证体系的一般程序可分为三个阶段。

1)策划与准备阶段

(1)教育培训,统一认识。安全生产保证体系的建立和完善的过程,是始于教育、终于教育的过程,也是提高认识和统一认识的过程。教育培训要分层次、循序渐进地进行。

(2)组织落实,拟订工作计划。

2)文件化阶段

按照相关的标准、法律法规和规章要求编制安保体系文件。

(1)体系文件编制的范围。包括:①制定安全管理目标;②准备本企业制定的各类安全管理标准;③准备国家、行业、地方的各类有关安全生产的地方法律法规、标准规范(规程)等;④编制安全保证计划及相应的专项计划、作业指导书等支持性文件;⑤准备各类安全记录、报表和台账。

(2)安全生产保证体系文件的编制要求。具体包括:①安全管理目标应与企业的安全管理总目标协调一致;②安全保证计划应围绕安全管理目标,将"要素"用矩阵图的形式,按职能部门(岗位)对安全职能各项活动进行展开和分解,依据安全生产策划的要求和结果,就各"要素"在工程项目的实施提出具体方案;③体系文件应经过自上而下、自下而上的多次反复讨论与协调,以提高编制工作的质量,并按安保体系的规定由上级机构对安全生产责任制、安全保证计划的完整性和可行性、工程项目部满足安全生产的保证能力等进行确认,建立并保存确认记录;④安全保证计划送上级主管部门备案。

3)运行阶段

(1)发布施工现场安全生产保证体系文件,有针对性地多层次开展宣传活动,使现场每个员工都能明确本部门、本岗位在实施安保体系中应做些什么工作,使用什么文件,如何依据文件要求开展这些工作,以及如何建立相应的安全记录等。

(2)配备必要的资源和人员。应保证适应工作需要的人力资源,适宜而充分的设施、设备,以及综合考虑成本效益和风险的财务预算。

(3)加强信息管理、日常安全监控和组织协调。通过全面、准确、及时地掌握安全管理信息，对安全活动过程及结果进行连续监视和验证，对涉及体系的问题与矛盾进行协调，促进安保体系的正常运行和不断完善，是安保体系形成良性循环运行机制的必要条件。

(4)由企业按规定对施工现场的安全生产保证体系运行进行内部审核、验证，确认安全生产保证体系的符合性、有效性和适合性。其重点是：①规定的安全管理目标是否可行；②体系文件是否覆盖了所有的主要安全活动，文件之间的接口是否清楚；③组织结构是否满足安保体系运行的需要，各部门(岗位)的安全职责是否明确；④规定的安全记录是否起到见证作用；⑤所有员工是否养成按安保体系文件工作或操作的习惯，执行情况如何；⑥通过内审暴露问题，组织纠正并实施纠正措施，达到不断改进的目的，在适当时机可向审核认证机构申请。

应建立施工项目安全生产组织管理系统(见图6-1)和施工项目安全施工责任保证体系(见图6-2)，为施工项目安全施工提供组织保证。

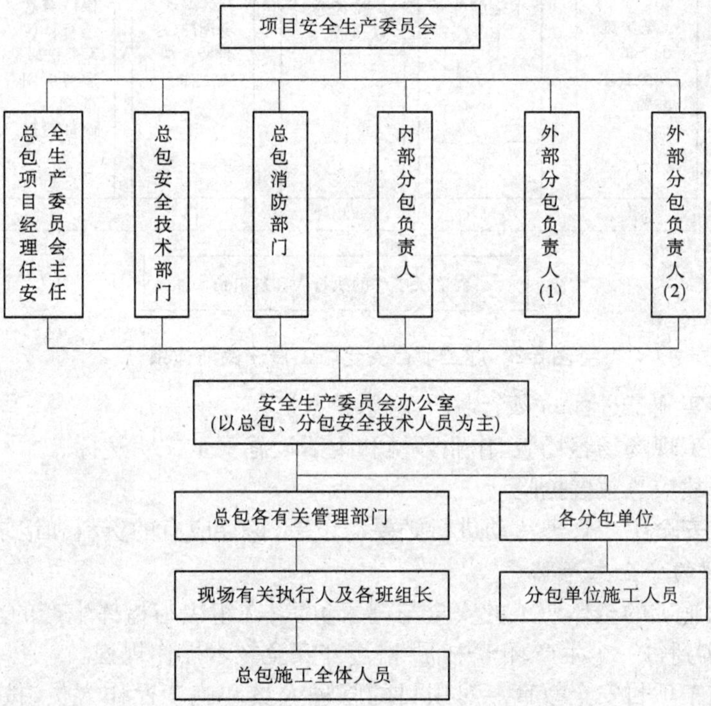

图6-1　施工项目安全生产组织管理系统

(二)安全生产职责

1.公司管理层的安全生产职责

建筑施工企业各管理层级职能部门和岗位，按职责分工，对工程项目实施安全管理。企业的工程项目部应根据企业安全管理制度，实施施工现场安全生产管理，内容应包括：

(1)制定项目安全管理目标，建立安全生产责任体系，实施责任考核。

(2)配置满足要求的安全生产、文明施工措施资金、从业人员和劳动防护用品。

(3)选用符合要求的安全技术措施、应急预案、设施与设备。

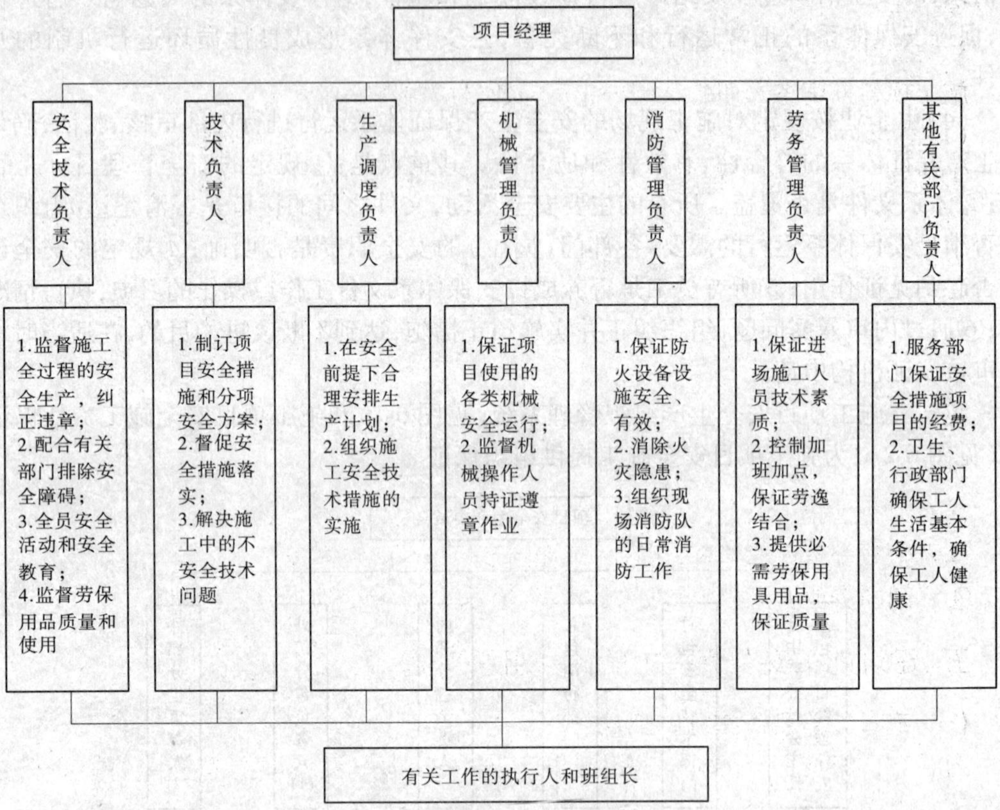

图6-2　施工项目安全施工责任保证体系

(4)有效落实施工过程的安全生产，隐患整改。

(5)组织施工现场场容场貌、作业环境和生活设施安全文明达标。

(6)组织事故应急救援抢险。

(7)对施工安全生产管理活动进行必要的记录，保存应有的资料和记录。

2. 项目经理的安全生产职责

(1)对参加施工的全体职工的安全与健康负责，在组织与指挥生产的全过程中，把安全生产责任落实到每一个生产环节中，严格遵守安全技术操作规程。

(2)组织施工项目安全教育。对项目的管理人员和施工操作人员，按其各自的安全职责范围进行教育，建立安全生产奖罚制度。对违章和失职者要予以处罚，对避免事故、一贯照章工作并做出成绩者予以奖励。

(3)工程施工中发生重大事故时，立即组织人员保护现场，向主管上级汇报，积极配合劳动部门、安全部门和司法部门调查事故原因，提出预防事故重复发生和防止事故危害扩延的初步措施。

(4)配备安全技术人员以协助项目经理履行安全职责。这些人员应具有同类或类似工程的安全技术管理经验，掌握施工安全技术基本知识，热心于安全技术工作。

项目经理的安全管理措施有：定期召开安全生产会议，研究安全对策，确定各项措施执行人；每天对施工现场进行巡视，处理不安全因素及安全隐患；开展现场安全生产活动；

建立安全生产工作日志，记录每天的安全生产情况。

3. 安全员的安全生产职责

施工项目部配备专职安全管理人员的数量应符合下列要求：

(1)总承包单位配备项目专职安全生产管理人员应当满足下列要求：

①建筑工程、装修工程按照建筑面积配备：1 万 m^2 及以下的工程不少于 1 人；1 万～5 万 m^2 的工程不少于 2 人；5 万 m^2 以上的工程不少于 3 人，应当按专业配备专职安全生产管理人员。

②土木工程、线路管道、设备安装工程按照工程合同价配备：5 000 万元以下的工程不少于 1 人；5 000 万～1 亿元的工程不少于 2 人；1 亿元以上的工程不少于 3 人，应当按专业配备专职安全生产管理人员。

(2)项目专职安全生产管理人员应由企业委派，并承担以下主要的安全生产职责：

①监督项目安全生产管理要求的实施，建立项目安全生产管理档案。

②对危险性较大的分部分项工程实施现场监护并做好记录。

③阻止和处理违章指挥、违章作业和违反劳动纪律等现象。

④定期向企业安全生产管理机构报告项目安全生产管理情况。

五、建筑施工安全管理中的技术组织措施

(一)有关技术组织措施的规定

为了进行安全生产，保障工人的健康和安全，必须加强安全技术组织措施管理，编制安全技术组织措施计划，并按下列有关规定进行预防：

(1)所有工程的施工组织设计(施工方案)都必须有安全技术措施。爆破、吊装、水下、深坑、支模、拆除等大型特殊工程，都要编制单项安全技术方案；否则，不得开工。安全技术措施要有针对性，要根据工程特点、施工方法、劳动组织和作业环境等情况来制定，防止一般化。施工现场道路、上下水及采暖管道、电气线路、材料堆放、临时和附属设施等的平面布置，都要符合安全、卫生和防火要求，并要加强管理，做到安全生产和文明施工。

(2)企业在编制生产技术财务计划的同时，必须编制安全技术措施计划。安全技术措施所需要的设备、材料应列入物资、技术供应计划。对于每项措施，应该确定实现的期限和负责人。企业的领导人应该对安全技术措施计划的编制和贯彻执行负责。

(3)安全技术措施计划的范围，包括以改善劳动条件(主要指影响安全和健康的)、防止伤亡事故、预防职业病和职业中毒为目的的各项措施，不要与生产、基建和福利等措施混淆。

(4)安全技术措施计划所需的经费，按照现行规定，属于增加固定资产的，由国家拨款；属于其他的支出摊入生产成本。企业不得将劳动保护费的拨款挪作他用。

(5)企业编制和执行安全技术措施计划，必须走群众路线，计划要经过群众讨论，使其切合实际，力求做到花钱少、效果好。要组织群众定期检查，以保证计划的实现。

(二)施工现场预防工伤事故措施

(1)参加施工现场作业人员，要熟记安全技术操作规程和有关安全制度。

(2)在编制施工组织设计时，要有施工现场安全施工技术组织措施。开工前要做好

安全技术措施。

(3)按施工平面图布置的施工现场，要保证道路畅通，布置安全稳妥。

(4)在高压线下方 10 m 范围内，不准堆放物料，不准搭设临时设施，不准停放机械设备。在高压线或其他架空线一侧进行超重吊装时，要按劳动部颁发的《超重机械安全管理规程》的规定执行。

(5)施工现场要按平面布置图设置消火栓和充足的灭火器材。在消火栓周围 3 m 的范围内不准堆放物料。严禁在现场吸烟，吸烟者要进入吸烟室。

(6)现场设围墙及保卫人员，以便防火、防盗、防坏人破坏机电设备及其他现场设施。

(7)大型工地要设立现场安全生产小组，对安全生产进行统一部署，开展安全活动，处理解决生产中有关安全问题和隐患。小组成员包括参加施工各单位的负责人及安全部门、消防部门的代表。

(8)安全工作要贯彻预防为主的一贯方针，把安全工作当成一个系统来抓。把发现事故隐患、预防隐患引起的危险，与过去的经验教训进行对照选择安全措施方案，实现安全措施计划，对措施效果进行分析总结，进一步研究改进防范措施的 6 个环节作为安全管理的周期性流程，使事故减少到最低限度，达到最佳安全状态。

另外，还要专门制订预防高空坠落的技术组织措施，预防物体打击事故的技术组织措施，预防机械伤害事故的技术组织措施，防止触电事故的技术措施，防止坍塌事故的技术组织措施，电焊、气焊安全技术组织措施，脚手架安全技术组织措施，冬雨季施工安全技术措施，分项工程工艺安全规程等。

六、安全事故处理

(一)伤亡事故的分类

1. 工伤事故的概念

工伤事故即因工伤亡事故，是因生产和工作发生的伤亡事故。国务院《生产安全事故报告和调查处理条例》(国务院令第 493 号)中指出，事故报告应当及时、准确、完整，任何单位和个人对事故不得迟报、漏报、谎报或者瞒报。

2. 伤亡事故的分类

根据生产安全事故(简称事故)造成的人员伤亡或者直接经济损失，事故一般分为以下等级：

(1)特别重大事故，是指造成 30 人以上死亡，或者 100 人以上重伤(包括急性工业中毒，下同)，或者 1 亿元以上直接经济损失的事故。

(2)重大事故，是指造成 10 人以上 30 人以下死亡，或者 50 人以上 100 人以下重伤，或者 5 000 万元以上 1 亿元以下直接经济损失的事故。

(3)较大事故，是指造成 3 人以上 10 人以下死亡，或者 10 人以上 50 人以下重伤，或者 1 000 万元以上 5 000 万元以下直接经济损失的事故。

(4)一般事故，是指造成 3 人以下死亡，或者 10 人以下重伤，或者 1 000 万元以下直接经济损失的事故。

(二)事故报告

(1)事故发生后,事故现场有关人员应当立即向本单位负责人报告;单位负责人接到报告后,应当于1 h内向事故发生地县级以上人民政府安全生产监督管理部门和负有安全生产监督管理职责的有关部门报告。

情况紧急时,事故现场有关人员可以直接向事故发生地县级以上人民政府安全生产监督管理部门和负有安全生产监督管理职责的有关部门报告。

(2)安全生产监督管理部门和负有安全生产监督管理职责的有关部门接到事故报告后,应当依照下列规定上报事故情况,并通知公安机关、劳动保障行政部门、工会和人民检察院:

①特别重大事故、重大事故逐级上报至国务院安全生产监督管理部门和负有安全生产监督管理职责的有关部门;

②较大事故逐级上报至省、自治区、直辖市人民政府安全生产监督管理部门和负有安全生产监督管理职责的有关部门;

③一般事故上报至设区的市级人民政府安全生产监督管理部门和负有安全生产监督管理职责的有关部门。

安全生产监督管理部门和负有安全生产监督管理职责的有关部门依照前款规定上报事故情况,应当同时报告本级人民政府。国务院安全生产监督管理部门和负有安全生产监督管理职责的有关部门以及省级人民政府接到发生特别重大事故、重大事故的报告后,应当立即报告国务院。

必要时,安全生产监督管理部门和负有安全生产监督管理职责的有关部门可以越级上报事故情况。

(3)安全生产监督管理部门和负有安全生产监督管理职责的有关部门逐级上报事故情况,每级上报的时间不得超过2 h。

(4)报告事故应当包括下列内容:

①事故发生单位概况;

②事故发生的时间、地点以及事故现场情况;

③事故的简要经过;

④事故已经造成或者可能造成的伤亡人数(包括下落不明的人数)和初步估计的直接经济损失;

⑤已经采取的措施;

⑥其他应当报告的情况。

(5)事故报告后出现新情况的,应当及时补报。

自事故发生之日起30日内,事故造成的伤亡人数发生变化的,应当及时补报。道路交通事故、火灾事故自发生之日起7日内,事故造成的伤亡人数发生变化的,应当及时补报。

(6)事故发生单位负责人接到事故报告后,应当立即启动事故相应应急预案,或者采取有效措施,组织抢救,防止事故扩大,减少人员伤亡和财产损失。

(7)事故发生地有关地方人民政府、安全生产监督管理部门和负有安全生产监督管理职责的有关部门接到事故报告后，其负责人应当立即赶赴事故现场，组织事故救援。

（8）事故发生后，有关单位和人员应当妥善保护事故现场以及相关证据，任何单位和个人不得破坏事故现场、毁灭相关证据。

因抢救人员、防止事故扩大以及疏通交通等原因，需要移动事故现场物件的，应当做出标志，绘制现场简图并做出书面记录，妥善保存现场重要痕迹、物证。

（9）事故发生地公安机关根据事故的情况，对涉嫌犯罪的，应当依法立案侦查，采取强制措施和侦查措施。犯罪嫌疑人逃匿的，公安机关应当迅速追捕归案。

（10）安全生产监督管理部门和负有安全生产监督管理职责的有关部门应当建立值班制度，并向社会公布值班电话，受理事故报告和举报。

（三）事故调查

（1）特别重大事故由国务院或者国务院授权有关部门组织事故调查组进行调查。

重大事故、较大事故、一般事故分别由事故发生地省级人民政府、设区的市级人民政府、县级人民政府负责调查。省级人民政府、设区的市级人民政府、县级人民政府可以直接组织事故调查组进行调查，也可以授权或者委托有关部门组织事故调查组进行调查。

未造成人员伤亡的一般事故，县级人民政府也可以委托事故发生单位组织事故调查组进行调查。

（2）上级人民政府认为必要时，可以调查由下级人民政府负责调查的事故。

自事故发生之日起30日内（道路交通事故、火灾事故自发生之日起7日内），因事故伤亡人数变化导致事故等级发生变化，依照国务院《生产安全事故报告和调查处理条例》规定应当由上级人民政府负责调查的，上级人民政府可以另行组织事故调查组进行调查。

（3）特别重大事故以下等级事故，事故发生地与事故发生单位不在同一个县级以上行政区域的，由事故发生地人民政府负责调查，事故发生单位所在地人民政府应当派人参加。

（4）事故调查组的组成应当遵循精简、效能的原则。

根据事故的具体情况，事故调查组由有关人民政府、安全生产监督管理部门、负有安全生产监督管理职责的有关部门、监察机关、公安机关以及工会派人组成，并应当邀请人民检察院派人参加。

事故调查组可以聘请有关专家参与调查。

（5）事故调查组成员应当具有事故调查所需要的知识和专长，并与所调查的事故没有直接利害关系。

（6）事故调查组组长由负责事故调查的人民政府指定。事故调查组组长主持事故调查组的工作。

（7）事故调查组履行下列职责：

①查明事故发生的经过、原因、人员伤亡情况及直接经济损失；

②认定事故的性质和事故责任；

③提出对事故责任者的处理建议；

④总结事故教训，提出防范和整改措施；

⑤提交事故调查报告。

（8）事故调查组有权向有关单位和个人了解与事故有关的情况，并要求其提供相关文件、资料，有关单位和个人不得拒绝。

事故发生单位的负责人和有关人员在事故调查期间不得擅离职守，并应当随时接受事故调查组的询问，如实提供有关情况。

事故调查中发现涉嫌犯罪的，事故调查组应当及时将有关材料或者其复印件移交司法机关处理。

（9）事故调查中需要进行技术鉴定的，事故调查组应当委托具有国家规定资质的单位进行技术鉴定。必要时，事故调查组可以直接组织专家进行技术鉴定。技术鉴定所需时间不计入事故调查期限。

（10）事故调查组成员在事故调查工作中应当诚信公正、恪尽职守，遵守事故调查组的纪律，保守事故调查的秘密。

未经事故调查组组长允许，事故调查组成员不得擅自发布有关事故的信息。

（11）事故调查组应当自事故发生之日起 60 日内提交事故调查报告；特殊情况下，经负责事故调查的人民政府批准，提交事故调查报告的期限可以适当延长，但延长的期限最长不超过 60 日。

（12）事故调查报告应当包括下列内容：

①事故发生单位概况；

②事故发生经过和事故救援情况；

③事故造成的人员伤亡和直接经济损失；

④事故发生的原因和事故性质；

⑤事故责任的认定以及对事故责任者的处理建议；

⑥事故防范和整改措施。

事故调查报告应当附具有关证据材料。事故调查组成员应当在事故调查报告上签名。

（13）事故调查报告报送负责事故调查的人民政府后，事故调查工作即告结束。事故调查的有关资料应当归档保存。

（四）事故处理

（1）重大事故、较大事故、一般事故，负责事故调查的人民政府应当自收到事故调查报告之日起 15 日内做出批复；特别重大事故，30 日内做出批复，特殊情况下，批复时间可以适当延长，但延长的时间最长不超过 30 日。

有关机关应当按照人民政府的批复，依照法律、行政法规规定的权限和程序，对事故发生单位和有关人员进行行政处罚，对负有事故责任的国家工作人员进行处分。

事故发生单位应当按照负责事故调查的人民政府的批复，对本单位负有事故责任的人员进行处理。

负有事故责任的人员涉嫌犯罪的，依法追究刑事责任。

（2）事故发生单位应当认真吸取事故教训，落实防范和整改措施，防止事故再次发生。防范和整改措施的落实情况应当接受工会和职工的监督。

安全生产监督管理部门和负有安全生产监督管理职责的有关部门应当对事故发生单

位落实防范和整改措施的情况进行监督检查。

(3)事故处理的情况由负责事故调查的人民政府或者其授权的有关部门、机构向社会公布,依法应当保密的除外。

(五)法律责任

(1)事故发生单位主要负责人有下列行为之一的,处上一年年收入40% ~80%的罚款;属于国家工作人员的,并依法给予处分;构成犯罪的,依法追究刑事责任:

①不立即组织事故抢救的;

②迟报或者漏报事故的;

③在事故调查处理期间擅离职守的。

(2)事故发生单位及其有关人员有下列行为之一的,对事故发生单位处100万元以上500万元以下的罚款;对主要负责人、直接负责的主管人员和其他直接责任人员处上一年年收入60% ~100%的罚款;属于国家工作人员的,并依法给予处分;构成违反治安管理行为的,由公安机关依法给予治安管理处罚;构成犯罪的,依法追究刑事责任:

①谎报或者瞒报事故的;

②伪造或者故意破坏事故现场的;

③转移、隐匿资金、财产,或者销毁有关证据、资料的;

④拒绝接受调查或者拒绝提供有关情况和资料的;

⑤在事故调查中作伪证或者指使他人作伪证的;

⑥事故发生后逃匿的。

(3)事故发生单位对事故发生负有责任的,依照下列规定处以罚款:

①发生一般事故的,处10万元以上20万元以下的罚款;

②发生较大事故的,处20万元以上50万元以下的罚款;

③发生重大事故的,处50万元以上200万元以下的罚款;

④发生特别重大事故的,处200万元以上500万元以下的罚款。

(4)事故发生单位主要负责人未依法履行安全生产管理职责,导致事故发生的,依照下列规定处以罚款;属于国家工作人员的,并依法给予处分;构成犯罪的,依法追究刑事责任:

①发生一般事故的,处上一年年收入30%的罚款;

②发生较大事故的,处上一年年收入40%的罚款;

③发生重大事故的,处上一年年收入60%的罚款;

④发生特别重大事故的,处上一年年收入80%的罚款。

(5)有关地方人民政府、安全生产监督管理部门和负有安全生产监督管理职责的有关部门有下列行为之一的,对直接负责的主管人员和其他直接责任人员依法给予处分;构成犯罪的,依法追究刑事责任:

①不立即组织事故抢救的;

②迟报、漏报、谎报或者瞒报事故的;

③阻碍、干涉事故调查工作的;

④在事故调查中作伪证或者指使他人作伪证的。

(6)事故发生单位对事故发生负有责任的,由有关部门依法暂扣或者吊销其有关证照;对事故发生单位负有事故责任的有关人员,依法暂停或者撤销其与安全生产有关的执业资格、岗位证书;事故发生单位主要负责人受到刑事处罚或者撤职处分的,自刑罚执行完毕或者受处分之日起,5年内不得担任任何生产经营单位的主要负责人。

为发生事故的单位提供虚假证明的中介机构,由有关部门依法暂扣或者吊销其有关证照及其相关人员的执业资格;构成犯罪的,依法追究刑事责任。

(7)参与事故调查的人员在事故调查中有下列行为之一的,依法给予处分;构成犯罪的,依法追究刑事责任:

①对事故调查工作不负责任,致使事故调查工作有重大疏漏的;

②包庇、袒护负有事故责任的人员或者借机打击报复的。

(8)违反条例规定,有关地方人民政府或者有关部门故意拖延或者拒绝落实经批复的对事故责任人的处理意见的,由监察机关对有关责任人员依法给予处分。

(9)国务院《生产安全事故报告和调查处理条例》规定的罚款的行政处罚,由安全生产监督管理部门决定。

法律、行政法规对行政处罚的种类、幅度和决定机关另有规定的,依照其规定。

七、安全教育和培训

(一)安全教育、培训的内容

(1)安全知识教育。使操作者了解、掌握生产操作过程中潜在的危险因素及防范措施。

(2)安全技能训练。使操作者逐渐掌握安全操作技能,获得完善化、自动化的行为方式,减少操作中的失误现象。

(3)安全意识教育。激励操作者自觉实行安全技能。

(二)安全教育、培训的形式

(1)新工人入场前应完成三级安全教育;

(2)结合施工街道的变化,适时进行安全知识教育;

(3)结合生产组织安全技能训练;

(4)随安全生产形势的变化,确定阶段教育内容;

(5)受季节、自然变化影响时,针对由于这种变化而出现生产环境作业条件的变化进行教育;

(6)采用新技术,使用新设备、新材料,推行新工艺之前,应对有关人员进行安全知识、技能、意识的全面安全教育。

(三)安全检查

(1)安全检查的内容,如表6-3、表6-4所示。

表 6-3　公司、项目经理部或工程队安全检查的内容

检查项目	检查内容
安全生产制度	1. 安全生产管理制度是否健全并认真执行; 2. 安全生产责任制是否落实; 3. 安全生产的"五同时"执行得如何; 4. 安全生产计划编制、执行得如何; 5. 安全生产管理机构是否健全,人员配备是否得当
安全教育	1. 是否坚持新工人入场三级教育; 2. 特殊工种的安全教育坚持得如何; 3. 改变工种和采用新技术等人员的安全教育情况怎样; 4. 对工人日常安全教育进行得怎样; 5. 各级领导干部和业务员的安全教育如何
安全技术	1. 有无完善的安全技术操作规程;安全技术措施计划是否完善、及时; 2. 主要安全设施是否可靠;各种机具、机电设备是否安全可靠; 3. 防尘、防毒、防爆、防冻等措施妥否,防火措施当否; 4. 安全帽、安全带、安全网及其他防护用品和设施得当否
安全检查	1. 是否坚持执行安全检查制度,是否有违纪、违章现象; 2. 隐患处理得如何,交通安全管理得怎样
安全业务工作	1. 记录、台账、资料、报表等管理得怎样; 2. 安全事故报告是否及时; 3. 是否开展事故预测和分析; 4. 安全竞赛、评比、总结等工作进行的是否及时

表 6-4　班组安全检查的内容

检查项目	检查内容
作业前检查	1. 班前安全会是否开过; 2. 是否坚持每周一次的安全活动; 3. 安全网点的活动开展得怎样; 4. 岗位安全生产责任制是否落实; 5. 本工种安全技术操作规程掌握如何,机具、设备准备得如何; 6. 作业环境和作业位置是否清楚,并符合安全要求; 7. 是否穿戴好个人防护用品; 8. 主要安全设施是否可靠,有无其他特殊问题
作业中检查	1. 有无违反安全纪律现象; 2. 有无违章作业现象; 3. 有无违章指挥现象,有无不懂、不会操作现象; 4. 有无故意违反技术操作现象; 5. 作业人员的特异反应如何
作业后检查	1. 材料、物资是否整理; 2. 料具、设备是否整顿; 3. 清扫工作做得如何; 4. 其他问题解决得如何

(2)安全检查的一般方法,如表6-5所示。

表6-5　安全检查的一般方法

方法	内容
看	看现场环境和作业条件,看实物和实际操作,看记录和资料等
听	听汇报、听介绍、听反映、听意见和批评、听机械设备的运转响声或承重物发出的微弱声等
嗅	对挥发物、腐蚀物、有毒气体进行辨别
问	对影响安全的问题,详细询问,寻根究底
查	查明问题、查对数据、查清原因、追查责任
测	测量、测试、监测
析	进行必要的实验和化验
验	分析安全事故的隐患、原因

第三节　施工项目环境管理

一、环境管理体系简介

(一)环境管理体系的背景

环境管理是随着科学技术的发展而产生的。科学技术的发展既带来了繁荣,也带来了环境保护问题。环境保护的意识随着不断发生的环境问题的严重性而开始被许多国家重视。联合国于1972年发表了《人类环境宣言》。1992年又召开了环境与发展大会,发表了《关于环境与发展的宣言》(里约热内卢宣言)、《21世纪议程》、《联合国气候变化框架条约》、《联合国生物多样化公约》等。联合国的宣言提出了环境保护的重要性,提出了可持续发展的战略思想,得到了与会国家的承认,成为一个逐步形成的各国共识。

1993年国际标准化组织成立了环境管理技术委员会,开始了对环境管理体系的国际通用标准的制定工作。1996年公布了ISO 14001《环境管理体系规范及使用指南》,以后又公布了若干标准,形成了体系。我国从1996年开始就以等同的方式,颁布了《环境管理体系规范及使用指南》(GB/T 24001—1996/ISO 14001—1996),目前采用的是《环境管理体系要求及使用指南》(GB/T 24001—2016)。

(二)环境管理体系的有关概念

环境管理的主要术语有以下几个:

(1)环境。是指组织运行活动的外部存在,包括空气、水、土地、自然资源、植物、动物、人,以及它们之间的相互关系。

(2)环境因素。是指一个组织的活动、产品或服务中能与环境发生相互作用的要素。其中具有或能够产生重大环境影响的环境因素称为重要环境因素。

(3)环境影响。是指全部或部分地有组织的活动、产品或服务给环境造成的任何有害或有益的变化。

(4)环境管理体系。是指整个管理体系的一个组成部分,包括为制定、实施、实现、评审和保持环境方针所需的组织机构、计划活动、职责、惯例、程序、过程和资源。

(5)组织。是指具有自身职能和行政管理的公司、集团公司、商行、企事业单位、政府机构或社团,或是上述单位的部分或结合体,无论其是否是法人团体、公营或私营。

(6)污染预防。旨在避免、减少或控制污染而对各种过程、惯例、材料或产品的采用,可包括再循环、处理、过程更改、控制机制、资源的有效利用和材料替代等。

(7)持续改进。是指强化环境管理体系的过程。目的是根据组织的环境方针,实现对整体环境表现(行为)的改进。

(三)环境管理体系的建立和落实

企业建立环境管理体系的步骤是:①最高管理者决定;②建立完整的组织机构;③人员培训;④环境评审;⑤体系策划;⑥文件编写;⑦体系试运行;⑧企业内部审核;⑨管理评审。

最高管理者应制订本组织的环境方针。环境方针的内容应包括"三个承诺和一个框架"。三个承诺是指承诺持续改进、承诺污染防治和承诺遵守有关其他要求。一个框架是指提供建立目标、指标的框架。

最高管理者应任命管理者代表,建立组织机构,对作用、职责和权限做出明确规定,形成文件,并予以传达。各级管理者都要为体系的实施与保持提供必备的资源以及所需要的技术支持。

(1)环境管理体系对人员的培训应包括以下最基本的内容:

①提高认识的内容:要使全体员工认识环境问题的重要性;国家或地方法律、法规标准;本组织的环境方针政策;现行状况的差距。

②环境管理的内容:了解岗位的环境因素及其影响;掌握减少环境影响的技能技术;紧急状况应采取的措施。

③明确工作程序:明确报告路径;违背工作程序的后果。

环境评审的作用是通过评审方法来确定自己的环境状况,要对组织所具有的一切环境因素进行识别和评价,以此作为建立环境管理体系的基础。

(2)评审范围应覆盖下列四个关键方面:

①法律、法规要求;

②重要环境因素的确定;

③对所有现行环境管理活动与程序的审查;

④对来自以往事件的反馈意见的评价。

在进行环境因素识别时,要考虑三种时态,即现在、过去和将来;要考虑三种状态,即正常、异常和紧急状态;还需要考虑六种情况,即对大气的排放、对水体的排放、废弃物的管理、对土地的污染、原材料与自然环境的使用以及当地其他环境问题和社区性问题(如噪声、光污染等)。

(3)组织应对环境管理体系进行策划,编制体系文件。有关文件应包括:

①过程信息;

②组织机构图;

③内部标准与运行程序；

④现场应急计划。

(4)环境管理体系的文件化是环境管理体系的特点之一，其重要意义在于：

①可以将环境管理体系的所有程序和规定在文件中固定下来；

②有助于组织活动的长期一致性和连贯性；

③有助于员工对全部体系的了解并明确自己的职责和责任；

④完整的管理文件是体系审核评审和认证的基本证据；

⑤可以展示本组织环境管理体系的全貌。

体系的试运行包括颁布文件，进行全员培训和实施。在实施一个阶段后要进行内部评审。进行审核的目的是判定环境管理体系是否符合预定的安排和标准的要求，判定体系是否得到了正确实施和保持，并向管理者报送审核的结果。

组织的最高管理者应按其规定的时间间隔，对环境管理体系进行评审，以确保体系的持续适用性、充分性和有效性。

管理评审应根据环境管理体系审核的结果、不断变化的客观环境和持续改进的承诺，指出对方针、目标以及环境管理体系的其他要素加以修正的可能。

二、环境保护

环境保护是我国的一项基本国策。环境保护是指保护和改善施工现场的环境，要求企业按照国家、地方的法律、法规和行业、企业的要求，采取措施控制施工现场的粉尘、废气、固体废弃物以及噪声、振动等对环境的污染和危害，并且注意对资源的节约。

环境保护的重点是防止水、气、声、渣的污染。但还应结合现场情况，注意其他污染，如光污染、恶臭污染等。

防止水污染应做到防止水源污染和地下水污染。要禁止将有毒废弃物作为土方回填。搅拌站废水、现场电石废水、冲车废水等要经过沉淀处理，再排入城市下水道，有条件的可进行回收利用。现场存放油料，必须对地面进行防渗处理。使用时，要采取措施，防止油料跑、冒、滴、漏，污染水体。临时食堂的污水排放时可设置简易的隔油池，定期掏油和杂物，防止污染。工地临时厕所应尽量采用水冲式厕所，如条件不允许时应加盖，并有防蝇、灭蚊措施，防止污染环境。

防止大气污染应做到工地茶炉、炉灶、锅炉采用具有消烟除尘功能的型号。进入现场的机动车要经过检查确定尾气排放是否符合规定。

防止施工现场的噪声应做到控制人为噪声，施工现场不得高声喊叫，不得从高处丢扔物品。要限制高音喇叭的使用。一般城市均有晚间禁止噪声的规定，应予遵守。确系特殊情况必须昼夜施工时应与有关方面协商，求得谅解。

从声源上降低噪声是防止噪声的根本措施，降低噪声的方法有：

(1)尽量选用低噪声的设备和先进工艺代替高噪声的设备和工艺，如低噪声空压机、免振捣混凝土等。

(2)在声源处安装消声器。主要是在排气管上安装各种适合的设施。

(3)采用吸声、隔音、隔振、阻尼等声学处理措施，降低噪声。

防止固体废物的污染应做到现场垃圾渣土要有固定推放地点，定期清运出场。高层建筑物和多层建筑物清理楼层垃圾时要搭设封闭式专用垃圾道，以供施工使用，严禁凌空随意抛撒。施工现场道路在有条件时可利用永久性道路，如无条件时也应做硬化处理，并做洒水清扫，防止道路扬尘。对于散装材料应采用入库存放的方式。露天堆放的砂子应加以苫盖。

运输车辆不应超载。现场出口应有水冲洗车设施。

要防止光污染。施工现场夜间灯光应控制使用，灯光不得朝向附近的居民住宅区。进行电焊作业时应有必要的遮挡。

要防止恶臭。施工现场应采取有效措施，禁止焚烧沥青、油毡、橡胶、皮革、建筑材料垃圾以及其他产生有毒有害烟尘和恶臭气体的物质，防止污染环境。

环境保护在节能降耗方面的工作包括控制能源的消耗和节约资源。

有条件的现场应设立能源计量分表，对各个分包规定能源指标。要控制施工现场办公用纸的消耗，尽量双面使用。现场夜间照明应有定时开启灯光管理规定，办公室夜间做到人走灯灭。

节约资源包括制定建筑材料使用指标，防止建筑材料浪费。更要特别重视对施工工艺的选择，合理的施工工艺能大幅度地减少能源消耗和缩短工期。

三、质量管理、环境管理和职业健康安全管理三个体系

我国目前作为国家推荐性标准颁布的有质量管理、环境管理和职业健康安全管理三个体系。目前绝大部分施工企业已建立了质量管理体系，三个体系中职业健康安全管理体系是最后颁布的一个。在制定职业健康安全管理体系标准时，已考虑了与环境管理体系标准以及质量管理体系标准之间的相容性，以便于组织对这三个体系的整合，整合的目的是便于管理和实施，避免了不同体系之间的不协调或产生矛盾的现象，保证管理体系的统一，从而提高实施效能。

三个标准都以系统管理为基本管理思想，都强调 PDCA 循环和持续改进，都要求通过建立文件管理体系，以文件管理体系的方式作为管理体系的建立、运行和持续改进的基础。

三个标准有着广泛的适用性，适用于各个行业，各种类型与规模的组织。三个标准都不涉及与外单位的对比，也不涉及企业的绩效。可以发现，对于不同的组织其管理深度可以有较大的区别，绩效上的差别更大，但只要达到标准的要求，都能通过认证。因此，三个标准的认证不等于工作已经尽善尽美了。为了强调这一点，标准特别指出它不排斥其他的管理体系模式。标准只是提供一个通用的模式，组织完全可以建立和使用其他优秀组织模式。例如美国的马尔科姆·鲍德里奇国家质量奖、欧洲质量奖和日本的戴明奖等国家和区域的各种奖项的评定模式。

标准所要求的管理文件的编制都趋向于多层次的格式。对于文件和记录的管理都有规定，但对于文件的多少，除特别要求之外，均给组织留有较大的余地。特别是职业健康安全管理体系标准在注解中提出，要按有效性和效率要求的原则，使文件数量尽可能得少。如果组织已有了充分的现有文件，可以考虑再建立一个描述现有文件和标准要求之

间的相互关系的文件，使现有文件能继续使用。这种做法也是可行的，但要注意防止新建文件与原有文件之间的矛盾。

目前我国已建立质量管理体系的施工企业在进一步建立环境管理体系或职业健康安全管理体系时，大部分采用了合并文件的做法。这样有利于减少重复工作，在具体编制方法上，普遍采用了三合一，即把三个文件合为一个文件。争取做到相互兼容、合理衔接，增大通用文件比重，减少文件的总量，达到简化管理系统的要求，做到既保证企业管理系统的完整、统一，又减少不必要的重复，提高系统的有效性。

三个标准都坚持自愿的原则。我国也把它们定为推荐性标准。

三个标准的要求有些是相同的，如管理职责、文件控制、培训、内部沟通和管理评审等；有的要求是相近的，如不合格品的控制和检查等；有的要求是独有的，如质量管理体系要求对产品的防护。其他标准就不存在。三个标准要求的对照表可参照《职业健康安全管理体系指南》（GB/T 28002）。

三个标准的不同点在于针对的对象不同，所满足的要求不同。质量管理体系是针对满足顾客需要和其他相关方面的要求。环境管理体系则是针对企业的生产活动的环境影响，以满足社会对环境保护的不断发展的需要。职业安全管理体系则是针对组织如何控制职业健康安全风险并改进其绩效，针对的是职业健康安全而非产品和服务的安全，其包括的人员除企业的人员外还有访问者和其他进入工作场所的人员。

其次的不同点表现在有的要求的名称相同但内容不同，如三个标准中均要求建立管理方针，但质量方针和环境方针、职业健康安全方针是有很大区别的。应当注意三个标准的执行部门不同。质量管理体系和环境管理体系、职业健康安全管理体系在企业中往往属于不同的部门管理。职业健康安全管理体系和环境管理体系涉及所有部门和全体人员，而质量管理体系只要求覆盖与指定产品或服务有关的生产环节，不要求涉及所有部门。职业健康安全管理工作目前一般由原安全部门在企业的主管安全负责人的领导下，承担主要管理责任，由其他部门协助，这是从过去的体制延续的做法。

还要注意三个标准虽然是相互有联系的标准，但以职业健康安全管理体系标准的发布日期最晚，因此在某些方面，如文件的控制等，职业健康安全管理体系标准的解释更为清楚。因此，学好职业健康安全管理体系标准将有助于对于其他标准的理解。

复习思考题

1. 简述职业健康安全、环境管理的目的。
2. 安全管理的范围和基本原则是什么？
3. 试分析施工中的不安全因素。
4. 发生安全事故时应如何处理？
5. 环境保护的重点是什么？
6. 试分析我国质量管理、环境管理和职业健康安全管理三个体系标准的特点。

第七章　施工项目风险管理

第一节　风险及风险管理概述

一、风险及工程风险基本知识

古人云："天有不测风云"，意味着生存就可能面临灾祸。提醒我们要有风险意识，要对世界事物不确定性和风险性有一定程度的认识。常言道："风险无处不在，风险无时不有""风险会带来灾难，风险与机会并存"，说明风险的客观性和存在的普遍性，同时揭示了风险的灾难性，但事物要发展，必须能够面对失败的威胁，不冒任何风险是不可能取得成功的。

（一）风险的概念

简单地说，风险（risk）是指损失发生的不确定性，它是不利事件或损失发生的概率及其后果的函数，用数学公式表示为：$R=f(P,C)$，其中 R 表示风险，P 表示不利事件发生的概率，C 表示该事件发生的后果。

风险是人们因对未来行为的决策及客观条件的不确定性而可能引起的后果与预定目标发生多种负偏离的综合。

通常要全面理解风险的含义，应注意以下几点：第一，风险是与人们的行为相联系的，这种行为包括个人的行为，也包括群体或组织的行为。不与行为联系的风险只是一种危险。而行为受决策左右，因此风险与人们的决策有关；第二，客观条件的变化是风险的重要成因，尽管人们无力控制客观状态，却可以认识并掌握客观状态变化的规律性，对相关的客观状态做出科学的预测，这也是风险管理的重要前提；第三，风险是指可能的后果与个体发生负偏离，负偏离是多种多样的，且重要程度不同，而在复杂的现实经济生活中，"好"与"坏"有时很难截然分开，需要根据具体情况加以分析；第四，尽管风险强调负偏离，但实际中肯定也存在正偏离。由于正偏离是人们的渴求，属于风险收益的范畴，因此在风险管理中也应予以重视，以它激励人们勇于承担风险，获得风险收益。

（二）风险的要素

一般来说，风险具备下列要素：事件（不希望发生的变化）；概率（事件发生具有不确定性）；影响（后果）；原因。

风险原因：事件发生并产生不良后果的可能性是由不确定活动或事件造成的。不确定是由信息的完备与否决定的。从理论上讲，风险信息的不完备性可以通过各种努力加以完善，却无法通过主观努力消除。其原因有二：一是认识客观事物的能力局限性；二是信息本身的滞后性。

（三）工程项目风险的概念

工程项目风险是指工程项目在设计、施工和竣工验收等阶段可能遭到的风险，其定义为：在工程项目目标规定的条件下，该目标不能实现的可能性。

（四）工程项目风险的特征

建筑工程项目从立项到完成后运行的整个生命周期中都必须重视对风险的管理，建筑工程项目的风险具有如下特点：

第一，风险存在的客观性和普遍性。作为损失发生的不确定性，风险是不以人的意志为转移并超越人们主观意识的客观存在，而且在项目的全寿命周期内，风险是无处不在、无时不有的。这些说明为什么虽然人类一直希望认识和控制风险，但直到现在也只能在有限的空间和时间内改变风险存在和发生的条件，降低其发生的频率，减少损失程度，而不能也不可能完全消除风险。

第二，某一具体风险发生的偶然性和大量风险发生的必然性。任何一种具体风险的发生都是诸多风险因素和其他因素共同作用的结果，是一种随机现象。个别风险事故的发生是偶然的、杂乱无章的，但对大量风险事故资料的观察和统计分析，发现其呈现出明显的运动规律，这就使人们有可能用概率统计方法及其他现代风险分析方法去计算风险发生的概率和损失程度，同时也导致风险管理的迅猛发展。

第三，风险的可变性。这是指在项目的整个过程中，各种风险在质和量上的变化，随着项目的进行，有些风险将得到控制，有些风险会发生并得到处理，同时在项目的每一阶段都可能产生新的风险。

第四，风险的多样性和多层次性。建筑工程项目周期长、规模大、涉及范围广、风险因素数量多且种类繁杂致使其在全寿命周期内面临的风险多种多样，而且大量风险因素之间内在关系错综复杂，各风险因素之间与外界的交叉影响又使风险显示出多层次性，这是建筑工程项目中风险的主要特点之一。

（五）工程项目风险的种类

工程项目投资巨大、工期长、参与者众多，整个建设过程都存在着各种各样的风险，从产生风险原因的性质可将风险分为：

（1）工程项目外风险，即由工程项目建设环境的不确定性而引起的风险，包括政治风险、经济风险、自然风险。

（2）工程项目内风险，对工程项目内风险，根据技术因素的影响和工程项目目标的实现程度又可对其进行分类，包括技术风险、非技术风险。

二、工程项目建设风险类型

工程项目风险类型如图 7-1 所示。

工程项目建设按责任方可以把风险划分为发包人风险、承包人风险以及第三人风险等。这三种风险既可能独立存在，也可能共同构成，即混合风险。例如，因发包人支付原因和承包人管理水平因素而导致的工期延误等即属混合风险。

按风险因素的主要方面，又可将风险分为技术与环境方面的风险、经济方面的风险以

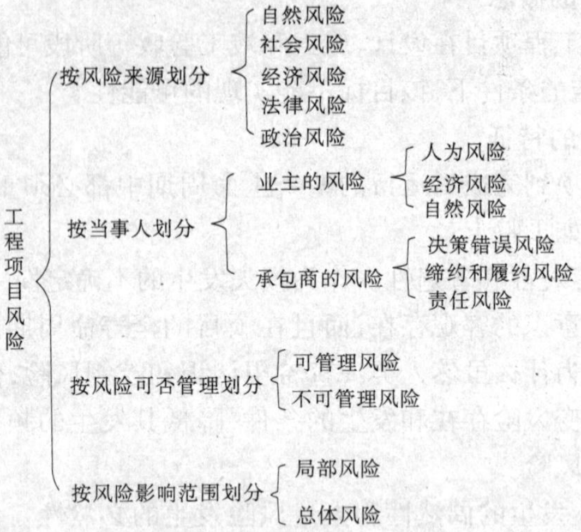

图 7-1 工程项目风险类型

及合同签订和履行方面的风险等三种。它们主要有以下几类：

（一）技术与环境方面的风险

（1）地质地基条件。工程发包人一般应提供相应的地质资料和地基技术要求，但这些资料有时与实际出入很大，处理异常地质情况或遇到其他障碍物都会增加工作量和延长工期。

（2）水文气象条件。主要表现在异常天气的出现，如台风、暴风雨、雪、洪水、泥石流、塌方等不可抗力的自然现象和其他影响施工的自然条件，都会造成工期的拖延和财产的损失。

（3）施工准备。由于业主提供的施工现场存在周边环境等方面自然与人为的障碍或“三通一平”等准备工作不足，导致建筑企业不能做好施工前期的准备工作，给工程施工正常运行带来困难。

（4）设计变更或图纸供应不及时。设计变更会影响施工安排，从而带来一系列问题；设计图纸供应不及时，会导致施工进度延误，造成承包人工期推延和经济损失。

（5）技术规范。尤其是技术规范以外的特殊工艺，由于发包人没有明确采用的标准、规范，在工序过程中又没有较好地进行协调和统一，影响以后工程的验收和结算。

（6）施工技术协调。工程施工过程中出现与自身技术专业能力不相适应的工程技术问题，各专业间又存在不能及时协调的困难等；由于发包人管理工程的技术水平差，对承包人提出需要发包人解决的技术问题，而又没有做出及时答复。

（二）经济方面的风险

（1）招标文件。是招标的主要依据，特别是投标者须知、设计图纸、工程质量要求、合同条款以及工程量清单等都存在着潜在的经济风险，必须仔细分析研究。

（2）要素市场价格。要素市场包括劳动力市场、材料市场、设备市场等，这些市场价格的变化,特别是价格的上涨,直接影响着工程承包价格。

(3)金融市场因素。金融市场因素包括存贷款利率变动、货币贬值等,也影响着工程项目的经济效益。

(4)资金、材料、设备供应。主要表现为发包人供应的资金、材料或设备质量不合格或供应不及时。

(5)国家政策调整。国家对工资、税种和税率等进行宏观调控,都会给建筑企业带来一定风险。

(三)合同签订和履行方面的风险

(1)存在缺陷、显失公平的合同。合同条款不全面、不完善,文字不细致、不严密,致使合同存在漏洞。如在合同条款上,存在不完善或没有转移风险的担保、索赔、保险等相应条款,缺少因第三方影响造成工期延误或经济损失的条款,存在单方面的约束性、过于苛刻的权利等不平衡条款。

(2)发包人资信因素。发包人经济状况恶化,导致履约能力差,无力支付工程款;发包人信誉差,不诚信,不按合同约定进行工程结算,有意拖欠工程款。

(3)分包方面。选择分包商不当,遇到分包商违约,不能按质按量按期完成分包工程,从而影响整个工程的进度或发生经济损失。

(4)履约方面。合同履行过程中,由于发包人派驻工地代表或监理工程师的工作效率低,不能及时解决遇到的问题,甚至发出错误指令等。

三、工程项目风险管理的重要性

随着科技的飞速发展和人们生活节奏的不断加快,社会环境瞬息万变,各大型工程项目所涉及的不确定因素日益增多,面临的风险也越来越多,风险所致损失规模也越来越大,这些都促使科研人员和实际管理人员从理论上和实践上重视对工程项目安全管理的风险管理。世界项目管理大会把对项目的风险管理作为大会的四大主题之一,以及各种期刊上有关项目风险管理论文的不断增加,都表明人们已极为重视对项目风险管理理论的研究。在实践上,现已涌现出不少新一代面向项目的企业——项目型公司,国外甚至还出现了专门从事风险管理工作的所谓风险管理公司。但涉及具体的建筑施工安全方面的风险管理内容不是很多。

对现代工程项目安全管理迫切需求加强风险管理,这主要表现在以下三个方面:第一,风险管理方法的不断改进及其在西方工业国家的成功应用吸引了许多项目组进行自身风险管理。一方面,风险管理以对风险的预测、识别、评估和科学分析为基础,为管理人员运用各种对策的最佳组合对风险进行全面、合理地处置提供了可能性,是现代管理风险的一种科学而直接的方法;另一方面,风险管理克服了那种传统的以保险为单一手段处置风险的局限性,综合利用各种控制风险的措施,并使处理风险的方法日益完善,这些都使得越来越多的项目组自觉地争相采用风险管理方法。第二,保险的局限性要求各项目组加强自身风险管理。首先,保险业只承办纯粹的自然灾害和意外事故所致损失的保险,而且只承办其责任项下的业务,其他损失不属理赔范围,保险人均不赔偿;其次,保险业务的扩展不能与生产的发展完全同步，保险条款难以全面反映新的风险存在和发生的可能性；再次，各项目组负责保险的管理人员更了解本行业的内外环境，可能比保险人制定和实施更有效的处理方案；最后，保险单中的许多条款都有对项目组不利的条件。因此，各项目组不能完全依靠保险解决风险问题，必须实行自身内部的风险管理。第三，风险管理是各项目组的内在要求。由于科技的飞速发展及其在社会生产各方面的广泛应用，各种风险因素及风险发生的可能性大大增加，并且扩大了风险事件造成的损失规模，这就对各项目组所负担的责任提出了更高的管理要求，使风险管理的各种手段倍受青睐。

四、工程项目风险管理的目标

风险管理是企业的一项必不可少的重要工作，要抓好风险管理工作，必须确立具体的目标，制订具体的指导原则，规定风险管理的责任范围。

(1)工程项目风险管理的目标：使项目获得成功；为项目实施创造安全的环境；降低成本，提高利润；保证项目质量；保证项目按计划、有节奏地施工，使项目实施始终处于良好的受控状态；使竣工项目的效益稳定；树立信誉，扩大影响；应付特殊变故。

(2)工程项目风险管理的范围：确定和评估风险，识别潜在损失因素及估算大小；制定风险的财务对策；采取预防措施；制定保护措施，提出保护方案；落实安全措施；管理索赔，负责一切可索赔事项的准备、谈判并签订有关索赔的协议和文件；负责保险会计、分配保费、统计损失；完成有关风险管理的预算。

五、工程项目风险管理系统的建立

任何决策系统模型的目的都是通过一套清晰的步骤，以使决策者对所面临的问题有清楚的了解，从而愿意采取相应的行为。

前两个步骤“定位”和“模式化表述”构成了分析过程，因为这两个步骤是将问题分解成各个构成部分。接下来的“评价”和“检验”则成了综合过程，将各个部分组合为整体以判定各种可能方案的优劣。定位的目的是避免将所针对的问题搞错。决策者通常不能准确地对问题以及其所追求的目标进行表述。此步骤是根据决策者的问题提供一个标准模型。它通过包含以下三部分的一个“决策基础”而得来：一为达到决策的特定目标可供选择的各个方案；二为有关决策和可能结果之间关系的信息；三为决策者的偏好。选择阶段应清楚了解可供决策者使用的各备选方案。

信息包括各种形式的模型、预测以及对各种可能结果的概率估计。重视决策者的偏好。

在评价阶段需将各种数据进行综合，以对各种方案进行排序，检验作为决策过程，需对各方案的敏感性进行检查，确定风险对方案优先顺序的影响。据此我们把建设工程风险管理过程分解为一个风险管理系统，该系统表明了处理风险问题的前后顺序。通常风险管理系统应用于每一个管理现场，一般而言工程项目风险管理系统的内容包括以下几个阶段：

(1)风险的识别，识别风险的来源和种类。

(2)风险的分析和评价,运用风险技术,研究风险对人和组织的影响及可能后果。

(3)风险的应对,研究采用何种方式,转移或者自留风险,对风险进行管理。

(4)风险的监控,跟踪已识别风险,监视残余风险和识别新的风险,保证计划执行,并评估这些计划对降低风险的有效性。

六、工程项目风险管理的重点

工程项目风险管理贯穿在工程项目的整个寿命周期,而且是一个连续不断的过程,但也有其重点。

(1)工程项目风险管理的重要时间节点。

(2)工程项目风险管理的重要对象。

(3)工程项目风险管理的重要环节。

对于工程项目来说,在可行性研究阶段、项目评估阶段、设计招标阶段、招标实施阶段,都有要进行项目风险的重点管理。如在设计阶段对具体结构和布置的优化,进行风险分析,能保证工程的安全性、可靠性。业主对项目的分标进行风险分析,可以减少招标的风险。承包商通过风险分析,可明确承包中的所有风险,确定应付风险的预备费数额等。

另外,项目合同及风险分配应注意其基本原则是:有利于履行合同,承担风险的一方是能有效防止和控制风险或者减少风险损失的合同主体。风险分配要有助于调动承担风险方的积极性。因此,业主应承担不可抗力的社会或自然因素造成的损失和损坏。既承担静态风险,也应承担不可预见施工现场条件变化的损失和工程量变化导致的价格变化的风险。例如,对于单价合同而言,由于两种工程量不一致,会造成合同价格变化的风险,若采用的是总价合同,此项风险由承包商承担。对于承包商来说,应承担投标缺陷造成的风险,也应承担对业主提供的原始资料分析不当造成的风险及施工、技术、管理不善造成的风险。分包人工作失误造成的风险,承包人要承担。

第二节 工程项目风险识别与评价

一、工程项目风险识别

风险识别方法有很多,但比较成熟的和用得较多的主要有调查表法(见表7-1)、工作分解结构(WBS)法、常识经验判断法、试验或试验结果法、敏感性分析、事故树分析法(见图7-2)、专家经验法、流程图法等。风险识别的内容、适用范围、识别程度见表7-2。

表 7-1　危险辨识与风险评价调查表

序号	施工部位	危险因素	潜在危险事件	承受风险人员	危险程度（大、中、小）	影响范围	发生的可能性（大、中、小）	风险评估（有或无）	责任部门	是否受控
1	一、隧道开挖	未用湿式凿岩机	尘、硅肺病	有	中	小	大	无	技术部	是
2		松动岩石清理不干净	物体打击	有	大	大	大	无	技术部	是
3	二、隧道支护作业	边墙开挖后不及时支护	坍塌	有	大	大	大	有	技术部	是
4		脚手板未满铺或有探头	高空坠落	有	大	大	大	有	技术部	是
5	三、运输作业	客货混装	人身伤害	有	中	大	小	无	工程部	是
6		超载	人身伤害	有	中	大	小	无	工程部	是
7	四、施工用电	配电箱未做到三级配电，两级保护	触电	有	大	大	大	无	工程部	是
8		配电箱引出线混乱	触电	有	大	大	小	无	工程部	是
9	五、设备、机具	空压机皮带轮无防护罩	人体伤害	有	大	大	小	无	工程部	是
10		电锯无防护装置	人体伤害	有	大	大	小	无	工程部	是
11		Ⅰ类手持电动工具无保护接零	触电	有	大	大	大	无	工程部	是

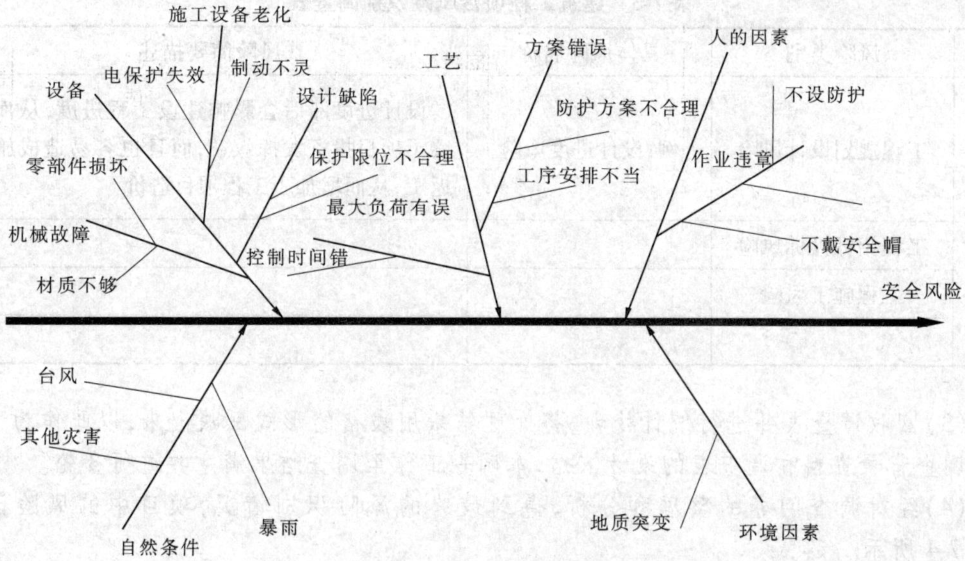

图 7-2 事故树分析法安全风险识别过程

表 7-2 风险识别的内容、适用范围、识别程度

类别	内容	适用范围	识别程度
检查表法	用表格罗列出风险事件及其来源	广泛	较易
WBS 法	项目风险各组成部分的性质及其关系	一般	易
常识经验判断法	列出以往的资料、数据和经验	广泛	易
试验或试验结果法	用实验数据和结果进行识别	窄	较难
敏感性分析法	分析风险影响因素，找出敏感因素加以识别	较窄	难
事故树分析法	画出风险事故影响因素图，从而演绎推理查找原因	较窄	难
专家经验法	利用专家风险识别理论对风险进行界定和量化	广泛	较易
流程图法	建立系列流程图，并找出“瓶颈”，从而进行风险识别	一般	难

【例 7-1】 某学校新区建设项目，由于项目处于前期决策阶段，因此对项目风险的预测有很大的不确定性，适合选择定性的风险识别方法，本文选用专家经验法中的德尔菲法对本工程的风险进行识别，德尔菲法能更好地体现出专家的真实意志，使评价结果更贴近现实。

经对项目进行实地考察，充分了解项目的概况后，运用德尔菲法识别风险步骤如下：

(1) 选择咨询专家。本项目处于项目开始阶段，情况较复杂，因此本调查工作选择的对象多为本校对项目情况比较了解的校、系级领导和与项目建设有关的部门领导及一部分工程建设的专家。实际调查对象为：校领导 3 人，院、系主任 3 人，财务处 1 人，规划建设处 2 人，后勤管理处 1 人，教师代表 1 人，校外专家 1 人，共 12 人参加了决策咨询调查。

(2) 设计调查表见表 7-3，将调查表与资料一并寄给专家，进行问卷调查。

表 7-3　建筑工程项目风险识别调查表

编号	风险类别	具体风险名称	风险简要描述
1	工程规划设计风险	例:设计进度风险	设计进度滞后会影响建设工程进度,从而延缓了项目投资发挥效益,而且也容易造成施工返工,从而增加了工程项目造价
2	工程招标投标风险		
3	工程施工风险		
⋮			

(3)回收调查表并进行统计处理,将处理结果用表格的形式反映出来,以此作为下一轮的调查背景资料和调查表的设计依据,本调查工作至调查结果满意共进行3轮。

(4)经对调查问卷的整理和分析,得到最终的风险识别情况,项目中的风险因素如表7-4所示。

表 7-4　风险因素及风险描述

序号	风险类别	风险描述
C11	设计任务书风险	设计基础资料不准确,引起一般设计变更和重大设计变更
C12	设计单位能力风险	设计项目组人员不足、技术能力低会间接使设计的施工图不能满足功能及工程施工需要,增加了工程项目造价
C13	设计规模风险	方案设计超投资估算,施工图超概算直接导致工程项目超出投资限额,增加了工程项目建设造价
C14	设计进度风险	设计进度滞后会影响建设工程进度,从而延缓项目投资发挥效益,而且也容易造成施工返工,从而增加了工程项目造价
C15	设计方案完善性	设计方案落后阻碍项目投资发挥效益,容易造成后期改造,从而增加了工程项目造价;方案不细致、设计变更频繁容易造成施工返工,从而增加了工程项目造价
C16	沟通风险	设计方与建设单位沟通不畅,沟通协调不及时,容易造成设计返工,易产生设计上的漏洞
C17	设计合同风险	设计合同本身有漏洞会直接导致不必要的经济损失,从而增加了工程项目造价。
C21	技术风险	招标人在招标准备阶段中,由于信息掌握得不全面,深化设计不到位而产生的风险
C22	资格预审风险	小公司由于资质和业绩不符合资格预审条件,通过挂靠知名公司参加投标,一旦中标,工程质量基本无法保证
C23	决策风险	决策风险主要是一种人为风险,在确定招标方式、确定招标文件及编制标底的决策上,因为决策人能力和认知不足,致使决策失误

续表 7-4

序号	风险类别	风险描述
C24	执行力风险	招标过程中需要对材料、设备、施工单位进行考察,细化招标文件和编标准则,降低招标失误概率,但招标方往往做得不够,给招投标的实施带来风险
C25	竞争风险	投标方低于成本报价,以期中标后在施工过程中通过洽商变更和索赔达到赢利的目的
C26	道德信誉风险	招标代理单位、施工方在招标中违背道德,进行私下交易,超低价中标后撤标,投标单位串标、围标等
C31	经济风险	施工中由于经济政策改变导致通胀等,使工程造价剧增,建设方工程付款出现困难
C32	自然风险	自然灾害、突发事件瘟疫疾病;岩土地质条件和水文地质条件;气象条件;引起火灾和爆炸的因素等
C33	技术风险	工程施工方案、工程物资、工程机械等不能适应项目技术结构、工期紧、质量要求高、工程地质地理环境较差等情况的复杂要求;采用新技术新工艺风险
C34	合同风险	合同结构不合理、合同管理混乱会直接导致不必要的经济损失,从而增加工程项目造价
C35	业主管理风险	建设手续不全、施工现场条件差、不能及时提供完整的设计文件或设计出现错误,建设资金不能及时拨付、材料设备不能及时到位,业主或监理单位、周边居民协调能力差,工程变更大,业主项目管理组织结构不当也会直接影响建设各参与主体的协调,从而使工程项目实施中产生差错
C36	施工单位技术能力	施工技术力量薄弱使施工过程不能满足设计的施工图以及国家规范要求,使建筑物不能满足最后的功能需要,加大后期费用
C37	监理与施工方勾结	监理单位在监督工程中与施工单位联合欺骗建设单位,使建设单位在质量、造价、进度上受到损失
C38	安全防护风险	现场与公用防火设施;事故防范措施和计划;人身安全控制计划;信息安全控制计划;安全生产风险

根据工程类型、施工阶段和危险源分布范围,逐项识别危险源的存在:是否存在造成事故的来源,包括是否有重要能量、有害物存在,是否有物的不安全状态或人的不安全行为;什么人、物会受到伤害或损害;伤(损)害将如何发生;伤(损)害后果程度如何;判断类型、作业或部门。建筑工地常见的危险源参见表 7-5。

表 7-5　危险源辨识

序号	危险类别	危险源	危险来源分布情况	何人或何物可能受伤害	伤害将如何发生	伤害结果
1	高处坠落	楼面孔洞无盖板	多层建筑结构施工	作业人员	作业人员坠落	重伤、死亡
2	高处坠落	高处作业未挂安全带	结构吊装	吊装工焊工	作业人员坠落	重伤、死亡
3	高处坠落	脚手排架与墙体未按规定连接	建筑物外墙施工	脚手架上作业人员	脚手架倒塌、作业人员坠落	多人伤亡、财物损失
4	火灾	焊接作业下方有易燃物	预制构件吊装焊接	作业区设备、材料	火星引燃可燃物	火灾伤亡、财产损失
5	火灾	油库无消防器材	工地油库	油库及相关人员	油料遇火燃烧	火灾伤亡、财产损失
6	火灾	乙炔钢瓶泄漏	现场气割作业	作业人员及现场设施	乙炔泄漏遇火燃烧	火灾伤亡、财产损失
7	触电	电源线老化破损	现场电器设施	作业人员	人员接触电线	触电死亡
8	触电	配电箱门未关未锁	现场配电盘	非电工作业人员	违章操作电器	触电死亡
9	触电	手持电动工具绝缘不良	手持电动工具使用	操作人员	使用不合格电动工具	触电死亡
10	机械伤害	提升架限位器失灵	建筑施工提升架	提升机运行	吊笼冲顶后坠落	财产损失、人员伤亡
11	机械伤害	戴手套操作车床	工具机修间	操作人员	手被车床绞入	重伤
12	机械伤害	钢丝绳磨损、超期使用	现场起重机作业	作业人员、机械	钢丝绳断裂	伤亡、财产损失

二、工程项目风险评价

（一）工程项目风险评价的作用、步骤和标准

1. 工程项目风险评价的作用

在建设工程项目风险管理中，项目风险评价是一个必不可少的环节，其主要作用表现在：

(1)通过风险评价,确定项目风险大小的先后顺序。对工程项目各种风险进行评价,根据它们对项目的影响程度,包括风险出现的概率和后果,确定它们的排序,为考虑风险控制先后顺序和风险控制措施提供依据。

(2)通过风险评价,可以确定各种风险事件间的内在联系。工程项目中各种各样的风险事件,表面上看是互不相关的,当进行详细分析评价后,便会发现某一些风险事件的风险源是相同的或有密切关联的。掌握了风险事件间的内在联系,在以后的风险控制中可以重点控制相同的风险源,消除由此风险源产生的风险。

(3)通过风险评价,把握风险之间的相互关系,将风险转化为机会。

(4)通过风险评价,可以进一步认识已估计的风险发生的概率和引起的损失,降低风险估计过程中的不确定性。当发现原估计和现状出入较大,必要时可根据工程项目进展现状,重新估计风险的概率和可能的后果。

2. 工程项目风险评价的步骤

(1)确定项目风险评价标准。工程项目风险评价标准就是工程项目主体针对不同的项目风险,确定可以接受的风险率。一般而言,对单个风险事件和工程项目整体风险事件要确定评价标准,分别称为单个评价标准和整体评价标准。

(2)确定评价时的工程项目风险水平,具体包括单个风险水平和整体风险水平。工程项目整体风险水平是综合了所有风险事件之后确定的。工程项目整体风险水平的确定方法要和整体评价标准确定的原则和方法相适应。

(3)全面比较。即将工程项目单个风险水平和单个评价标准、整体风险水平和整体评价标准进行比较,进而确定它们是否在可接受的范围内,以及需要考虑的风险应对措施。

3. 工程项目风险评价标准

工程项目风险评价标准的形式有风险率、风险损失、风险量。如费用风险可以用风险量作为评价标准。

(二)建设工程项目风险评价的主要方法

在风险识别估计的基础上,把风险因素发生的概率、损失程度结合其他因素综合考虑,得出系统发生风险的程度以及可能性就是风险评价。风险评价是指应用各种风险分析的技术,用定性、定量的方法或是二者相结合,来处理不确定性风险因素的过程。在风险评价的过程中,我们可以通过各种方法得出各种备选方案。另外,风险评价是协助风险管理者管理风险的工具,并不能代替风险管理者的判断。所以,风险管理者还要辨证地看待风险评价的结果。

风险评价的方法包括定量分析(包含敏感性分析、概率分析、决策树分析、影响图技术、模糊数学法、CIM 模型等)和定性分析(包含情景分析法、专家调查法、层次分析法等)这两种方法。下面具体介绍情景预测法和层次分析法。

1. 情景预测法

定性方法主观性较强,定量方法容易受模型条件的限制。情景预测法是一种将定性与定量相结合的方法。情景预测法出现在 20 世纪 70 年代,基本定义为:用以着重研究偶发事件及决策要点的一系列假设事件。它把研究对象分为主题和环境,通过对环境的研究，识别影响主题发展的外部因素，模拟外部因素可能发生的多种交叉情景预测主题发展的各种可能的前景。情景预测法在不同情景下采用不同的方法，是定性与定量相结合。其特点主要表现在：使用范围广，不受限制；考虑问题周全，有灵活性；通过定性定量结合，先以定性分析出各种可能，再用定量提供尺度，使管理者更好地决策；能及时发现未来的问题。

一般步骤为：确定分析主题，根据主题寻找资料，充分考虑主题将来的状况，寻找影响主题的环境因素，尽可能周全地分析不同因素的影响程度，将上述因素分成几个领域，分析在不同影响领域下主题实现的可能性，同时分析是否有突发事件和有何影响，对可能出现的主题状况进行分析。

2. 层次分析法

层次分析法是将与决策有关的元素分解成目标、准则、方案等层次，在此基础之上进行定性和定量分析的决策方法。该方法是美国运筹学家、匹茨堡大学教授萨蒂于20世纪70年代初，在为美国国防部研究“根据各个工业部门对国家福利的贡献大小而进行电力分配”课题时，应用网络系统理论和多目标综合评价方法，提出的一种层次权重决策分析方法。这种方法的特点是在对复杂的决策问题的本质、影响因素及其内在关系等进行深入分析的基础上，利用较少的定量信息使决策的思维过程数学化，从而为多目标、多准则或无结构特性的复杂决策问题提供简便的决策方法，尤其适合于对决策结果难于直接准确计量的场合。层次分析法的步骤如下：

（1）通过对系统的深刻认识，确定该系统的总目标，弄清规划决策所涉及的范围、所要采取的措施方案和政策、实现目标的准则、策略和各种约束条件等，广泛地收集信息。

（2）建立一个多层次的递阶结构，按目标的不同、实现功能的差异，将系统分为几个等级层次。

（3）确定以上递阶结构中相邻层次元素间相关程度。通过构造两比较判断矩阵及矩阵运算的数学方法，确定对于上一层次的某个元素而言，本层次中与其相关元素的重要性排序——相对权值。

（4）计算各层元素对系统目标的合成权重，进行总排序，以确定递阶结构图中最底层各个元素的总目标中的重要程度。

（5）根据分析计算结果，考虑相应的决策。

层次分析法是对人们主观判断做形式的表达、处理与客观描述，通过判断矩阵计算出相对权重后，要进行判断矩阵的一致性检验，克服两两相比的不足。层次分析法的整个过程体现了人的决策思维的基本特征，即分解、判断与综合，易学易用，而且定性与定量相结合，便于决策者之间彼此沟通，是一种十分有效的系统分析方法，广泛地应用在经济管理规划、能源开发利用与资源分析、城市产业规划、人才预测、交通运输、水资源分析利用等方面。

上述的各种风险评价方法都有各自的优点和缺点，都不是万能的。因此，风险评价的方法必须与使用这种方法的模型和环境相互适应，没有一种方法可以适合于所有的风险分析过程。所以，在分析某一风险问题时，应该具体问题具体分析。

第三节　工程项目风险应对

风险控制是指在风险识别和风险评估的基础上采取各种措施，以减少风险、避免事故发生的措施，对于已经承包的工程项目进行风险控制目的，就是最大限度地减少风险、避免事故发生，最终减少或避免财产损失和人员伤亡。

在对风险进行识别和分析之后，就要对风险进行控制和管理，或者说这就是对风险的回应或分配。在建设工程项目中所采用风险应对方法主要有以下几种。

一、工程风险回避

风险回避是指设法远离、躲避可能发生的风险的行为和环境，从而达到避免风险发生的可能性。也可以说，就是拒绝承担风险，这是回避风险的较常用的方法。回避风险最简单的例子就是拒绝签订合同，不过通常回避的风险更多地是针对那些可以回避的特殊风险而言的。在建筑工程项目中，与风险回避最相关的例子就是使用免责条款，通过使用这一条款以回避某些风险或风险所引起的后果。

事实上绝大多数人都不喜欢风险，所以会尽可能地避免风险。有许多证据表明人们在承担不确定的项目时犹豫不决。但并不是所有人都是这种态度，虽然这种态度是最容易被想到的。简单来说人们与组织对风险有三种态度：风险喜好、风险厌恶、风险中立。在回避风险的具体做法中还有两种情况：一种是承担小风险躲避大风险，即为回避某种风险需要以承担另外的风险为代价；另一种是损失一定的较小的利益而避免风险，通常在特定的情况下，才采用这种做法，因为利益可以计算，但风险损失则是较难估计的。比如采购生产要素时，常选择信誉好、实力强的分包商，虽然价格略高于市场的平均价格，但是分包商违约的风险就减小了。

二、工程风险的控制

所谓控制风险，就是通过一些方法来降低所面临的风险。如总承包商通过在分包合同中另加入误期损害赔偿条款来降低其所面临的误期损害赔偿风险。

风险控制措施可以分为四类：第一类是通过教育和培训来提高雇员对潜在风险的警觉。第二类是采取一些降低风险损失的保护措施，比如承包商可以雇用一家独立的质量保证公司来作为对工程项目的第二检查人，这种方法虽然费用比较高昂，但确实能减少隐藏的缺陷。第三类是建立使项目实施过程前后保证一致的系统。第四类是对人员和财产提供保护措施。

对建设工程来说，一个典型的风险降低的例子就是在建筑物内安装喷淋系统。尽管法规中并没有规定建筑物内必须安装喷淋系统，但是业主为降低火灾可能造成的损失而自愿地安装该系统。

三、工程风险转移

风险转移是指在承包商不能回避风险的情况下，将自身面临的风险转移给其他主体来承担，但转移风险并不是转嫁损失，有些承包商可能无法控制的风险因素，在其他主体那里却可以得到控制。

转移风险并不一定会减少风险的危害程度，它只是将风险转移给另一方来承担。在某些情况下，转移风险可能会造成风险显著增加，这是因为接受风险的一方可能没有清楚地意识到他们所面临的风险。比如：总承包商在和分包商签订分包合同时，可能会制订一个误期限损害赔偿条款，该条款既包括分包商由于误期而需要对主合同所作的赔偿，又包括对主承包商所遭受损失的赔偿，分包商可能没意识到这种转嫁给他的额外风险，并且分包商很可能不具备承担这些风险的经济能力。

最普遍的风险转移方式是购买保险。购买保险是一种非常有效的转移风险的手段，通过保险可以将自身面临的风险很大程度上转移给保险公司，让他们来承担风险，以将不确定性化为一个确定的费用。

目前国际上工程承包领域的强制保险一般有建筑工程一切险、安装工程一切险、雇主责任险和人身意外伤害险、机动车辆险、十年责任险和两年责任险。

(1)建筑工程一切险简称建工险。承保以土木工程为主体的工程在整个建筑期间的风险。一是一切险（不包括涉外责任）造成的保险工程项目的物质损失和列明的费用；二是在工地施工造成的第三者的财产或人身伤亡而应由被保险人承担的经济赔偿责任。

建筑工程一切险的被保险人包括：业主或所有人；主承包商或分包商；技术顾问；其他关系方，如贷款银行等。凡是有一方以上被保险人时，均由投保人负责缴纳保险费。被保险人中的第一个被保险人往往是投保人，它必须代表自己和其他一起投保的被保险人交付保险费，实际上它成为同保险人协商保险的中间人。建筑工程一切险的保障范围是相当广泛的，总括下来有三个方面：自然灾害、意外事故和人为过失。

(2)安装工程一切险简称安工险。承保工矿企业在安装过程中的机器设备、钢质结构等，在整个安装调试期间，由于除外责任以外的一切危险造成的保险标的的物质损失以及列明费用负赔偿责任。此外，在安装期间因安装造成第三者的财产损失或人身伤亡依法由被保险人承担的经济赔偿也予负责。

安装工程一切险包括工程第三者责任险，此险应由承包商投保。该险的被保险人除了承包商外，还有业主和工程所有人、制造商和供应商、咨询监理公司、安装工程的信贷机构、待安装构件的买主等。

安装工程一切险的保险标的有以下几项：安装的机器及安装费等；为安装人使用的承包人的机器、设备；土木建筑工程项目；场地清理费用；业主或承包人在工程上的其他财产。

安装工程一切险从一开始保险人就承担着全部保险金额的保险责任；而建筑工程一切险的标的是在施工开始后逐步增加的，保险责任从小到大逐步累进，到完工时，保险责任达到最高。一般情况下安装工程一切险的保险标的，由于大多数是在建筑物内部安装，因而遭受意外事故损失的可能性较大；而建筑工程一切险的保险标的遭受自然灾害损害的可能性比较大。

(3)雇主责任险和人身意外伤害险。法律强制承包商作为雇主为其雇员投保，使劳动者伤害的给付有所保障，不因雇主破产或停业而受影响。

(4)机动车辆险包括车辆本身和第三者责任险两个保险标的。一般由租用或拥有该车辆及使用驾驶人员的承包商负责投保,一般规定由一些被保险人员自负责任,在一定程度上加强被保险人的责任心。

(5)十年责任险(房屋建筑的主体工程)和两年责任险(细小工程)为承包商或分包商的一项强制性义务,要求在工程验收以前投保,否则不予验收,使业主的权利在较长时间内得到保障。

《建筑工程施工合同(示范文本)》(GF—2017—0201)内也对工程一切险、第三责任险、人身伤亡险和施工机械设备险设置了相应条款。

四、工程风险自留

那些造成损失小、重复性较高的风险是最适合于自留的。因为不是所有的风险都可以转移,或者说,将这些风险都转移是不经济的,对于这些风险就不得不自留。除此之外,在某些情况下,自留一部分风险也是合理的。

通常承包商自留风险都是经过认真分析和慎重考虑之后才决定的,因为对于微不足道的风险损失,自留比转移更为有利。

风险自留在操作上的具体措施有如下两点:

(1)防止损失或减少损失。所有的防止和减少损失的措施都需要一定的费用支出,但若采取某些措施,用较少的费用就可取得较好的效果。

(2)自我保险。自己承担可能发生的风险有时比转移风险更为有利。这时承包商自己承担风险,称为自我保险。采取这种措施可以节约开支,承包商会积极主动地对可能发生的风险进行控制。但自我保险实际上也是一种风险,一旦发生就会造成巨大的损失。因此,承包商必须具备全面素质,养成遵纪守法、严格遵守各项工艺规程的良好习惯。

复习思考题

1. 建设工程风险管理制度的基本原则有哪些?
2. 简述工程保险的基本原则。
3. 风险评估的基本方法有哪些?
4. 简述一般的风险应对方法。
5. 减轻风险策略的控制方法是什么?
6. 建筑工程项目的风险具有哪些特点?
7. 工程项目建设风险类型有哪些?
8. 工程项目风险评价的步骤有哪些?
9. 层次分析法的步骤有哪些?

第八章　施工项目资源管理

第一节　施工人员管理

一、施工人员管理概述

施工现场生产的三个基本要素是劳动者、施工机具和工程对象。其中，劳动者是主体，决定着其他要素的性质；施工工具的发明、创造、使用、改进，促进工程项目任务的完成，这一切都要通过施工人员的劳动来实现。因此，现场管理首先应考虑劳动力的组织、安排、使用与协调。只有合理安排、使用劳动力才能充分发挥现场各种资源的作用。

现场劳动力管理是现场有关劳动力和劳动活动的计划与决策、组织与指挥、控制与协调、教育与激励等项工作的总和。

建筑企业根据建设工程项目施工现场的客观规律要求，合理有序地配备和使用劳动力，并按工程进度的需要不断调整劳动量、劳动力组织及劳动协作关系，在确保现场生产计划顺利完成的前提下，提高劳动生产率，达到以最小的劳动消耗，取得最大的社会效益和经济效益。

劳动力管理水平标志着现场管理水平。现场管理水平的高低不能通过施工工具、材料等劳动条件来反映，而是通过建筑产品的工期、质量及施工企业的经济效益来反映。因此，这些因素都取决于劳动者的工作状况、素质的高低、劳动力组织的合理性，也就是通过劳动力管理的水平来体现。

（一）施工现场劳动力管理的内容、任务和特点

1. 劳动力管理的内容

从现场劳动力管理的过程和因素来看现场劳动力管理的内容主要有以下几个方面：

（1）劳动力的招收、培训、录用和调配；劳务单位和专业单位的选择和招标。

（2）科学合理地组织劳动力，节约使用劳动力。

（3）制定、实施、完善、稳定劳动定额和定员。

（4）改善劳动条件，保证职工在生产中的安全与健康。

（5）加强劳动纪律，开展劳动竞赛。

（6）劳动者的考核、晋升和奖罚。

2. 劳动力管理的任务

（1）加强劳动力管理，降低劳动消耗，提高劳动生产率，促进生产的发展，为国家增加积累，为国民经济发展创造物质生产条件。

（2）全面贯彻国家有关劳动工资方面的方针政策和法令，坚持按劳分配，正确处理国家、企业和职工个人之间的利益关系，认真搞好工资福利和劳动保护工作，使职工的物质文化生活和劳动条件在生产发展的基础上不断得到改善,充分调动劳动者的积极性。

(3)不断提高职工的技术和业务水平,提高企业素质,最有效、最合理地组织劳动力和劳动活动。

3. 现场劳动力管理的特点

(1)劳动力管理的具体性。施工现场根据劳动力计划完成各项劳动经济技术指标以及一切与劳动力管理有关的问题都是实实在在的具体问题。

(2)劳动力管理的细致性。在现场每一项工作、每一个具体问题都要通过劳动者的劳动来完成,必须认真、仔细、周密、妥善地考虑,稍有马虎就会带来损失和困难。因此,现场的使用和管理要严把每一道关。

(3)劳动力管理的全面性。现场劳动力管理的内容相当广泛,涉及劳动者的方方面面,不仅要考虑其工作状况,还要考虑学习、生活和文化娱乐;不仅要考虑现场劳动者,还要考虑对离退休职工的关心照顾。

(二)施工现场劳动力管理的现状和影响因素

1. 劳动力管理的现状

我国施工现场劳动力管理主要存在以下几个方面的问题:

(1)总体上看属于经验型的,受传统管理方式支配。

(2)建筑工人大多由农民直接转换而来,没有受过职业和技术教育。职工技术素质、文化程度普遍较低,管理人员也缺乏专门的教育和科学管理知识的培训。

(3)劳动力的组成稳定性差,相互配合脱节,劳动效益低,浪费大。

(4)劳动型建筑企业的职工培训工作薄弱,针对性也不强,不能适应大中型企业总包的需要。

(5)技术等级管理较为薄弱,近年来更有下降的趋势。

2. 影响劳动力管理水平提高的因素

(1)计划的科学性。确定现场施工人员数量,应根据建筑业和工程项目自身的客观规律,按企业的施工定额,有计划地安排和组织,要求达到数量适宜,结构合理,素质匹配。

(2)组织的严密性。确定现场各组织(单位),首先要目标机构简洁,各部门任务饱满,职权、职责分工明确;职工与管理人员相互合作,按制度办事,使施工顺利进行;全体职工都明确自己的工作内容、方法和程序,并能奋发进取,努力完成。各组织的领导要精明干练,能制订良好的工作计划,有能力执行。

(3)劳动者培训的计划性、针对性。现场劳动力水平的高低,不论是管理人员还是施工人员,归根到底取决于人的素质高低。而提高人的素质最有效的途径是进行培训。我国施工人员教育水平比较落后,要想尽快提高施工水平,必须在保证施工正常进行的前提下,根据现场实际需要,对劳动者进行有目的、有计划地培训,做到需什么,学什么,避免重复培训,交叉培训,所学非所用。

使现有劳动力具有一定的文化水平和技术熟练程度的唯一途径是采取有效措施全面开展职工培训,通过培训达到预定的目标和水平,并经过一定考核取得相应的技术熟练程度和文化水平的合格证,才能上岗。

培训内容上要考虑以下几方面的问题:现代现场管理理论的培训;文化知识的培训;

操作技术的培训，并做好考核发证工作。

凡是上岗人员都要统一考核，获得相应的岗位证书。对那些一次培训不能合格的人员不能发证上岗，要么离岗，要么继续进行培训，直到取得合格的岗位证书。

培训方法根据各企业自身的不同特点和现场实际情况，以及不同工种不同业务的工作需要，采取以下多种形式：按办学方式分企业自办、几个单位联合办或委托培训；按脱产程度不同分业余的，半脱产或全脱产，采取岗位练兵、师带徒的形式；按培训时间分长期培训和短期培训。

(4)指挥与控制的有效性。现场劳动力也是一个舞台，现场劳动力的总体构成就如同一个乐队。有的唱主角，有的唱配角；有的先出场，有的后出场。这些都要统一进行调度与指挥，并及时控制，保证整个现场协调一致，顺利地完成施工任务。

(5)劳动者需要的满足程度。劳动者在付出劳动的同时也强调自身需要的满足，包括物质的需要和精神的需要。这对调动积极性具有重要意义。现场劳动力管理只有认真考虑劳动者的需要，并尽量加以满足，才能使劳动者始终保持良好工作状态。

二、项目管理部的劳动组织

劳动力资源（人力资源）一般是指能够从事生产活动的体力和脑力劳动者。人力资源是一种特殊的资源，是活性资源，与物质资源相比，是有创造性的，充分使用，能激发其潜力。它具有增值性和可开发性，是企业利润的源泉，是一种战略性的资源。企业的高速持续发展必须依靠大批优秀人才的支持。施工项目中的人力资源的使用，关键在明确责任制，才能调动积极性，发挥潜能，提高劳动效率。

从广义上讲，人力资源是指在一定社会范围或领域内人口总体所具有的劳动能力（包括体力劳动和脑力劳动）的总和。

从狭义上讲，如果是一个人本身，则人力资源是指该人可用于生产产品或提供各种服务的能力、技能和知识。如果是一个企业组织，则人力资源是指企业组织的全部成员所能够提供的服务与有利于企业经营活动的能力的总和。

从项目经理部对施工项目实施过程管理的角度讲，人力资源是指一个施工项目的实施过程中，需要投入人的劳动的总和，其量的多少、是否高效，反映项目经理部项目管理的整体水平和效果。

现代项目管理把人力资源看作企业生存与发展的一种重要战略资源，而不再将企业员工仅仅作为简单的劳动力对待。

（一）劳动力的来源

根据建设部 2001 年 4 月 18 日发布的 87 号令，建筑业企业的资质分为总承包、专业承包和劳务承包三个序列，从劳动力的来源上主要分为自有（聘用）职工和劳务分包（或劳务合作单位）两种形式。

在我国，随着企业的两层分离，施工企业除保留一些与本企业专业密切相关的高级技术工种工人以外，所有的劳动力都来自社会劳动力市场，由企业从劳务市场中招募，劳务分包企业承包劳动作业任务，然后按计划供应给项目经理部。

项目经理部应根据施工进度计划和作业特点优化配置人力资源，制订劳动力需求计划，报企业劳动管理部门批准，企业劳动管理部门与劳务分包公司签订劳务分包合同。远离企业本部的项目经理部，可在企业法定代表人授权下与劳务分包公司签订劳务分包合同。

劳务分包合同的内容应包括：作业任务、应提供的劳动力人数；进度要求及进场、退场时间，双方的管理责任；劳务费计取及结算方式；奖励与处罚条款。

同时，企业进行两层分离，组建了内部生产要素市场，施工项目的劳动力来源主要体现在：

(1)自有(聘用)职工。从企业总体发展规划出发，企业根据需求招收、培训、录用或聘用的职工，一般与企业签订定期合同，有的甚至是长期合同；一般总承包企业对自身职工的要求较高，自有(聘用)的职工一般为管理人员或技术工人。

(2)劳务分包(或劳务合作单位)。随着建筑技术和管理技术的发展，专业分工更加细化，社会协作更加普遍，企业也不可能在建筑所有领域里保有优势，因此不可避免地采取劳务分包(或劳务合作单位)进行劳动力的补充。

(二)劳动力组织管理

建筑项目管理部劳动力组织管理是按照施工生产的需要，科学地组织劳动分工与协作，使各劳动力组合及它们之间成为协调的整体。

1. 劳动力组织的任务

劳动力组织的任务，是根据科学分工协作的原则，正确配备劳动力，确立合理的组织机构，使人尽其才，物尽其用，时尽其效。并通过现场劳动的运行，不断改进和完善劳动力组织，使劳动者与劳动力组织的物质技术条件之间的关系协调一致，促进现场劳动生产率的提高。

2. 劳动力管理的方法

为保证工程项目的工期、质量、安全，必须对劳动力的管理方法进行分析和研究，从劳动力计划的编制和管理、对劳动力的要求和培训、过程管理、动态管理和劳动力资源的优化等方面进行研究，达到人尽其用、物尽其效的目的。

(1)劳动力计划管理。施工现场劳动力计划管理就是为完成生产任务，履行施工合同，按有关定额指标，根据工程项目的数量、质量、工期的需要，合理安排劳动力的数量和质量，做到科学合理而不盲目。

(2)劳动力的过程管理。施工现场的劳动过程就是建筑产品的生产过程，工程的质量、进度、效益取决于现场过程管理水平、劳动力组织的协作能力及劳动者施工质量、效率。所以，必须按建筑施工过程的自身规律，建立劳动力过程管理的科学体系。主要体现在：

加强劳动纪律，建立各项规章制度。施工生产是在集体协作下进行的，一方面各工种联合施工，在时间上具有继起性，在空间上为立体交叉，需要统一的意志和行动来保证；另一方面每一工种有特定的操作规程和质量标准，要求每一作业人员的操作必须规范化、程序化。因此，没有一定的纪律和规章制度，施工是无法进行的，同时还要建立考勤及工作质量完成情况的奖罚制度。

制订并考核施工任务单。施工任务单是现场向施工班组或工人下达的劳动量消耗任务书，是现场劳动力管理的重要依据，是贯彻按劳分配，调动职工劳动积极性的重要手段。

开展劳动竞赛。劳动竞赛是提前完成或超额完成施工任务的有效措施，在现场施工中必须认真组织实施。

做好劳动保护和安全卫生工作。由于建筑自身的特点，施工现场劳动保护及卫生工作较其他行业复杂，不安全、不卫生的因素较多，为此应做到：建立劳动保护和安全卫生责任制，使劳动保护和安全卫生有人抓，有人管，有责任，有奖罚；对进入现场人员进行教育，宣传劳动保护及安全卫生工作的重要性，增强职工自我防范意识；落实劳动保护及安全卫生的具体措施及专项奖金；定期进行全面的专项检查，并认真总结和交流。

3. 劳动力资源的落实

现场劳动力的需要计划编制完成后，就要与企业现有可供调配的劳动力加以比较，从数量、工期、技术水平等方面进行综合平衡，并按计划落实应进入现场的人员，为此在解决劳动力资源时要考虑以下三个原则：

（1）全局性的原则。把施工现场作为一个系统，从整体功能出发，考察人员结构，不单纯安排某一工种或某一工人的具体工作，而是从整个现场需要出发，做到不单纯用人，不用多余的人。

（2）互补性原则。对企业来说，人员结构从素质上看可以分为好、中、差，在确定现场人员时，要按照每个人的不同优势与劣势，长处与短处，合理搭配，使其取长补短，达到充分发挥整体效能的目的。

（3）动态性的原则。根据现场施工进展情况和需要的变化而随时进行人员结构、数量的调整，不断达到新的优化。当需要人员时立即组织进场，当出现多余人员时转向其他现场或进行定向培训，使每个岗位负荷饱满。

（三）现场劳动力组织的形式

项目施工中的劳动力组织，是指劳务市场向施工项目供应劳动力的组织方式及施工班组中工人的结合方式。施工项目的劳动力组织形式有以下几种：

（1）企业劳务部门所管理的劳动力，应组织成作业队（或称劳务承包队）可以成建制地或部分地承包项目经理部所辖的一部分或全部工程的劳务作业。一般而言，劳务公司根据自身劳务供应能力承包劳务工程，其职责是进行内部核算，职工培训，思想工作，生活服务，支付工人劳动报酬。

（2）项目经理部根据计划与劳务合同，接收到作业队派遣的作业人员后，应根据工程的需要，或保持原建制不变，或重新进行组合。组合的形式有三种：

①专业施工队。按施工工艺，由同一专业工种的职工组成作业队，并根据需要配备一定数量的辅助工。专业施工队作为专业班组只完成其专业范围内的施工过程。其优点是生产任务专一，有利于提高专业施工水平，提高熟练程度和劳动效率，有利于工人提高技术水平，积累生产经验；缺点是分工过细，工种间搭接配合差，给协作配合增加了难度，适应范围小。适用于专业技术要求较高或专业工程量较集中的工程项目。

②混合施工队。由相互联系的多工种工人组成，可以在一个集体中进行混合作业。工作中，按劳动对象所需的相互联系的工种工人组织在一起形成的施工队，打破每个工人的工种界限。其优点是便于统一指挥，协调生产和工种间的搭接配合，有利于提高工程质

量，有利于培养一专多能的多面手；其难度是组织工作要求严密，管理要得力，否则会产生干扰和窝工现象。

③大包队。实际上是扩大的专业队或混合队，适用于一个单位工程或分部工程的作业承包，该队还可以划分专业班组。其优点是可以进行综合承包，独立施工能力强，有利于协作配合，简化了管理工作。

施工队的规模一般应依工程任务大小而定，采取哪种形式，则应在有利于节约劳动力，提高劳动生产率的前提下，按照实际情况而定。

（四）劳动力组织的调整与稳定

劳动力组织要服从施工生产的需要，在保持一定的稳定性情况下，要随现场施工的情况而不断调整。劳动力组织的调整必须遵循以下原则：

（1）根据施工对象的特点（结构特点、技术复杂程度、工程量大小等）分别采取不同的劳动力组织形式。

（2）按照施工组织设计的要求，有利于工种间和工序间的协作配合，有利于充分发挥工人在生产中的主动性、创造性。

（3）现场工人要相对稳定，并使骨干力量和一般力量，技术工人和普通工人密切配合，以保证工程质量。

现场劳动力组织的相对稳定对保证现场的均衡施工，防止施工过程脱节具有重要作用。劳动力组织经过调整，新的组织要具有很强的凝聚力，这样才能有利于劳动任务的完成和劳动技术的提高。

（五）劳动力的优化配置与动态管理

1. 劳动力的优化配置

施工现场劳动力组织优化，就是在考虑相关因素变化的基础上，合理配置劳动力资源，使劳动者之间、劳动者与生产资料和生产环境之间，达到最佳的组合，使人尽其才，物尽其用，时尽其效，不断地提高劳动生产率。

劳动力配置的依据：就企业来讲，劳动力配置的依据是劳动力需要量计划。企业的劳动力需要量计划是根据企业的生产任务与劳动生产率水平计算的；就施工项目而言，劳动力的配置依据是施工进度计划。

劳动力配置的方法是根据承包到的施工项目，按其施工进度计划和工种需要数量进行配置。每个施工项目劳动力分配的总量，应按企业的建筑安装工人劳动生产率进行控制。

2. 劳动力的动态管理

项目经理部应对劳动力进行动态管理，如表 8-1 所示。劳动力动态管理应包括下列内容：

表 8-1 劳动力的动态管理

序号	项目	内容
1	企业劳动管理部门对劳动力的动态管理起主导作用	由于企业劳动管理部门对劳动力进行集中管理,故它在动态管理中起着主导作用。它应做好以下几方面的工作: (1)根据施工任务的需要和变化,从社会劳务市场中按合同招募和遣返(辞退)劳动力; (2)根据项目经理部所提出的劳动力需要量计划与《项目管理目标责任书》向招募的劳务人员下达任务,派遣队伍; (3)对劳动力进行企业范围内的平衡,调度和统一管理,施工项目中的任务完成后收回作业人员,重新进行平衡、派遣
2	项目经理部是项目施工范围内劳动力动态管理的直接责任者	项目经理部劳动力动态管理的责任是: (1)按计划要求向企业劳务管理部门申请派遣劳务人员; (2)按计划在项目中分配劳务人员,并下达施工任务书; (3)在施工中不断进行劳动力平衡、调整,解决施工要求与劳动力数量、工种、技术能力、相互配合中存在的矛盾,在此过程中与企业劳务部门保持信息沟通、人员使用和管理的协调; (4)按合同支付劳务报酬,任务完成后,劳务人员遣归企业
3	劳动力动态管理的原则	(1)动态管理以进度计划与劳务合同为依据; (2)动态管理应始终以劳动力市场为依托,允许劳动力在市场内作充分的合理流动; (3)动态管理应以动态平衡和日常调度为手段; (4)动态管理应以达到劳动力优化组合和作业人员的积极性充分调动为目的

(1)项目经理部应对进场的劳务队伍进行入场教育、过程管理、经济结算、队伍评价。

(2)凡进场劳务人员都应进行入场教育,讲工程施工要求,进行技术交底,组织安全考试。

(3)对施工现场的劳动力进行跟踪平衡,进行劳动力补充与减员,向企业劳动管理部门提出申请计划。

(4)向进入施工现场的作业班组下达施工任务书,进行考核并兑现费用支付和奖惩。

(5)在施工过程中,项目经理部的管理人员应加强对劳务分包队伍的管理,按照企业有关规定进行施工,严格执行合同条款,不符合质量标准和技术规范操作要求的应及时纠正,对严重违约的按合同规定处理。

(6)工程结束后,由项目经理部对分包劳务队伍进行评价,并将评价结果报企业有关管理部门。

（六）施工经济承包责任制与激励机制

项目经理部应加强对人力资源的教育培训和思想管理，加强对劳务人员作业质量和效率的检查。

1. 施工经济承包责任制

经济承包责任制是在社会主义制度下，以提高经济效益为目标，把经济责任、经济权力与经济利益结合起来，建立能充分调动施工现场劳动者积极性的经营管理制度，达到国家、集体和个人互惠互利的目的。

建立经济承包责任制是施工现场劳动力管理的一项基础工作。责任制的形式，按其承包者来分主要有职工个人的经济责任制和单位集体经济责任制。

2. 激励机制

激励就是通过认真科学地分析现场职工的合理需要，并进行优化管理，然后采取措施尽量加以满足，从而不断激发职工的内在潜力和能力，充分发挥职工的积极性和创造性，使每一职工才有所用，力有所长，劳有所得，功有所补。

现代项目人力资源管理中运用员工激励措施是做好项目管理的必要手段，管理者必须深入了解项目员工个体或群体的各种需求，正确选择激励手段，制定合理的奖惩制度并适时地采取相应的奖惩和激励措施。激励可以提高项目员工的工作效率，有助于项目整体目标的实现，有助于提高项目员工的素质。

项目员工的激励必须坚持的原则：①为实现项目目标而努力的目标原则；②项目员工的报酬与贡献是否公平的原则；③是否满足项目员工个体或群体需求的按需激励原则等。

3. 激励方式

激励方式是多样性的。如物质激励与荣誉激励、参与激励与制度激励、目标激励与环境激励、榜样激励与情感激励等。

激励机制的方法主要有：

（1）劳动者需要的内容。根据马斯洛的需要层次理论，人的需要分为生理需要、安全需要、社交需要、尊重需要和自我实现的需要五个层次。通过满足不同层次的需要来刺激职工的积极性。

（2）物质激励。包括：工资激励，工资作为职工及家庭生活的重要物质基础条件，根据按劳分配的原则，必须满足职工及家属的基本生存需要；奖金激励，奖金作为超额劳动的报酬，具有灵活性和针对性，运用得好能起到比工资更有效的激发职工工作热情的作用；福利、培训、工作条件和环境激励，一般是指通过对整个企业或项目部全体施工人员的工作条件的改善进行的激励，能培养职工对现场施工的凝聚力和向心力。

（3）精神激励。用精神激励手段来实现对企业职工积极性和创造性的激发。主要包括思想政治工作，树立职工的主人翁意识，增强职工的自信心、荣誉感等。其作用表现在：一是强化作用，使受表彰行为得到巩固，使不良行为受到抑制；二是引导作用，通过表彰、思想教育等方式来激发职工的动机以引导其行为，使外界教育转化为内在需要的动力；三是激发作用，通过树立典型来促进后进，带动中间。

4. 实施方法

（1）深入了解职工工作动机、性格特点和心理需要；

(2)组织目标设置与满足职工需要要尽量一致,使职工明确奋斗意义;

(3)企业管理方式和行为多实行参与制、民主管理,避免滥用职权,现场管理制度要有利于发挥职工的主观能动性,避免成为遏制力量;

(4)从现场职工需要的满足和职工自我期望、目标两方面进行激励;

(5)采取不同的职工在选择激励方法时要因人而异及物质与精神相结合的激励方法;

(6)激励要掌握好时间和力度;

(7)建立良好的人际关系,领导、群众,上级、下级互相信任,互相尊重,互相关心;

(8)创造良好的施工环境,保障职工身心健康。

三、施工人员劳动纪律和劳动保护

施工现场的劳动过程就是建筑产品的生产过程,工程的质量、进度、效益取决于现场劳动过程的管理水平、劳动组织的协作能力及劳动者施工质量、效率。所以,必须按建筑施工过程的自身规律,建立劳动过程的科学体系。

(一)加强劳动纪律,建立各项规章制度,保证正常生产秩序

施工生产是在集体协作下进行的,一方面在时间上具有连续性,在空间上为立体交叉;另一方面每一工种有特定的操作规程和质量标准,要求每个工人的操作必须规范化、程序化。因此,劳动纪律是优化劳动力组织的纪律保证,没有严格的劳动纪律,就不可能有高水平的现场管理。劳动纪律包括:

(1)组织纪律。指现场人员必须服从工作分配、调动和指挥,下级服从上级,班组服从施工队(或项目经理部),遵守岗位责任制。

(2)时间纪律。指遵守考勤制度,不迟到、不早退、不旷工;工作时间内不做与生产无关的事,不串岗、不溜号、不干私活、不妨碍他人工作。

(3)生产纪律。就是要认真贯彻执行生产中的各项规章制度和生产作业计划,保质、保量、按期完成生产任务。

(4)技术纪律。指工艺纪律,要严格执行工艺规程和安全操作规程;所有施工图纸、技术标准,不经有关部门同意,任何人不能擅自修改。

(二)做好劳动保护和安全卫生工作

由于建筑自身的特点,项目劳动保护及卫生工作较其他行业复杂,不安全、不卫生的因素较多,所以必须建立劳动保护和卫生责任制,使劳动保护和安全卫生有人抓,有人管,有责任,有奖罚,对进入现场人员进行教育,宣传劳动保护及安全卫生工作的重要性,增强职工自我防范意识,落实劳动保护及安全卫生的具体措施及专项奖金,定期进行全面的专项检查,并认真总结和交流。

四、施工人员的培训与考核

高素质的员工队伍是企业与其竞争对手竞争的主要法宝。提高员工素质的主要途径就是对其进行培训,并且持之以恒地随实践的发展而发展,才能在激烈的竞争中立于不败之地。劳动者的素质,劳动技能不同,在现场施工中所起的作用和获得的劳动成果也不相

同。目前施工现场缺少的不是劳动力，而是缺少有知识、有技能，适应现代建筑业发展要求的新型劳动者和经营管理者。而使现有劳动力具有这样的文化水平和技术熟练程度的唯一途径是采取有效措施全面开展培训，通过培训达到预定的目标和水平，并经过一定考核取得相应的技术熟练程度和文化水平的合格证，才能上岗。

为使培训具有计划性和针对性，在培训内容和方法上要考虑以下几方面的问题。

（一）培训内容

1. 现代现场管理理论的培训

任何实践活动都离不开理论的指导，现场施工也是这样，如果管理者与被管理者不掌握现场管理理论，就无法做到协调高效，而造成窝工浪费，同时管理不能跟上，现场施工水平就要落后，不能参与市场竞争，企业就要被淘汰。所以，现场管理理论要加强培训。

2. 文化知识的培训

文化知识是进行业务学习、提高操作水平的基础，要掌握、运用一定的施工技术，必须有相应的文化知识做保证。文化知识就是工具，进行岗位培训必须使职工掌握这个工具。

通过文化知识方面的培训，应使员工掌握完成本职工作必需的基本知识。为适应发展，还应逐步提高员工掌握科学知识的层次，扩大知识面，提高其智力水平。

3. 操作技术的培训

职工进行培训的目的是为了能上岗胜任工作，所以一切培训内容都要围绕这一点进行。对不同岗位的员工，通过技能方面的培训，使其掌握完成本职工作所必需的技能，强化动手能力和实践运用能力。同时结合现场技能、技术及协作的要求，围绕施工工艺进行培训，做到有的放矢，学以致用，使职工的技术水平达到岗位或工人工资级别相应的水平。

4. 态度方面的培训

员工的态度对企业的绩效影响甚大。企业的绩效是由员工的行为、动机所引起的，而员工的动机取决于知识、能力和态度，其中，态度影响动机的作用特别强烈。其作用关系如图 8-1 所示。因此，企业应加强态度方面的培训，培养员工对企业的依托、爱戴、忠诚的态度；增强员工真正的主人翁精神；营造企业与员工之间相互信任的良好氛围。这样才能激发员工正确又强烈的动机，进而产生积极又持久的行为，最终实现组织希望的绩效。

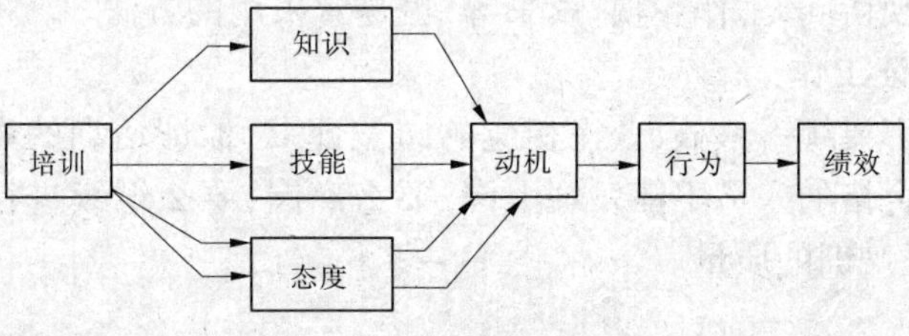

图 8-1　培训作用关系图

5. 培训计划和管理

培训工作要有计划、有步骤地进行，做到与需求同步，避免造成影响正常工作或培训滞后，因此需要进行培训计划的编制。根据工程的需要进行培训计划安排，同时与企业的各项培训结合，做到结合实际，兼顾长远。

同时还应对培训工作进行有效的档案管理，以利于专业知识和技能的提高和普及，也有利于优化劳动力组合，达到形成专长劳动资源的目的。

（二）培训方法

培训应因地制宜，因人制宜，广开学路，不拘形式，讲求实效，根据各企业自身的不同特点和现场实际情况，以及不同工种不同业务的工作需要，采取多种形式。

（1）按办学方式分为企业自办、几个单位联合办或委托培训等形式。

（2）按脱产程度不同分为业余培训、半脱产培训和全脱产培训，还可采取岗位练兵、师带徒等形式。

（3）按培训时间分为长期培训和短期培训。

开展培训的方法有多种，我们应根据不同的对象，采用不同的方法，才能取得较好的效果。常用的培训方法主要包括：

（1）案例研究。这是一种培训员工分析问题和解决问题能力的有效方法。既让受训者依据大量的真实背景材料，如针对项目管理实施中的经营问题或组织问题，进行分析、判断，从而提出解决问题的方法。通过案例分析，使受训者学会分析问题的方法和评价方案的方法，并学习如何将管理的理论运用到现实的问题中去。

（2）角色扮演。这种方法是让受训者身处一种模拟的日常工作情景中，扮演与其实际工作类似的角色、处理工作事务，与不同的人打交道，如上司、下属、客户等。通过这种培训，能使受训者较快熟悉自己的工作环境，了解业务概况，掌握必要的工作技能，但培训费用较高。

（3）影视法。这是运用预先制作好的视觉教材，如电影、电视、投影等，使受训者通过观摩进行培训。这种方法具有直观性和趣味性等特点。

（4）研讨会。运用会议的形式，研讨受训者感兴趣的题材，由组织分发部分材料，主持者做一些演讲，引导受训者进行讨论，使受训者在讨论中得到收获。

（5）事务处理训练。这是训练员工快速有效地处理工程项目管理中的事务的方法。给受训者每人一堆相同的待处理项目管理事务的相关内容，要求受训者对其分析后，进行处理，最后将个人的结果进行比较和评价，归纳总结，达到提高能力的目的。

此外，授课、参观访问、工作轮换、读书等，也是常采用的方法。

（三）考核与发证工作

凡是上岗人员都要统一考核，获得相应的岗位证书，保证培训的系统性、有效性。对那些一次培训不能合格的人员不能发证上岗，要么离岗，要么继续进行培训，直到取得合格的岗位证书，保证培训的质量。

第二节　施工材料管理

一、施工材料管理的任务

（一）施工材料管理的意义

施工材料管理在施工项目管理中占有十分重要的地位，其重要意义表现在以下几个方面：

(1)搞好施工材料管理是保证施工生产正常进行的先决条件。

由于建筑工程的单件性和体形庞大，消耗的材料不仅数量多，而且品种复杂。据统计，一般建筑工程常用的建筑材料即有23个大类，1 856个品种，25 445个规格。在一些工业和高级公共建筑中，需要的材料数量、品种、规格则更多。施工材料供应不及时或时断时续，施工过程就会中断或停顿。要想顺利施工，必须先做好施工材料供应的组织管理工作。

(2)搞好施工材料供应是搞好工程质量的重要保障。

建筑安装工程的质量如何，在很大程度上取决于材料的质量。若施工使用的材料不符合质量要求，势必会降低工程质量。如使用受潮的水泥，则构件的强度一定会降低，而保证水泥不受潮，正是施工材料管理工作的具体内容之一。

(3)搞好施工材料管理，可以保证施工工程按期或提前竣工。

在施工中，施工材料要源源不断地供应上来，才能保证生产过程的连续性，使工程满足施工进度和工期要求，按期竣工。

(4)搞好施工材料管理，可以降低工程成本，提高经济效益。

施工材料在工程成本中所占的比例很大，一般可达60%～70%，所以施工材料费降低是降低成本的关键。由于施工材料占用流动资金的数额也较大，加强施工材料管理，可以加速这部分资金的周转，减少资金占用，少付利息。此外，加强现场材料管理，减少和避免二次搬运，还有助于提高劳动生产率。

(二)施工材料管理的任务

施工材料管理的任务就是要保证适时、适地、按质、按量、成套齐备地供应，并在保证供应的同时，节省材料采购和保管费用，减少施工材料损耗，合理使用材料，以降低施工材料成本支出。

所谓适时，是指按规定的时间供应材料。供应时间过早，需要仓库储存或占用施工现场，增加仓库费用或影响现场施工，供应时间过晚，则造成停工待料。

所谓适地，是指按规定的地点供应材料。材料卸货的地点不当，有可能造成二次搬运，增加费用。

所谓按质，是指按规定的质量标准供应材料。低于所要求的质量标准，会造成工程质量下降；高于所要求的质量标准，则材料成本增加。

所谓按量，是指按规定的数量供应材料。多了造成超储积压，占用流动资金；少了则停工待料，影响进度，延误工期。

所谓成套齐备地供应，是指供应的材料，品种、规格要齐全配套，符合工程需要。

在保证施工材料供应的同时，要努力节约材料费用。通过施工材料采购、保管和使用的管理，建立和健全材料的采购和运输制度，现场和仓库的保管制度，材料的验收、领发及回收制度，尽量节省费用，减少损耗，提高材料的使用效率。

施工材料是施工项目最重要的生产要素之一，据有关资料统计，材料费用占工程成本的70%左右。因此，加强材料管理，是节约施工项目成本和企业盈利的潜力所在。而施工材料的管理又是以材料计划为基础的。因此，施工项目应在开工之前编制详尽的用料计划，按计划进料，使材料不积压，减少退料。

1. 施工材料使用计划的编制

施工材料使用计划是根据施工项目组织设计编制的，反映完成施工项目所需的各种材料的品种、规格、数量和时间要求，还反映施工项目材料消耗水平和节约量，是控制供应、指导消耗和考核的依据。

正确确定材料需用量是施工材料使用计划的关键。确定材料需用量有以下几种方法：

（1）定额计算法。计算的材料需用量比较准确，适用于规定有消耗定额的各种材料。首先计算施工项目各分部、分项的工程量并套取相应的材料消耗定额，求得各分部、分项的材料需用量，最后汇总各分部、分项的材料需用量，求得整个施工项目各种材料的总需用量。

（2）比例计算法。多用来确定无消耗定额，但有历史消耗数据，以有关比例关系为基础来确定材料需用量。

（3）类比计算法。多用于计算新产品对某些材料的需用量。它是以参考类似产品的材料消耗定额，来确定产品或该工艺的材料需用量的一种方法。

2. 施工材料使用计划的实施

编制施工材料使用计划仅仅是计划工作的开始，而更重要的、更大量的工作是组织计划的实施，即执行计划。材料部门为了组织用料计划的实施，要做好以下几项工作：

（1）层层做好落实工作。施工材料使用计划制订后，要逐级交代任务，明确各自的责任目标，制定实施措施，使材料计划的实施成为各级材料管理人员的自觉行动。

（2）建立健全岗位责任制。把用料计划分解落实到有关岗位和人员，并建立相应的责任制，建立相应的责任制，使各级、各类岗位的人员都能明确自己的责任和任务，并与经济利益挂钩，把责权利紧密结合起来。

（3）积极做好用料计划执行的有关具体组织工作。用料计划执行的有关具体组织工作包括材料供应、服务、材料节约和使用监督、材料核销等工作。

（4）协调材料计划执行中出现的问题。材料计划在实施中常会受到内部或外部的各种因素干扰，影响材料计划的实现。如施工任务的改变，在计划实施中施工任务临时增加或减少；在工程筹措阶段或施工过程中遇到设计变更；到货合同和生产厂的生产情况发生变化，不能按时供应；施工进度计划提前或推迟等。上述这些情况都会影响材料计划的正确执行，因此必须加强材料计划执行过程中的协调工作。

（5）建立材料计划的分析和检查制度。包括现场检查制度、定期检查制度、统计检查制度。

二、工程材料的分类

项目使用的材料数量大、品种多，对工程成本和质量的影响不同。企业将所需材料进行分类管理，不仅能发挥各级材料管理人员作用，也能尽量减少中间环节。目前，大部分企业在对物资进行分类管理中，运用了 ABC 法的原理，即关键的少数，次要的多数，根据物资对本企业质量和成本的影响程度和物资管理体制将物资分成了 A、B、C 三类进行管理。

(一)工程材料分类的依据

(1)根据材料对工程质量和成本的影响程度。对工程质量有直接影响的、关系用户使用生命和效果的、占工程成本较大的材料一般为A类;对工程质量有间接影响的、为工程实体消耗的可分为B类;辅助材料中占工程成本较小的为C类。

(2)企业管理制度和物资管理体制。由总部主管部门负责采购供应的为A类,其余可为B、C类。

(二)工程材料分类的内容

工程材料分类如表8-2所示。

表8-2　工程材料分类

类别	序号	材料名称	具体种类
A类	1	钢材	各类钢筋,各类型钢
	2	水泥	各等级袋装水泥、散装水泥,装饰工程用水泥,特种水泥
	3	木材	各类板、方材,木、竹制模板,装饰、装修工程用各类木制品
	4	装饰材料	精装修所用各类材料,各类门窗及配件,高级五金
	5	机电材料	工程用电线、电缆,各类开关、闸门、安装设备等所有机电产品
	6	工程机具设备	公司自购各类加工设备,租赁用自升式塔吊,外用电梯
B类	1	防水材料	室内外各类防水材料
	2	保温材料	内外墙保温材料,施工过程中的混凝土保温材料,工程中管道保温材料
	3	地方材料	砂石,各类砌筑材料
	4	安全防护用具	安全网,安全帽,安全带
	5	租赁设备	①中小型设备:钢筋加工设备,木材加工设备,电动工具;②钢模板;③架料,U形托,井字架
	6	建材	各类建筑胶,PVC管,各类腻子
	7	五金	铁丝,电焊条,圆钉,钢丝,钢丝绳
	8	工具	单价400元以上使用的手用工具
C类	1	油漆	临建用调和漆,机具维修用材料
	2	小五金	临建用五金
	3	杂品	
	4	工具	单价400元以下手用工具
	5	劳保用品	按公司行政人事部有关规定执行

此外,施工项目所需的材料数量大、品种多、供应范围广。由于原有的分类标准和目的的不同或者分类的习惯和方法的不同,材料还可以有不同的分类。

1. 按材料在生产中的作用分类

主要材料。指构成工程实体的各种材料，如钢材、水泥、木材、砖瓦、石灰、砂石、油漆、五金、水管、电线、暖气片等。

结构件包括金属、木材、钢筋混凝土等预制的结构物和构件，如屋架、门窗、木门、钢筋混凝土墙体、立柱等。

周转材料。指具有工具性的脚手架、模板。它不按工具管理，而按周转使用材料管理。机具配件，包括机具设备备用的零配件，如曲轴、活塞、轴承等。

其他材料。包括不构成工程实体，但工程施工必需的材料，如燃料、油料、氧气、砂纸、棉纱头等。

这种划分可便于制定材料消耗定额，进行成本控制。

2. 按材料的自然属性分类

金属材料。包括钢筋、型钢等各种钢材、金属脚手架、铁丝、铸铁管等。

非金属材料。包括木材、橡胶、塑料和陶瓷制品等。这种分类便于根据材料的物理、化学性能分别储存保管。

三、工程材料的采购、保管和使用

（一）施工项目材料采购

（1）项目经理部所需主要材料、大宗材料应编制材料需用计划，由企业物资部门订货或从市场中采购。工程材料需用计划一般包括以下内容：

①单位工程材料需用计划。根据施工组织设计和施工图预算，于开工前提出，作为备料依据。

②工程材料需用计划。根据施工预算、生产进度及现场条件，按工程计划期提出，作为备料依据。

③“材料计划表”。应包括使用单位、品名、规格、单位、数量、交货地点、材料的技术标准等。另外，必要时应提供图纸和实样。

（2）材料采购，必须按照企业质量管理体系和环境管理体系的要求，依据项目经理部提出的材料计划进行采购。

①首先选择企业发布的合格分供方的厂家。

②对于企业合格分供方名册以外的厂家，在必须采购其厂家产品时，要严格按照“合格分供方选择与评定工作程序”执行，即按企业规定经过对分供方审批合格后，方可签订采购合同，进行采购。

③对于不需要进行合格分供方审批的一般材料，采购金额在5万元以上（含5万元）的，必须签订订货合同。

（二）项目经理部材料管理

1. 施工材料进场验收、复试和存放

1）施工材料进场验收、复试

所有进场材料都要进行验收，验收其品种、规格、质量、数量与工程要求是否符合，对不符合技术要求的，要拒收退货。如因供应的材料不符合施工用料要求，因设计变更改变用料规格，以及建设单位来料不符合施工用料要求而发生材料代用，应先办理经济签证手续，明确经济责任后再验收。如在收料后发生设计变更而代用者，则以技术核定单作依据。进场材料的验收可按如图 8-2 所示的程序进行。

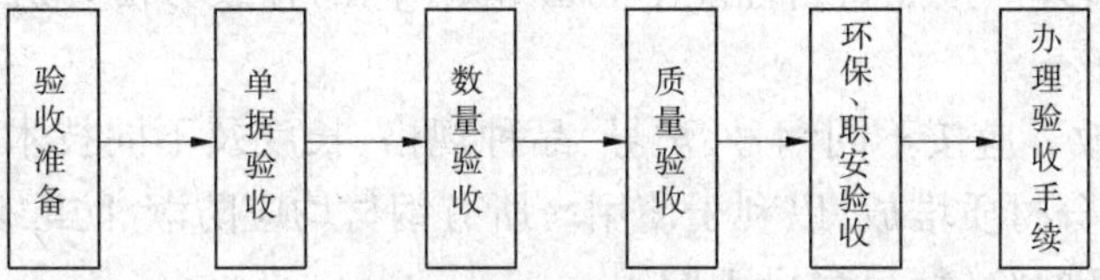

图 8-2 进场材料的验收程序

进场的主体结构材料，必须有质量合格证明。无质量合格证明者不能验收；有的材料（如水泥、电焊条等）虽有合格证明，但已超过保管期限，或外观异常，按规定需复试的，由项目物资部、机电部、技术部根据分工进行取样复试。

下面介绍施工中常用的几类进场材料的验收和检测：

(1) 水泥。进场水泥必须有出厂质量证明文件。有下列情况之一者应进行复试：用于承重结构的水泥；使用部位有强度等级要求的水泥；水泥出厂日期超出 3 个月（快硬性水泥超出 1 个月）；使用进口水泥者或对水泥质量产生怀疑时。复试应由法定检测单位进行并提出试验报告。混凝土和砌筑砂浆使用的水泥还应进行见证取样送检。水泥复试项目有抗压、抗折强度、安定性、凝结时间。

(2) 钢筋（钢材）。进场钢筋必须有出厂质量证明文件。还应按规范的规定取样进行力学性能复试。有抗震要求的框架结构，其纵向受力钢筋的进场复试应有强屈比和屈标比计算值。当发现钢筋脆断、焊接性能不良或力学性能显著不正常时，应进行化学成分检验或其他专项检验，有相应检验报告。承重结构使用的钢筋及重要钢材，还应实行见证取样送检。

(3) 砖与砌块。进场的砖与砌块必须有出厂质量证明文件，应进行外观、尺寸检查验收。用于承重结构或出厂试验项目不齐全的砖与砌块应做抗压强度项目的复试。承重墙使用的砖与砌块应实行见证取样送检。

(4) 砂与碎（卵）石。砂、石在使用前应按规定取样复试，复试的项目有筛分析、含泥量、泥块含量等。

(5) 外加剂。进场的外加剂必须有出厂质量证明书或合格证、产品性能和使用说明书等。外加剂进场后应按《混凝土外加剂应用技术规范》（GB 50119—2013）的规定取样复试，有复试报告。承重结构混凝土使用的外加剂应实行见证取样送检。钢筋混凝土结构所使用的外加剂，应有有害物含量检测报告。

(6) 掺合料。进场的掺合料应有出厂质量证明文件。用于结构工程的掺合料应按规定取样复试，复试项目有细度、需水量比等。

(7) 防水材料。进场的防水材料必须有出厂质量合格证，应进行外观检查，合格后按规定取样复试，并实行见证取样送检。

(8) 装饰装修材料。进场的装饰装修主要材料应有质量证明文件，包括出厂合格证、检测报告、质量保证书等。应复试的材料如建筑外窗、人造木板、室内花岗石、外墙面、安全玻璃等，须按照相关规范规定进行复试。

2）施工材料的存放

施工现场材料大多露天存放，与库房保管方法不尽相同，但都应做到安全、完整、整齐，加强账、卡、物管理。按照材料性能不同，采取不同的存放方法，减少损耗，防止浪费，方便收发，有利施工。

（1）钢材的存放。应按不同钢号、炉号、品种规格、长度及不同技术指标分别堆放，退回可用的余料也应分材质堆放，以利于使用。所有钢材均应防潮、防酸碱锈蚀。锈蚀的钢材应分开堆放，并及时除锈，尽早投入使用。

（2）水泥的存放。应按不同生产厂、不同品种、不同强度等级、不同出厂日期分别堆放，在现场存放期内，一定要注意防水防潮。坚持先进先用的原则；散装水泥应用罐式密封仓库进行保管，严禁不同品种、强度等级混装。

（3）木材的存放。应按树种、材种、规格、等级、长短、新旧分别堆码，场内要清洁，除去杂草及一切杂物，并设 40 cm 以上的垛基。堆码时应留有空隙，以便通风；注意防火、防潮、防腐、防蛀，避免曝晒而开裂翘曲。

（4）砂石的存放。应按施工平面图在工程使用地点或搅拌站附近堆放保管，按堆挂牌标明规格数量。地面要平整坚实，砂石料应堆成方形平顶，以利于检尺量方；防止污水和液体树脂浸入砂石堆中；彩色石子或白石子等一般用编织袋装运，如用散装，应冲洗后使用。

（5）石油沥青的存放。应按品种、强度等级分别堆放。石油沥青是易燃品，易老化变质，应防止风吹、日晒、雨淋。

（6）钢筋混凝土构件的存放。按分阶段平面布置图中规定的位置堆放，场地要平整夯实，尽可能置于塔吊回转半径范围内。堆放时，要弄清主筋分布情况，不能放反。堆码不宜过高，上下垫木位置要垂直同位。按规格、型号，结合施工顺序与进度分层分段，把先用的堆在上面，以便按顺序进行吊装。要防止倒塌、断裂，避免二次搬运。

（7）钢、木构件的存放。应分品种、规格、型号堆放，要上盖下垫、挂牌标明、防止错领错发；存放时间较长的钢、木门窗和铁件要放入棚库内，防止日晒雨淋、变形或锈蚀。

（8）装饰材料的存放。装饰材料价值较高，易损、易坏、易丢。应放入库内由专人保管，以防损坏、丢失。

2. 施工项目材料的使用管理

1）材料领发

凡有定额的工程用料，凭限额领料单领发材料；施工设施用料也实行定额发料制度，以设施用料计划进行总控制；超限额的用料，用料前应办理手续，填制限额限料单，注明超耗原因，经签发批准后实施；建立领发料台账，记录领发状况和节超状况。

2）材料使用监督

现场材料管理责任者应对现场材料的使用进行分工监督。监督的内容包括：是否按材料做法合理用料，是否严格执行配合比，是否认真执行领发料手续，是否做到谁用谁清、随清随用、工完料退场地清，是否按规定进行用料交底和工序交接，是否做到按平面图堆料，是否按要求保护材料等。

3)限额领料

限额领料的程序及做法：

(1)签发领料单。材料定额员根据生产计划部门编制的施工任务书领料与发料，班组领料人员凭限额领料单领料，做好分次领用记录。发料员在限额领料单规定的限额内发料。

(2)领料。在领发过程中，双方办理领发料(出库)手续，填写领料单，注明用料的单位工程和班组，材料的名称、规格、数量及领用的日期，双方需签字认证。

(3)使用监督。材料领出后，班组负责保管和使用，材料员必须按保管和使用要求对班组进行监督。

(4)退料。班组任务完成后，由工长组织有关部门对工程量、工程质量及用料情况进行验收，签署检查意见，验收合格后，班组办理退料手续(或假退料)，并在限额领料单中登记扣除。

(5)结算。材料管理员根据验收合格的任务书和结清领料手续的限额领料单，按照实际完成量计算实际应用材料量，与班组实际耗用量对比，计算节、超数量，并对结果进行限额领料单的结算，当月完成的，完一项结一项；跨月完成的，按分月完成量进行预结，全部完成后总结算。

4)耗料的控制与核算

耗料的控制与核算应采取限额领料和定额考核两种方式。具体方法是：建立单位工程供应台账、消耗台账、班组耗料台账、构配件(成品、半成品)考核台账；按施工任务书编制、下达限额领料单；定额员检查材料使用消耗情况，并做好记录；按月编制并上报主要材料消耗报表等。

(1)填写计划供应数量。根据施工预算材料分析(用料计划)和加工订货计划，建立单位工程主要材料供应台账和成品、半成品考核台账；将其计划供应的各品种数量填写在计划或预算数量栏内。

(2)结算统计限额领料单。每个月底将执行结算后的限额领料单分类(水泥、机砖、油毡、沥青及建筑五金等)、分班组列入班组耗料台账。

(3)核算定额考核的材料。按当月完成的实物工程量、钢筋加工配料单、混凝土及砂浆配合比通知单及实施情况，计算定额考核的材料(结构钢筋、砂、石、白灰及其他骨料)数量，并分类、按分部分项工程列入班组耗料台账(同时办理发料手续)。如发现混凝土和砂浆配合比通知单的配比与定额不相符时，应做好记录，并计算出材料消耗的差量。

(4)编制消耗报告。按月份将班组消耗料台账分类统计，汇总主要材料消耗情况，编制单位工程月份主要材料消耗报表一式三份：一份自存，并将其消耗数量列入单位工程消耗台账；两份上报上级材料管理部门，并分别登记各自的消耗台账。

(5)考核成品半成品。成品半成品按部位(或分层)统计使用安装的数量，按月统计进场并存放数量及安装存放损坏或丢失的数量(补充追加的数量)，及时登入考核台账，竣工后按栋号统计核算。

(6)核算摊销周转料具。钢木模板、支撑用料，按工程部位分季度核算摊销(可按月份统计周转次数)，竣工后按栋号结算。

(7)检查材料的存放使用。定额员应经常检查在建工程材料的使用消耗情况,存放保管情况,并做好记录和签证手续,以备分析节超原因。

(8)统计整理变更与洽商。做好施工过程中的设计变更和工程技术洽商记录的统计整理工作,并相应地调整计划(或预算)数量。

(9)竣工结算。施工单位应在竣工后验收前,及时收集、整理、汇总各方面的资料;分类分项统计核算材料耗用的实际数量,编制竣工结算表,并与用料计划(施工预算材料分析)对比节超,分析原因,写出报告。

5)料具清退及转场

(1)根据工程主要部位(结构、装修)进度情况,组织好料具的清退与转场。一般在结构或装修施工阶段接近80%左右时,要检查现场存料,估计未完工程用料量,调整原用料计划,消减多余,补充不足,以防止剩料过多,为完工清场创造条件。

(2)临时设施及暂设工具用料的处理。对于不再使用的临时设施应考虑提前拆除,并充分利用这部分材料,直接转场到新的工地,以避免二次搬运;对于周转料具要及时整修,随时转移到新的施工点或清退入库(租赁站)。

(3)施工垃圾及包装容器的处理。对于现场的施工垃圾设立分拣站,回收、利用及清运做到及时集中分拣,包装容器应及时回收组织清退。

3.材料的管理

周转材料是指在施工中可多次周转使用,但不构成产品实体的所必须使用的料具。如支撑体系、模板体系、安全防护等。由于它占用数量大,投资多,周转时间长,是建筑施工不能缺少的工具,因此切实加强周转材料管理与核算,延长使用时间,降低损耗,对保证完成施工任务,取得良好经济效果起到积极作用。

1)周转材料管理的内容

(1)使用。在使用过程中严格按照施工组织设计和分项工程的技术方案,合理配套地组织进场,未经有关部门和人员批准,不得擅自改变原使用功能和价值。同时,经常深入施工现场检查工完场清,及时回收散落料具。

(2)维修保养。经常对周转料具进行维护保养,上油。损坏的及时修理。

(3)改制利用。根据施工情况,在保证工程质量的前提下,对损坏不能修复的尽量改制利用。

(4)核算。经常定期对周转材料的使用进行分析、核算。

2)模板的管理

(1)集中配料法。企业集中设立模板配料场,负责所属工地模板的统一管理、统一配料、统一回收。工地使用的模板向配料场提出申请料单,由配料场根据库存模板的新旧,长短搭配,发给工地使用,工地使用后,配料场应根据施工进度情况统一回收、整理,提出工地实耗情况。

(2)专业队法。是在集中配料法基础上的扩大和发展,即在配料场配备施工力量,负责工地混凝土工程模板的制作、安装和拆除,是工地的二包单位,单独核算。

(3)租赁法。企业设专门机构管理组合钢模板,对项目部租赁,负责钢模板的修理。根据周转天数和周转一次的摊销费用,确定每平方米的日租赁费。

(4)模板的“四包”制。班组对所需的模板实行包作、包装、包拆除、包回收整理。实行“四包”,可以统一考虑模板施工中的制作、安装、拆除、回收,有利于加强管理,降低损耗。

3)脚手架的管理

(1)租赁法。在企业内部,脚手架出租单位与施工使用单位之间实行租赁制,按日计租金,损失赔偿,促进加速周转,爱护使用;在施工使用单位内与架工班组之间实行脚手架费用包干制。由施工队负责工期,力争缩短。由架工班负责脚手架搭设拆除、保养管理,争取少占用,不丢失损坏降低损耗。

(2)费用承包。实行脚手架费用包干的内容:一是架工班对脚手架工程包搭设、包拆除、包维修保养、包管理,还负责代表施工队向出租单位办理租入脚手架验收和用毕点交等具体手续。二是包脚手架的定额损耗,包括钢管、扣件及跳板的定额损耗。

4. 材料管理的主要制度

(1)建立岗位责任制。公司、厂、库的材料物资部门都要建立和完善岗位责任制。要根据本单位担负的任务,从服务、管理、经营诸方面,订立和完善切实可行的责任制;各级材料工作人员根据分工设岗的情况,按照标准化工作要求,制定各类材料人员的基本职责,以利于工作质量的考评。

(2)成本核算制。依据施工图预算编制的制造成本进行材料的总量控制,开展限额领料。建立材料消耗台账,定期分析工程耗料情况。对进场物资做到日清月结。

(3)开展业务工作考核与评比制。材料系统工作要建立工作质量保证体系,积极开展 TQC 活动,对业务工作的全过程进行 PDCA 循环,特别要注重实施阶段的监督、检查、指导与帮助。对现场、定额、仓库、内业管理、统计等方面进行定期或不定期的检查考核以及半年、年度分项及综合评价,组织经验交流及表彰。

(4)材料管理的纪律与政策。严格遵守材料管理工作的纪律和政策,强化专业工作人员的廉政与勤政建设,配合党政工团等部门抓好精神文明建设,以培养德才兼备的材料物资专业队伍。

(5)检查监督与处罚。材料管理要加强监控职能,制定处罚条例,奖惩严明。各基层施工单位和施工现场要设置材料专(兼)职监督员,隶属总公司、各分公司物管部门;实施处罚条例,以促进施工现场管理水平的提高。

5. 节约材料的主要措施

目前,施工现场材料管理仍很薄弱,浪费惊人,现场材料管理水平低下。表现为:普遍存在着现场材料堆放混乱、管理不严,余料不能充分利用;计量设备不齐、不准,造成用料上的不合理;材料品种规格不配套,造成优材劣用、大材小用、高强度等级替代低强度等级用;重供应轻管理,只管完成任务而单纯抓进度、质量、产值,不重视材料的合理使用和经济实效;施工抢进度,不按规范施工,增加材料用量,放松现场管理,浪费材料;施工操作技术水平低,设计多变,采购不合理,造成材料浪费等。为提高材料管理水平,降低材料成本和节约材料,应采取以下措施。

1)采取技术措施,节约材料

(1)在水泥和混凝土方面。为了达到节约水泥的目的,可以采用优化混凝土配合比;

合理选用水泥强度等级；充分利用水泥活性及富余系数；选用良好的骨料颗粒级配；严格控制水灰比；合理掺用外加剂；掺加适量的混合材料，如粉煤灰等。

(2)在木材方面。为达到节约木材的目的，可以采用以钢代木；改进支模办法，采用无底模、砖胎模、活络模等支模办法；优材不劣用，长料不短用；以旧代新，综合利用等。

(3)在钢材方面。为达到节约钢材的目的，可采用集中断料，合理套裁，充分利用冷拉；注意在焊接和绑扎时采用合理的绑扎长度；充分利用旧料、短料和边角余料；尽可能做到优材不劣用、大材不小用。

(4)统一企业内部的模板体系，采用同一标准的模板，增加周转次数。不同质量标准采用不同质量的模板。

2)加强材料管理，降低材料消耗

(1)坚持“两算对比”，做到先算后干，控制材料消耗。

(2)合理供料，一次就位，减少二次搬运和堆码损失。

(3)做好文明施工，对散落的砂浆、混凝土、断砖等，坚持随做、随用、随清。

(4)制定合理的回收利用制度，开展修旧利废工作。

(5)实行材料节约奖励制度，提高节约材料的积极性。

3)实行现场材料承包责任制，提高经济效益

现场材料承包责任制，是材料消耗过程中的材料承包责任制。它是责、权、利紧密结合，以提高经济效益、降低单位工程材料成本为目的的一种经济管理手段。实行材料承包制必须具备以下条件：施工预算可靠；材料预算单价或综合单价合理；领料制度完善，手续健全；执行材料承包的单位工程，质量达到优良。

4)学习研究理论，探索节约材料的新途径

(1)ABC 分类法。ABC 管理法是用数理统计的方法，对事物进行分类排队，以抓住事物的主要矛盾的一种定量的科学管理方法。材料管理上运用 ABC 管理法就是运用 ABC 管理法将材料分类分级管理，达到事半功倍的目的。

(2)学习存储理论，节约库存费用。项目施工使用的材料受自然条件和建材生产企业的生产能力等制约，企业为了保证施工的连续性就必须对常用的材料进行储备，所储备的物资形成了企业的库存。库存管理的任务就是用最低的费用在适宜的时间和地点获取适当数量的原材料。许多企业在采购过程中运用的“经济批量法”，其目的就是使得采购的费用和保管费用最低。

(3)重视价值分析理论在材料管理中的应用。价值工程是以功能分析、功能评价为手段，以最低总成本可靠地实现产品(劳务)的必要功能为目的，进行有组织的一种综合活动。这种技术的分析方法，即称为价值工程。如果在材料管理中广泛运用价值工程，可以为企业创造较好的经济效益。

5)现场材料验收

现场材料验收包括验收准备、质量验收和数量验收。

(1)验收准备。

①在材料进场前，根据平面布置图进行存料场地及设施的准备。应平整、夯实，并按需要建棚、建库。对进场露天存放的材料，需苫垫、围挡的，应准备好充足的苫垫、围挡物品。

②办理验收材料前,应认真核对进料凭证,经核对确认是应收的料具后,方能办理质量验收和数量验收。

(2)质量验收。

①一般材料外观检验。主要检验料具的规格、型号、尺寸、色彩、方正及完整。

②专用、特殊加工制品外观检验。应依据加工合同、图纸及翻样资料,由合同技术部门进行质量验收。

③内在质量验收。由专业技术人员负责,按规定比例抽样后,送专业检验部门检测力学性能、工艺性能、化学成分等技术指标。以上各种形式的检验,均应做好进场材料质量验收记录。

(3)数量验收。

①大堆材料,实行卸落地点,砂石按计量换算验收,抽查率不得低于10%。

②水泥。袋装水泥按袋点数,袋重抽查率不得低于10%;散装的除采取措施卸净外,按磅单抽查。

③三大构件实行点件、点数和检尺的验收方法。

④对有包装的材料,除按包装件数实行全数验收外,属于重要的、专用的、易燃易爆、有毒物品应逐项逐件点数、验尺和过磅。属于一般通用的,可进行抽查,抽查率不得低于10%。经核对质量凭证,数量检查无误后,及时办理验收手续、凭证记账和转账。

6)材料保管与保养

材料保管与保养,应选择存放场所,合理码放,维护材料使用价值,确保储存安全。

(1)大型构件和大模板存放场地应坚实、平整,有排水措施,并标识。

(2)水泥应按规格,每十袋码放整齐,并按品种、名称、规格、厂家、出场日期等实验状态标识清楚。做好防雨、防潮工作,实行先进先出,库内保持整洁。

(3)钢材露天存放,应选择地势高、平坦之处,垛底应垫高10~30 cm,分规格码放整齐,做到一头齐,一条线,并按实验状态标识清楚。

(4)机砖成丁、成行码放,不得超过1.5 m,砌块码放高度不得超过1.8 m。砂石成堆,不混不串,并按实验状态标识清楚。

(5)粉状材料设棚,围挡严密,垛底高度15~30 cm,防止扬尘,做好环境保护工作,并标识清楚。

7)材料保管需注意的问题

(1)对于怕日晒雨淋、温度湿度要求高的材料必须入库存放。

(2)对于可以露天保存的材料,应按其材料性能上苫下垫,围挡好。建筑物内一般不存放材料,确需存放时,必须经消防部门批准,并设置防护措施后方可存放,并标识清楚。

(3)材料保管、保养过程中,应定期对材料数量、质量、有效期限进行盘查核对,对盘查中出现的问题,应有原因分析、处理意见及处理结果反馈。

(4)施工现场易燃易爆、有毒有害物品和建筑垃圾必须符合环保要求。

①使用易燃易爆、有毒有害物品,必须进行技术交底,注明使用部位、注意事项和安全操作说明,设置符合消防要求的环保型灭火器。

②施工现场必须设置水、电表,并使用节能水龙头,杜绝长流水、长明灯。

③施工现场垃圾必须设垃圾站或垃圾箱，并封闭严密，且标识可回收物和不可回收物。

④施工现场运输必须与运输单位签订运输环保协议书，运送垃圾必须有环卫局的协议，有垃圾消纳证，有垃圾清运厂的经济合同。清运垃圾车辆必须苫盖，不能有扬尘和遗撒现象。

⑤施工现场清运有毒有害废弃物，必须到工业有害固体废弃物管理中心消纳，并签署经济合同和环保协议，或由厂家负责回收，并与厂家签订废弃物回收协议。

8）材料收放及领用

材料发放及领用，是现场材料管理的中心环节，标志着料具从生产储备转向生产消耗。必须严格执行领发手续，明确领发责任，采取不同的领发形式。凡有定额的工程用料，都应实行限额领料。

（1）限额领料是指生产班组在完成施工生产任务中，所使用的材料品种、数量应与其所承担的生产任务相符合。它包括限额领料单的签发、下达、领料与发料、检查验收与结算、考核与奖罚等环节。

（2）实行限额领料的依据。

①地方和企业制定的施工材料定额。

②企业预算部门提供的预算（材料大分析）和变更预算。

③生产计划部门提供的分部位的施工计划和实际工程量。

④技术部门提供的砂浆配合比、技术节约措施和各种材料的技术资料。

⑤质量部门提供的班组在工程中造成的质量偏差和多用料的签署意见。

（3）实行限额领料的品种。可根据本企业的管理水平确定。一般基础、结构部位为水泥、砌块等，装修部位为水泥、瓷砖、大理石等。不能执行限额领料的材料，应由项目部主管材料负责人审批后，由材料员发放。

（4）限额领料的管理。

①施工用料前由材料定额员根据生产计划及时签发和下达限额领料单。

②施工生产班组持领料单到仓库领取限定的品种、规格、数量，双方办理出料手续并签字，发料员做好记录。

③材料领出后，由班组负责保管并合理使用，材料员按保管要求对施工班组进行监督，负责月末库存盘点和退料手续。

④如出现超耗，施工班组需填写限额领料单，附超耗原因，经项目部材料主管审批后领料。

⑤材料定额员根据验收和工程量计算班组实际应用量和实际耗用量，并对结算结果进行节超分析。当月完成的完一项结一项，跨月完成的完多少预结多少，全部完成后总结算。

（三）项目经理部周转材料的管理

（1）周转材料管理的范围：

①模板：大模板、滑模、组合钢模、异型模、竹模板等；

②脚手架：钢架管、碗扣、钢支柱、吊篮、竹塑板等；

③其他周转材料：卡具、附件等。

(2)周转材料的加工、购置和租赁。项目经理部应根据工程特点编制工程周转材料的使用计划，提交企业相关部门或租赁单位，由企业相关部门或租赁单位进行加工、购置，并及时提供租赁，与项目部签订租赁合同。

(3)周转材料的进场保管与使用。

各项目经理部周转材料进场后，应按规格、品种、数量登记入账。周转材料的码放应注意以下几点：

①大模板应集中码放，做好防倾斜等安全措施，设置区域围护并标识。

②组合钢模板、竹木模板应分规格码放，便于清点和发放，一般码十字交叉垛，高度应控制在1.80 m以下，并做好标识。

③钢脚手架管、钢支柱等，应分规格顺向码放，四周用围栏固定，减少滚动，便于管理，并做好标识。

④周转材料零配件应集中存放、装箱、装袋，做好保护，减少散失并做好标识。

周转材料如连续使用的，每次使用完都应及时清理、除污后，涂刷保护剂，分类码放，以备再用。如不再使用的，应及时回收、整理和退场，并签订退租手续。

(四)材料的现场管理

(1)根据施工总平面图的规划，认真做好材料的堆放和工地临时仓库的建造，要求做到方便施工，避免和减少场内二次运输。

(2)按材料计划分期分批组织材料进货。要求严格实行“四验”制度，即验品种、验规格、验质量、验数量。

(3)组织材料集中预加工，扩大成品供应。要求尽可能将水泥、石灰、木材、钢筋以及砂石等不同程度地集中加工处理。这样可以提高出材率和机具化加工水平，节约现场临时设施和施工用地，并且有利于改变施工现场面貌，实行文明施工。

(4)坚持按限额领(发、送)料。要求工地对班组、工序实行严格的领(发、送)料制度，并实行节约预扣，余料退库。同时可以解决工地范围内在用料上“吃大锅饭”问题。

(5)回收和利用废旧物资，合理采用代用品。实行交旧(废)领新制、包装回收奖励制。

(6)加强材料消耗考核，避免竣工算总账、超耗无法挽回。要采取各种措施降低材料消耗和采购价格、采购和保管费用，建立健全材料台账、表、卡、单等原始记录，加强材料成本核算。

(7)清理现场，回收整理余料，做到工完场清。要求谁做谁清、工完场洁。

第三节　施工机具管理

一、施工机具管理的任务

(一)机具设备管理的意义

按照机具设备运转的客观规律，通过对施工所需要的机具设备进行合理配置，优化组合，严密地组织管理，使得操作人员科学地应用装备，从而达到用少量的机具去完成尽可能多的施工任务，大大地节约资源，提高企业经济效益的目的。

机具设备是生产的手段，随着建筑业机具化程度的提高，机具施工将逐步代替繁重的体力劳动，机具设备的数量、种类、型号必将逐渐增多，在施工中的作用也会愈来愈大。因此，加强施工项目的机具设备管理，不断提高机具设备的完好率、利用率和使用效率，对保证施工项目实现优质、高速、低耗、安全和文明施工具有重大意义。

（二）机具设备管理的任务

机具设备管理的任务是贯彻执行国家有关技术经济政策，通过有效的技术、经济和组织措施，对机具设备进行综合管理，科学地选好、管好、养好、修好机具设备，在设备使用寿命期内，做到全面规划，合理配置，择优选购，正确使用，精心维护，安全运行，改善和提高项目的技术装备素质，充分发挥机具设备的效能，取得良好的投资效益。

机具设备管理的具体内容包括：正确地选择和合理使用机具；搞好机具设备的维护、保养、检查和修理工作；建立和健全机具设备管理制度。

（三）机具设备管理的特点

机具设备管理要紧紧围绕企业经营生产中心，建立健全企业机具设备现代化管理体制，运用科学的技术管理手段，走企业重点设备专业化配置与一般设备社会化租赁相结合的设备配置使用思路。实行以集中管理为主，集中管理与分散管理相结合的办法，大力发展机具设备社会专业化大协作，充分发挥机具设备使用效率，使设备得到充分利用，提高企业施工机具化施工水平，方便施工，使企业在竞争的建筑市场中赢得更大的经济份额。

（四）机具设备管理的内容

1. 建立健全机具设备管理组织机构体系

施工企业及设备资产产权单位，应根据企业组织机构、人员配置和机具设备资产的购置、使用、保养、修理、租赁及设备消耗成本核算的实际情况，建立健全企业的设备管理机构，配备相应的专业技术管理人员，建立起从企业后方机关到施工现场第一线的机构人员管理网络。

2. 建立健全机具设备管理制度建设

施工企业及设备资产产权单位，要建立健全企业的设备管理制度，以此来约束在设备管理方面的个人行为，要用严格的管理制度和责任制将设备管理目标落实到企业的每一个部门和全体员工的岗位上。

一般企业应建立健全以下设备管理制度：

（1）企业有关设备管理的岗位责任制制度；

（2）设备配置计划管理制度；

（3）设备购置招标管理制度；

（4）设备资产管理制度；

（5）使用前检查验收制度；

（6）设备使用保养与维护制度；

（7）多班作业交叉接班制度；

（8）设备安全管理制度；

（9）设备使用检查制度；

(10)设备修理制度;

(11)设备资产报废制度;

(12)设备租赁管理制度;

(13)操作人员培训教育持证上岗制度;

(14)奖励和惩罚制度等。

(五)机具设备管理中的职责

1. 企业集团在机具设备管理工作中的职责

(1)贯彻落实国家、当地政府和企业集团有关施工企业机具设备管理的方针、政策和法规、条例、规定,制订适应公司的管理制度和规定。

(2)制订公司设备管理工作的年度方针目标和主要工作计划,并组织专业设备租赁公司和工程项目具体实施。

(3)建立健全公司机具设备管理的各项原始记录,做好统计、分析工作。

(4)认真搞好施工现场设备管理和安全使用管理,组织、参与对大型起重设备和成套设备的验收工作,配合好施工生产,确保使用的设备完好、有效,保护好生产能力。

(5)协助工程项目搞好设备的使用协调工作,组织好专业机具设备租赁公司和工程项目机务工作人员的技术业务培训,提高管理水平。

2. 项目在机具设备管理工作中的职责

(1)贯彻落实国家、当地政府、企业集团和公司有关施工企业机具设备管理的方针、政策和法规、条例、规定,制定适应本工程项目的设备管理制度。

(2)按照施工组织设计积极寻求具有相应设备租赁资质、起重设备安拆资质、设备性能良好、服务优良、价格合理的设备租赁公司,承租相适应的机具设备。

(3)签订合理的租赁合同,并组织实施,按合同要求设备租赁公司组织设备进场与退场。

(4)对进入施工现场的机具设备认真做好组织验收工作,做好验收记录,建立现场设备台账,杜绝带有安全隐患的设备进入施工现场。

(5)坚持对施工现场所使用的机具设备日巡查、周检查、月专业大检查制度,及时组织对设备维修保养,杜绝设备带病运转。

(6)做好设备使用安全技术交底,监督操作者按设备操作规程操作,设备操作者必须经过相应的技术培训,考试合格,取得相应设备操作证方可上岗操作。

(7)积极参与国家、当地政府、企业集团和公司组织的机务工作人员的技术业务培训,提高设备管理水平,杜绝各种机具设备事故发生。

3. 专业机具设备租赁公司在设备管理工作中的职责

(1)贯彻落实国家、当地政府、企业集团和公司有关施工企业机具设备管理的方针、政策和法规、条例、规定,制定适应本公司的管理制度、规定和实施细则。

(2)制订机具设备租赁公司设备管理工作的年度方针政策目标、工作计划、经济指标、安全管理工作指标,并组织实施。

(3)建立健全机具设备租赁公司机具设备管理的各项原始记录,设备台账,做好统计、分析工作。

(4)制定、落实机具设备租赁公司设备的各项设备管理规程、目标、管理制度和各种设备台班定额，充分发挥设备资产效益，确保设备资产的保值与增值。

(5)认真搞好施工现场设备管理、服务和安全使用管理工作，认真做好对大型起重设备和成套设备以及中小型设备的自查、自验和专项检查工作，配合好工程项目文明安全施工生产，确保使用的设备完好、有效，杜绝各种机具设备事故发生。

(6)积极参与国家、当地政府、企业集团和公司组织的机务工作人员的技术业务培训，提高管理水平，树立企业品牌。

二、施工机具的使用、保养与维修

(一)施工项目机具的来源

1. 施工项目机具的供应方式

施工项目机具设备的供应有以下四种渠道：

(1)企业自有机具设备。

(2)从市场上租赁设备。

(3)企业为施工项目专购机具设备。

(4)分包机具施工任务。

施工项目机具设备无论以哪种方式提供，都必须符合相关要求。

其中，从本企业专业机具租赁公司租用的施工机具设备和从社会上建筑机具租赁市场租用的施工机具设备除应满足上述自有施工机具设备的几点要求外，还必须符合资质要求（特别是大型起重设备和特种设备），如出租设备企业的营业执照、租赁资质、机具设备安装资质、安全使用许可证、设备安全技术定期检定证明、机型机种在本地区注册备案资料、机具操作人员作业证及地区注册资料等。对资料齐全、质量可靠的施工机具设备，租用双方应签订租赁协议或合同，明确双方对施工机具设备的管理责任和义务后，方可组织施工机具设备进场。

对于工程分包施工队伍自带设备进入施工现场的，中小型施工机具设备一般视同本企业自有设备管理要求管理。大型起重设备、特种设备一般按外租机具设备管理办法做好机务管理工作。

对根据施工需要新购买的施工机具设备，大型机具及特殊设备应在调研的基础上，写出经济技术可行性分析报告，经有关领导和专业管理部门审批后，方可购买。中小型机具应在调研基础上，选择其性能价格比较好的设备。

2. 施工项目机具设备的选择原则

施工项目机具设备的选择原则有以下两条：

(1)适用性原则。选择适合施工工程所适用的机型。

(2)择优性原则。在相同性能的设备中，选择本地区认可的质优价廉的产品（即考虑设备性能价格比、产品质量、售后服务等多方面因素，从优选取）。

(二)施工项目机具的使用

1. 机具设备的正确选择

选择机具设备应遵循切合需要、实际可能、经济合理的原则。切合需要是指选用的机具设备的技术性能要与工程的特点、施工条件、施工方法和工期要求相适应；否则，不是施工受影响，就是机具效率不能得到充分发挥。

实际可能是指选择机具设备必须从实际出发，施工机具应该是已有的或在一定时间内有条件取得的；否则，即使选择的机具非常理想，但在要求的时间内不可能获得，也不过是纸上谈兵。

经济合理是指要求选择的机具设备，能以较少的投入，获得最大的产出。为此，在选择机具时应在满足技术要求的基础上提出多种可行方案，然后进行经济比较，从中选出最优方案以供采用。

2. 机具设备的合理使用

(1)人机固定，实行机具使用、保养责任制。凡施工中使用的机具设备，应定机定人交给一定机组或个人，使之对机具设备的使用和保养负责。一个人使用的由个人负责，多人或多班使用的要由机(组)长负责。在降低使用消耗、提高产出效率上确定合理的考核指标，把机具设备的使用效益和个人经济利益联系起来。

(2)实行操作证制度。专机的专门操作人员，必须经过培训和统一考试，确认合格，发给操作(驾驶)证。无证人员不得上岗作业；否则，作为严重违章事故处理。这是保证机具设备得到合理使用的必要条件。

(3)操作人员必须坚持搞好机具设备的例行保养。操作人员在开机前、使用中和停机后，必须按规定的项目和要求，对机具设备进行检查和例行保养，做好清洁、润滑、调整、紧固、和防腐工作，经常保持机具设备的良好状态。

(4)遵守“走合期使用规定”。机具设备在新出厂或大修后的使用初期，对操作提出了一些特殊的规定和要求。这些要求和规定称为“走合期使用规定”。这样，可以防止机件早期磨损，延长机具使用寿命和修理周期。

(5)实行单机或机组核算制度。对机械设备具有使用权的机组或个人，要以定额为基础，确定单机或机组生产率、消耗费用，并按标准进行考核，根据考核结果进行奖惩。这也是提高机械设备管理水平的重要措施。

(6)建立设备档案制度。为了便于使用与维修，建立设备档案十分必要。档案应包括原始技术文件、交接登记、运转记录、维修记录、事故分析和技术改造资料等。有了档案就能了解设备的情况，摸清它的“脾气”和“性格”，这样就能了解设备的情况，便于使用与维修。

(7)合理组织机具设备施工。必须加强维修管理，提高机具设备的完好率和单机效率，并合理地组织机具的调配，搞好施工的计划工作。在安排施工计划时，必须充分考虑机械设备的维修时间，在使用与维修发生矛盾时，应坚持“先维修、后使用”的原则。严禁设备带病运转和拼设备等短期行为的发生。

(8)培养机务队伍。应采取举办培训班、岗位练兵等多种形式，有计划、有步骤地培养一批精通机械技术和管理业务、熟悉操作维修保养技能的机务管理干部和操作保修技术工人，这是提高机械设备管理水平的根本措施。

(9)搞好机具设备的综合利用。机具设备的综合利用是指现场安装的施工机具尽量做到一机多用。尤其是垂直运输机具，必须综合利用，使其效率得到充分发挥。它负责垂直运输各种构件材料，同时做回转范围内的水平运输、装卸车等。因此，要按小时安排好机具的工作，充分利用时间，大力提高其利用率。

（10）要努力组织好机具设备的流水施工。当施工的推进主要靠机具而不是人力的时候，划分施工段的大小必须考虑机具的服务能力，把机段作为分段的决定因素。要使机具连续作业，不停歇，必要时"歇人不歇马"，使机具三班作业。一个施工项目有多个单位工程时，应使机具在单位工程之间流水，减少进出场时间和装卸费用。

（11）机具设备安全作业。项目经理部在机具作业前应向操作人员进行安全操作交底，使操作人员对施工要求、场地环境、气候等安全生产要素有清楚的了解。项目经理部按机具设备的安全操作要求安排工作和进行指挥，不得要求操作人员违章作业，也不得强令机具带病操作，更不得指挥和允许操作人员野蛮施工。

（12）为机具设备的施工创造良好条件。现场环境、施工平面图布置应适合机具作业要求，交通道路畅通无障碍，夜间施工安排好照明。协助机具部门落实现场机具标准化。

3. 施工项目机具计划使用

项目经理部应根据工程需要编制施工机具设备使用计划，报企业有关部门或领导审批，其编制依据是工程施工组织设计。施工组织设计包括工程的施工方案、方法、措施等。同样的工程采取不同的施工方法、生产工艺及技术安全措施，选配的施工机具设备也不同。因此，编制施工组织设计，应在考虑合理的施工方法、工艺、技术安全措施时，同时考虑用什么设备去组织生产，才能最合理、最有效地保证工期和工程质量，降低生产成本。如混凝土工程施工，一般考虑混凝土现场制配成本较低，就需配有混凝土配料机、混凝土搅拌机，冬季还需配有热水、砂的电热水箱、锅炉等设备。垂直及水平运输，可配有翻斗车、塔式起重机等设备。采用混凝土输送泵来运送混凝土，则应配有混凝土输送泵、内爬自升式混凝土布料机或移动式混凝土布料杆（机）等设备。对环保要求严格、工地现场较窄的一般多采用商品混凝土供应做法，混凝土运送多采用混凝土拖式泵、内爬自升式混凝土布料机或移动式混凝土布料杆（机）的组合配置形式。根据不同的工程特点及要求，所采取的施工方法是不一样的，所配机具设备也应有所不同。从效率和成本角度看，选择搅拌机、配料机、混凝土输送泵、布料机、塔式起重机的规格形式、型号也应有所不同。工程施工组织设计编制必须考虑包括设备配置因素在内的各方面因素，编制出最佳施工组织设计方案。施工组织设计必须报相关领导及部门审批后实施执行。机具设备使用一般由项目经理部机具管理员或施工准备员负责编制。中、小型机具设备一般由项目经理部主管项目经理审批。大型机具设备经主管项目经理审批后，还需报企业有关部门审批，方可实施运作。租赁大型起重机具设备，主要考虑机具设备配置的合理性（即是否符合使用要求、安全要求等）及是否符合资质要求（其中包括租赁企业、安装设备企业的资质要求，设备本身在本地区的注册情况及年检情况，操作设备的人员的资格情况等）。

施工设备进场后，应进行必要的调试与保养。在正式投入使用前，项目部机具员或施工准备员应会同机具设备主管企业的机务、安全人员及机组人员一起对设备进行认真的检查验收，并做好检查验收记录。验收合格后方可正式投入使用。投入使用的机具设备必须做到在使用过程中全程受控管理。因为验收合格的施工机具设备在使用过程中，其安全保护装置、机具质量、可靠性都有可能发生质的变化，对使用过程的检查与故障排除是确保其安全、正常使用必不可少的手段。因此，使用单位及设备管理企业都必须对施工机具设备进行必要的受控管理。

4. 施工项目机具使用管理

项目经理部在选择施工机具时应考虑经济效益水平。首先应根据施工要求选择其设备性能适宜的施工机具。比如塔式起重机，如果工作幅度50 m、臂端起重量2.3 t能满足施工需要，就不要选用更大型号的塔式起重机。同样性能的机具，应优先租用性能价格比较好的设备，并在使用中采取合理的施工技术、组织措施，以发挥出机具最大的作业效率。

5. 机具操作人员的管理

机具操作人员必须持证上岗，即通过专业培训考核合格后，经有关部门注册，操作证年审合格，在有效期范围内，且所操作的机种与所持证上允许操作机种相吻合。此外，机具操作人员还必须明确机组人员责任制，并建立考核制度，奖优罚劣，使机组人员严格按规范作业，并在本岗位上发挥出最优的工作业绩。责任制应对机长、机员分别制定责任内容，对机组人员应做到责、权、利三者相结合，定期考核，奖罚明确且到位，以激励机组人员努力做好本职工作，使其操作的设备在一定条件下发挥出最大效能。

6. 机具设备安全管理

(1)项目应建立健全设备安全使用岗位责任制，从选型、购置、租赁、安装、调试、验收到使用、操作、检查、维护保养和修理直至拆除退场等各个环节，都要严格，并且有操作性能的岗位责任制。

(2)项目要建立健全设备安全检查、监督制度，要定期和不定期地进行设备安全检查，及时消除隐患，确保设备和人身安全。

(3)设备操作和维护人员，要严格遵守建筑机具使用安全技术规程，对于违章指挥，设备操作者有权拒绝执行，对违章操作，现场施工管理人员和设备管理人员应坚决制止。

(4)对于起重设备的安全管理，要认真执行当地政府的有关规定。要经过培训考核，具有相应资质的专业施工单位承担设备的拆装、施工现场移位、顶升、锚固、基础处理、轨道铺设、移场运输等工作任务。

(5)各种机具必须按照国家标准安装安全保险装置。机具设备转移施工现场，重新安装后必须对设备安全保险装置重新调试，并经试运转，以确认各种安全保险装置符合标准要求，方可交付使用。任何单位和个人都不得私自拆除设备出厂时所配置的安全保险装置而操作设备。

(三)施工项目机具的保养与维修

1. 机具设备的磨损

机具设备的磨损可分为三个阶段：

第一阶段，磨合磨损。是初期磨损，包括制造或大修理中的磨合磨损和使用初期的走合磨损，这段时间较短。此时，只要执行适当的走合期使用规定就可降低初期磨损，延长机具使用寿命。

第二阶段，正常工作磨损。这一阶段零件经过走合磨损，光洁度提高了，磨损较少，在较长时间内基本处于稳定的均匀磨损状态。这个阶段后期，条件逐渐变坏，磨损就逐渐加快，进入第三阶段。

第三阶段，事故性磨损。此时，由于零件配合的间隙扩展而负荷加大，磨损激增，可能很快磨损。如果磨损程度超过了极限不及时修理,就会引起事故性损坏,造成修理困难和经济损失。

2. 机具设备的保养

机具设备保养目的是为了保持机具设备的良好技术状态,提高设备运转的可靠性和安全性,减少零件的磨损,延长使用寿命,降低消耗,提高机具施工的经济效益。保养分为例行保养和强制保养。

(1)例行保养属于正常使用管理工作,不占用机械设备的运转时间,由操作人员在机械运转前、后和中间进行。例行保养的主要内容是:保持机械的清洁,检查运转情况,防止机械腐蚀,按技术要求润滑,紧固易于松脱的螺栓,调整各部位不正常的行程和间隙。

(2)强制保养是隔一定周期,需要占用机械设备的运转时间,而停工进行的保养。强制保养按一定的周期和内容分级进行。保养周期根据各类机械设备的磨损规律、作业条件、操作维修水平以及经济性四个主要因素确定。

保养级别由低到高。如起重机、挖土机等大型设备要进行一到四级保养。汽车、空压机等进行一到三级保养,其他一般机械设备只进行一、二级保养。从保养内容看,一级保养和中小机械的二级保养一般可由机长带领本机操作人员在现场进行,必要时可派机修人员参加。三、四级保养,则应由专业机修工进行,但操作工也须参加,要对磨损的零件进行更换或修复。

3. 机具设备的修理

机具设备的修理,是对机具设备的自然损耗进行修复,排除机具运行的故障,对损坏的零部件进行更换、修复。对机具设备的预检和修理,可以保证机具的使用效率,延长使用寿命。

机具设备的修理可分为零星小修、中修和大修。

(1)零星小修是临时安排的修理,其目的是消除操作人员无力排除的突然故障、个别零件的损坏,或一般事故性损坏等问题。一般都是和保养结合进行的,不列修理计划之中。

(2)中修是大修间隔期对少数总成进行大修的一次平衡性修理,对其他不进行大修的总成只是执行检查保养。中修的目的是对不能继续使用的部分总成进行大修,使整机状况达到平衡,以延长机械设备的大修间隔期。

(3)大修是对机械设备进行全面的解体检查修理,保证各零件质量和配合要求,使其达到良好的技术状态,恢复可靠性和精度等工作性能,以延长机械设备的使用寿命。

一般而言,零星小修或一般事故性损坏等问题,都是和保养相结合的,不列入修理计划之中。只有大修、中修需要列入修理计划,并按计划预检修制度执行。大修和中修由企业进行管理,零星小修与保养由项目经理部负责管理。

机械到达大修间隔期后,在送修前一个月,应进行修前技术鉴定。符合大修标志时,方可送修。未达到大修标志的应延长使用。机械未达到大修间隔期但技术状况严重恶化,亦应进行技术鉴定,确定是否送修。机械设备大修理的标志参见表8-3。

表 8-3　机械设备及主要部位大修理标志

大修项目	部位	大修理标志
整机	以电动机为直接动力	主要总成件半数以上需进行大修理
	其他动力源	发动机、液压马达和三个以上总成件需大修理
机械动力机构部分	内燃机	1. 发动机动力性能降低，经调整仍需降挡运行者； 2. 机油消耗量超过定额 100% 以上者； 3. 热机测定，各缸压力达不到规定压力标准的 60% 者； 4. 运转敲击声和异响严重，并接近修程间隔者
	电动机	1. 在额定负荷、电压和周波下运行，最高温升超过规定者； 2. 线圈损坏、开路、短路、分接头烧蚀、脱焊无补救措施者； 3. 线圈绝缘电阻值无法达到规定标准者； 4. 转子轴弯曲、松动、裂纹、轴头磨损超限者； 5. 整流子磨损、烧蚀超限，碳刷架破损变形需彻底整修者
机械工作机构部分	传动机构	1. 主要机件磨损超限，运转中偏摆、异响、撞击发抖；
	转向机构	2. 磨损超限，操作失灵；
	行走机构	3. 严重磨损，无法正常行走；
	变速机构	4. 齿轮及轴承磨损松旷，换挡困难或跳挡；
	整体机架	5. 严重变形或开裂；
	工作装置	6. 严重损坏，操作失灵，无法正常工作
总成部件		磨损、腐蚀、变形、损坏、基础零件、部分关键零件，较多非易损零件需更换时

复习思考题

1. 工程项目生产要素管理的意义有哪些？
2. 现场劳动力管理的特点表现在哪些方面？
3. 施工现场劳动力管理的现状和影响因素有哪些？
4. 劳动力管理的方法有哪些？
5. 解决劳动力资源时要考虑哪些原则？
6. 为什么要实行劳动力的优化配置与动态管理？
7. 简述施工材料管理的意义与任务。
8. 如何搞好工程材料的采购、保管和使用？
9. 简述机具设备管理的意义、任务特点。
10. 施工项目机具设备的选择原则是什么？
11. 如何对机具设备合理使用？
12. 如何搞好施工项目机具使用管理？
13. 怎样进行施工项目机具的保养与维修？

第九章　施工项目信息管理

第一节　施工项目信息管理的内容、要求

一、施工项目信息管理的内容

(一)信息管理的含义

信息指的是用口头的方式、书面的方式或电子的方式传输(传达、传递)的知识、新闻,或可靠的或不可靠的情报。声音、文字、数字和图像等都是信息表达的形式。建设工程项目的实施需要人力资源和物质资源,应认识到信息也是项目实施的重要资源之一。

信息管理指的是传输的合理的组织和控制。施工方在投标过程中、承包合同洽谈过程中、施工准备工作中、施工过程中、验收过程中,以及在保修期工作中形成大量的各种信息。这些信息不但在施工方内部各部门间流转,其中许多信息还必须提供给政府建设主管部门、业主方、设计方、相关的施工合作方和供货方等,还有许多有价值的信息应有序地保存,以供其他项目施工借鉴。上述过程包含了信息传输的过程,由谁(哪个工作岗位或工作部门等)、在何时、向谁(哪个项目主管和参与单位的工作岗位或工作部门等)、以什么方式、提供什么信息等属于信息进行归档和一般的信息领域的行政事务管理。为充分发挥信息资源的作用和提高信息管理的水平,施工单位和其项目管理部门都应设置专门的工作部门(或专门的人员)负责信息管理。

施工项目的信息管理是通过对各个系统、各项工作和各种数据的管理,使项目的信息能方便和有效地获取、存储(存档是存储的一项工作)、处理和交流。“各个系统”可视为与项目的决策、实施和运行有关的各系统,它可分为建设工程项目决策阶段管理子系统、实施阶段管理子系统和运行阶段管理子系统。其中实施阶段管理子系统又可分为业主管理子系统、设计方管理子系统、施工方管理子系统和供货方管理子系统等。“各项工作”可视为与项目决策、实施和运行有关的各项工作。如施工方管理子系统中的工作包括安全管理、成本管理、进度管理、质量管理、合同管理、信息管理、施工现场管理等。“数据”并不仅指数字,在信息管理中,数据作为一个专门术语,这包括数字、文字、图像和声音。在施工方项目信息管理中,各种报表、成本分析的有关数字、进度分析的有关数字、质量分析的有关数字、各种来往的文件、设计图纸、施工摄影和摄像资料及录音资料等都属于信息管理中的数据的范畴。

(二)信息管理的目的

施工项目的信息管理的目的旨在通过有效的项目信息传输的组织和控制为项目建设的增值服务,包括在项目决策过程、实施过程(设计准备、设计、施工和物资采购过程等)和运行过程中产生的信息,以及其他与项目建设有关的信息,它有多种分类方法。

据有关国际文献的资料统计：

(1)建设工程项目实施过程中存在的诸多问题，其中三分之一与信息交流（信息沟通）的问题有关。

(2)建设工程项目10%～33%的费用增加与信息交流存在的问题有关。

(3)在大型建设工程项目中，信息交流的问题导致工程变更和工程实施的错误占工程总成本的3%～5%。

由此可见信息交流对项目实施影响之大。

以上“信息交流（信息沟通）”的问题指的是一方没有及时，或没有将另一方所需要的信息（如所需要的信息的内容、针对性的信息和完整的信息），或没有将正确的信息传递给另一方。如设计变更没有及时通知施工方，而导致返工；如业主方没有将施工进度严重拖延的信息及时告知大型设备供货方，而设备供货仍按原计划将设备运到施工现场，致使大型设备在现场无法存放和妥善保管；如施工已产生了重大质量问题的隐患，而没有及时向有关技术负责人及时汇报等。以上列举的问题都会不同程度地影响项目目标的实现。

二、施工项目信息管理的任务

业主方和项目参与各方都有各自的信息管理任务，为充分利用和发挥信息资源的价值、提高信息管理的效率，以及实现有序的和科学的信息管理，各方面应编制各自的信息管理手册，以规范信息管理工作。信息管理手册描述和定义信息管理的任务、执行者（部门）、每项信息管理任务执行的时间和其工作成果等，它的主要内容包括：

(1)确定信息管理的任务（信息管理任务目录）；

(2)确定信息管理的任务分工表和管理职能分工表；

(3)确定信息的分类；

(4)确定信息的编码体系和编码；

(5)绘制信息输入输出模型（反映每一项信息处理过程的信息的提供者、信息的整理加工者、信息整理加工的要求和内容，以及以整理加工后的信息传递给信息的接受者，并用框图的形式表示）；

(6)绘制各项信息管理工作的工作流程图（如信息管理手册编制和修订的工作流程，为形成各类报表和报告，收集信息、审核信息、录入信息、加工信息、信息传输和发布的工作流程，以及工程档案管理的工作流程等）；

(7)绘制信息处理的流程图（如施工安全管理信息、施工成本控制信息、施工进度信息、施工质量信息、合同管理信息等的信息处理的流程）；

(8)确定信息处理的工作平台（如以局域网作为信息处理的工作平台，或用门户网站作为信息处理的工作平台等）及明确其使用规定；

(9)确定各种报表和报告的格式，以及报告周期；

(10)确定项目进展的月度报告、季度报告、年度报告和工程总报告的内容及其编制原则和方法；

(11)确定工程档案管理制度；

(12)确定信息管理的保密制度，以及与信息管理有关的制度。

施工组织设计是20世纪50年代初我国从苏联引进的重要的施工管理技术,多数施工单位在施工前至今都坚持编制施工组织设计。其中施工方、施工总平面图、施工进度计划、施工质量保证体系、施工安全保证体系等对指导施工都起着非常重要的作用。在当今的信息时代,在国际上,工程管理领域产生了信息管理手册,它是信息的核心指导文件。期望我国施工企业对此引起重视,并在工程实践中得以应用。

项目管理班子中各个工作部门的管理工作都与信息处理有关,它们也都承担一定的信息管理任务,而信息管理部门是专门从事信息管理的工作部门,其主要工作任务是:

(1)负责主持编制信息管理手册,在项目实施过程中进行信息管理手册的必要的修改和补充,并检查和督促其执行;

(2)负责协调和组织项目管理班子中各个工作部门的信息处理工作;

(3)负责信息处理工作平台的建立和运行维护;

(4)与其他工作部门协同组织收集信息、处理信息和形成各种反映项目进展和项目目标控制的报表和报告;

(5)负责工程档案管理等。

由于建设工程项目大量数据处理的需要,在当今的时代应重视利用信息技术的手段(主要指的是数据处理设备和网络)进行信息管理。其核心的技术是基于网络的信息处理平台(即在网络平台上来如局域网,或互联网)进行信息处理。

在国际上,许多建设工程项目都专门设立信息管理部门(或称为信息中心),以确保信息管理工作的顺利进行;也有一些大型建设工程项目专门委托咨询公司从事项目信息动态跟踪和分析,以信息流指导物质流,从宏观上和总体上对项目的实施进行控制。

第二节　施工项目信息管理基本环节

信息管理贯穿建设工程全过程,衔接建设工程各个阶段、各个参建单位和各个方面,其基本环节有信息的收集、传递、加工、整理、分发、检索、存储。

一、信息的收集

工程参建各方对数据和信息的收集是不同的,有不同的来源,不同的角度,不同的处理方法,但要求各方相同的数据和信息应该规范。工程参建各方在不同的时期对数据和信息收集也是不同的,侧重点有不同,但也要规范信息行为。项目经理部应收集并整理的信息包括:

(一)项目经理部应收集并整理的信息

(1)法律、法规与部门规章信息。

(2)市场信息。

(3)自然条件信息。

(二)项目经理部应收集并整理的工程概况信息

(1)工程实体概况。

(2)场地与环境概况。

(3)参与建设的各单位概况。

(4)施工合同。

(5)工程造价计算书。

(三)项目经理部应收集并整理的施工信息

(1)施工记录信息。

(2)施工技术资料信息。

(四)项目经理部应收集并整理的项目管理信息

(1)项目管理规划大纲信息和项目管理实施规划信息。

(2)项目进度控制信息。

(3)项目质量控制信息。

(4)项目安全控制信息。

(5)项目成本控制信息。

(6)项目现场管理信息。

(7)项目合同管理信息。

(8)项目材料管理信息、构配件管理信息和工器具管理信息。

(9)项目人力资源管理信息。

(10)项目机械设备管理信息。

(11)项目资金管理信息。

(12)项目技术管理信息。

(13)项目组织协调信息。

(14)项目竣工验收信息。

(15)项目考核评价信息。

二、信息的加工、整理、分发、检索和存储

工程信息的加工、整理和存储是数据收集后的必要过程。收集的数据经过加工、整理后产生信息。信息是指导施工和工程管理的基础,要把管理由定性分析转到定量管理上来,信息是不可或缺的要素。

(一)信息的加工、整理

信息的加工主要是把建设各方得到的数据和信息进行鉴别、选择、核对、合并、排序、更新、计算、汇总、转储,生成不同形式的数据信息,提供给不同需求的各类管理人员使用。

在信息加工时,往往要求按照不同的需求,分层进行加工。不同的使用角度,加工方法是不同的。监理人员对数据的加工要从鉴别开始,一种数据是自己收集的,可靠度较高;而对由施工单位提供的数据就要从数据采样系统是否规范,采样手段是否可靠,提供数据的人员素质如何,数据的精度是否达到所要求的精度入手,对施工单位提供的数据要加以选择、核对,加以必要的汇总,对动态的数据要及时更新,对于施工中产生的数据要按照单位工程、分部工程、分项工程组织在一起,每一个单位、分部、分项工程又把数据分为进度、质量、造价三个方面分别组织。

（二）信息的加工、整理和存储流程

信息处理包括信息的加工、整理和存储，信息的加工、整理和存储流程是信息系统流程的主要组成部分。信息系统的流程图有业务流程图、数据流程图，一般先找到业务流程图，通过绘制的业务流程图再进一步绘制数据流程图，通过绘制业务流程图可以了解到具体处理事务的过程，发现业务流程的问题和不完善处，进而优化业务处理过程。

（三）信息的分类和检索

信息在通过对收集的数据进行分类加工处理产生信息后，要及时提供给需要使用数据和信息的部门，信息和数据的分发要根据需要来分发，信息和数据的检索则要建立必要的分级管理制度，一般由使用软件来保证实现数据和信息的分发、检索，关键是要决定分发和检索的原则。分发和检索的原则是：需要的部门和使用人，有权在需要的第一时间，方便地得到所需要的、以规定形式提供的一切信息和数据，而保证不向不该知道的部门（人）提供任何信息和数据。

（四）信息的存储

信息的存储一般需要建立统一的数据库，各类数据以文件的形式组织在一起，组织的方法一般由单位自定，但要考虑规范化。根据建设工程实际，可以按照下列方式组织：

（1）按照工程进行组织，同一工程按照投资、进度、质量、合同的角度组织，各类进一步按照具体情况细化。

（2）文件名规范化，以定长的字符串作为文件名，例如按照类别、工程代号（拼音或数字）、开工年月组成文件名。

（3）各建设方协调统一存储方式，在国家技术标准有统一的代码时尽量采用统一代码。

（4）有条件时可以通过网络数据库形式存储数据，达到建设各方数据共享，减少数据冗余，保证数据的唯一性。

第三节　施工项目信息分类和信息编码

一、信息的分类

业主方和项目参与各方可根据各自的项目管理的需求确定其信息管理的分类，但为了信息交流的方便和实现项目各参与方部分信息共享，业主方应尽可能做一些信息统一分类的规定，如项目的分解结构应统一等。可以从不同的角度对建设工程项目的信息进行分类，如：

（1）按项目管理工作的对象，即按项目的分解结构，如子项目1、子项目2等进行信息分类。

（2）按项目实施的工作过程，如设计准备、设计、招投标和施工过程等进行信息分类；

（3）按项目管理工作的任务，如投资（或成本）控制、进度控制、质量控制等进行信息分类；

（4）按信息的内容属性，如组织类信息、管理类信息、经济类信息、技术类信息和法规类信息进行分类。

为满足项目管理工作的要求，往往需要对建设工程项目信息进行综合分类，即按多维进行分类，例如：①第一维，按项目的分解结构；②第二维，按项目实施的工作过程；③第三维，按项目管理工作的任务。

二、信息编码的方法

一个工程项目有不同类型和不同用途的信息，为了有组织地存储信息、方便信息的检索和信息的加工整理，必须对项目的信息进行编码。

（一）按项目的构成编码

编码由一系列符号（如文字）和数字组成，编码是信息处理的一项重要的基础工作。

（二）按项目信息的用途编码

（1）项目的结构编码。项目的结构编码依据项目结构图，对项目结构的每一层的每一个组成部分进行编码。

（2）项目管理组织结构编码。项目管理组织结构编码依据项目管理的组织结构图，对每一个工作部门进行编码。

（3）项目的政府主管部门和各参与单位编码（组织编码）。项目的政府主管部门和各参与单位的编码包括政府主管部门、业主方的上级单位或部门、金融机构、工程咨询单位、设计单位、施工单位、物资供应单位、物业管理单位等。

（4）项目实施的工作项编码（项目实施的工作过程编码）。项目实施的工作项编码应覆盖项目实施的工作任务目录全部内容，它包括：①设计准备阶段的工作项；②设计阶段的工作项；③招投标工作项；④施工和设备安装工作项；⑤项目动用前的准备工作项等。

（5）项目的投资项编码（业主方）/成本项目编码（施工方）。项目成本项目编码并不是预算定额确定的分部分项工程的编码，它应综合考虑预算、投标价估算、合同价、施工成本分析和工程款的支付等因素，建立统一的编码，以服务于项目成本目标的动态控制。

（6）项目的进度项（进度计划的工作项）编码。项目的进度项编码应综合考虑不同层次、不同深度和不同用途的进度计划工作项的需要，建立统一的编码，服务于项目进度目标的动态控制。

（7）项目进展报告和各类报表编码。应包括项目管理形成的各种报告和报表的编码。

（8）合同编码。合同编码应参考项目的合同结构和合同的分类，应反映合同的类型、相应的项目结构和合同签订的时间等特征。

（9）函件编码。函件编码应反映发函者、收函者、函件内容所涉及的分类和时间等，以便函件的查询和整理。

（10）工程档案编码等。工程档案的编码应根据有关工程档案的规定、项目的特点和项目实施单位的需求而建立。

以上这些编码是因不同的用途而编制的，如投资项编码（业主方）/成本项编码（施工方）服务于投资控制工作/成本控制工作；进度项编码服务于进度控制工作。但是有些编码并不是针对某一项管理工作而编制的，如投资控制/成本控制、进度控制、质量控制、合同管理、编制项目进展报告等都要使用项目的结构编码，因此需要进行编码的组合。

（三）项目信息分类编码标准

要对目标进行管理首先必须识别目标，给目标编制代码便是其中常见的一种方法。只有对人流、物流、信息流、资金流进行统一编码，即做到一人一码、一物一码、一个目标一码，才能实现企业信息系统平台上的有效、统一管理。

信息的分类在一定的范围内，为了某种目的，以一定的分类原则和方法为准则，按照信息的内容、性质及管理者的使用要求等，将信息按特定的结构体系，分门别类地组织起来，使每种信息在一定的分类体系中，都有适当的位置和相应的代码。

信息编码：用一个或几个表征目标某方面内容或形式特征的类属代码及一个说明该目标在某类属中顺序的号，按照一定的排列规则，为某具体的目标编制一个专指代码的过程。

为一个企业设计编码系统需要注意掌握好以下几点：

（1）掌握唯一的原则，即一个目标应只有唯一的一个代表它的编码。

（2）掌握节约的原则，科学的代码或编码在结构上的冗余度应为零。

（3）每个符号要有明确的分类含义。

（4）编码的规则要简明，编码的排列方式应切合目标工作的实际流程。

常用的施工企业信息编码如下：

（1）人流分类编码。

对企业员工进行统一编码是实现企业人力资源协同管理的基础，行政、财务、项目等管理部门对每位员工使用专一编码，即一人一码，可使企业通过信息系统，及时掌握每位员工的技术专长、工作能力、身体条件、工资成本及与企业之间发生的各种财、物借贷情况，以便于企业人力资源的优化使用、管理、数据统计和测算，为企业决策提供帮助。

①人员编码的组成：人员识别代码 + 人员特征代码。

②人员识别代码：是识别员工的唯一代码，通过该代码可查询该员工的所有相关信息。

③人员特征代码：是识别员工性别、年龄、职称、岗位和部门等各种基本特征的一组代码，不同的员工可能会有相同的特征代码。特征代码随企业不同的管理需要而定，主要用于资源分配，组织管理和各种统计、测算等。

（2）物流分类编码。

企业内部物流包括计划、采购、库存到领用等的诸多环节。物流编码的制定是施工企业材料物资数据库建设的基础，由于物流贯穿于整个供应链，所以应尽可能引用国家或行业的分类编码标准，以适应电子商务技术的应用，便于物流信息资源的共享。具体编制方法可参见《建筑产品分类和编码》（JG/T 151—2015）。

（3）信息流分类编码。

信息流包括各种文件和数据，这里以工程文件编码为例，说明一种编制方法。工程文件主要是设计、施工和竣工文件。它产生于工程建设过程之中，工程文件编码应具体地表达在设计程序之前或设计文件之中。对较复杂工程可用七组代码组成。A：项目代码。B：文件适用范围或子项工程代码。C：文件所属小类代码，按文件内容自所归属大类的代码中选得。D：文件流水号。E：文件作者单位，第一位为主要承包单位，后几位为主要承包单位的下属部门或分包商。F:文件所属大类,如合同、概念设计、施工图设计项目协调、规章制度、设备文件等。G:文件类型,可采用两位字母,右边字母代表文件类型,左边字母说明内容等。

(4)资金流分类编码。

企业资金流,如应收款管理、应付款管理、现金管理、固定资产管理和工资管理等,资金流分类编码应按财政部和行业的有关财务账目编码要求执行。

(5)工程图档管理系统。

工程图档文件是施工企业的重要资源,建立工程图档管理系统的目的就是要对这一资源进行有效的管理和利用,图纸的编码和文件的名称最好能够统一,每一张新图均应根据该项目的标准命名规则给出一个文件名,并以此输入数据库。统一的图纸命名,才能实现图档的自动定位和存放,文件命名规则举例说明如下所示。图纸分为平面图和非平面图,可采用字母、数字混合命名。

平面图 ABC－D－E－F。A:项目代码,一般用字母、数字混合,参考行业代码。B:专业代码,一般用字母,尽量采用国际通用的专业标记符和系统标记符。C:建筑代码,一般用字母或数字。D:建筑层,一般用数字。E:建筑区段,一般用字母。F:序号,一般用数字。

非平面图 ABC－G－H－I。A:项目代码,一般用字母数字混合,可参考行业代码。B:专业代码,一般用字母,尽量采用国际通用的专业标记符和系统标记符。C:建筑代码,一般用字母或数字。G:功能代码,说明是图例、功能表、系统图和安装图等。H:系统代码,一般用字母。I:序号,一般用数字。

第四节 施工文件档案管理

一、建设工程文件档案资料概念与特征

(一)建设工程文件概念

建设工程文件指在工程建设过程中形成的各种形式的信息记录,包括工程准备阶段文件、监理文件、施工文件、竣工图和竣工验收文件,也可简称为工程文件。

(1)工程准备阶段文件:工程开工以前,在立项、审批、征地、勘察、设计、招投标等工程准备阶段形成的文件。

(2)监理文件:监理单位在工程设计、施工等阶段监理过程中形成的文件。

(3)施工文件:施工单位在工程施工过程中形成的文件。

(4)竣工图:工程竣工验收后,真实反映建设工程项目施工结果的图样。

(5)竣工验收文件:建设工程项目竣工验收活动中形成的文件。

(二)建设工程档案概念

建设工程档案指在工程建设活动中直接形成的具有归档保存价值的文字、图表、声像等各种形式的历史记录,也可简称工程档案。

(三)建设工程文件档案资料

建设工程文件和档案组成建设工程文件档案资料。

（四）建设工程文件档案资料载体

（1）纸质载体：以纸张为基础的载体形式。

（2）缩微品载体：以胶片为基础，利用缩微技术对工程资料进行保存的载体形式。

（3）光盘载体：以光盘为基础，利用计算机技术对工程资料进行存储的形式。

（4）磁性载体：以磁性记录材料（磁带、磁盘等）为基础，对工程资料的电子文件、声音、图像进行存储的方式。

（五）建设工程文件档案资料特征

建设工程文件和档案资料有以下方面的特征：分散性和复杂性、继承性和时效性、主面性和真实性、随机性、多专业性和综合性。

（六）工程文件归档范围

（1）对与工程建设有关的重要活动，记载工程建设主要过程和现状、具有保存价值的各种载体的文件，均应收集齐全，整理立卷后归档。

（2）工程文件的具体归档范围按照《建设工程文件归档整理规范》（GB/T 50328—2014）中“建设工程文件归档范围和保管期限表”共五大类执行。

二、建设工程文件档案资料管理职责

建设工程档案资料的管理涉及建设单位、监理单位、施工单位等以及地方城建档案管理部门。对于一个建设工程而言，归档有三方面含义：

（1）建设、勘察、设计、施工、监理等单位将本单位在工程建设过程中形成的文件向本单位档案管理机构移交；

（2）勘察、设计、施工、监理等单位将本单位在工程建设过程中形成的文件向建设单位档案管理机构移交；

（3）建设单位按照《建设工程文件归档整理规范》（GB/T 50328—2014）将要汇总的该建设工程文件档案向地方城建档案管理部门移交。

（一）通用职责

（1）工程各参建单位填写的建设工程档案应以施工及验收规范、工程合同、设计文件、工程施工质量验收统一标准等为依据。

（2）工程档案资料应随工程进度及时收集、整理，并应按专业归类，认真书写，字迹清楚，项目齐全、准确、真实，无未了事项。表格应采用统一表格，特殊要求需增加的表格应统一归类。

（3）工程档案资料进行分级管理，建设工程项目各单位技术负责人负责本单位工程档案资料的全过程组织工作并负责审核，各相关单位档案管理员负责工程档案资料的收集、整理工作。

（4）对工程档案资料进行涂改、伪造、随意抽撤或损毁、丢失等，应按有关规定予以处罚，情节严重的，应依法追究法律责任。

（二）建设单位职责

（1）在工程招标及与勘察、设计、监理、施工等单位签订协议、合同时，应对工程文件的套数、费用、质量、移交时间等提出明确要求。

(2)收集和整理工程准备阶段、竣工验收阶段形成的文件,并应进行立卷归档。

(3)负责组织、监督和检查勘察、设计、施工、监理等单位的工程文件的形成、积累和立卷归档工作;也可委托监理单位监督、检查工程文件的形成、积累和立卷归档工作。

(4)收集和汇总勘察、设计、施工、监理等单位立卷归档的工程档案。

(5)在组织工程竣工验收前,应提请当地城建档案管理部门对工程档案进行预验收;未取得工程档案验收认可文件,不得组织工程竣工验收。

(6)对列入当地城建档案管理部门接收范围的工程,工程竣工验收3个月内,向当地城建档案管理部门移交一套符合规定的工程文件。

(7)必须向参与工程建设的勘察、设计、施工、监理等单位提供与建设工程有关的原始资料,原始资料必须真实、准确、齐全。

(8)可委托承包单位、监理单位组织工程档案的编制工作,负责组织竣工图的绘制工作;也可委托承包单位、监理单位、设计单位完成,收费标准按照所在地相关文件执行。

(三)监理单位职责

(1)应设专人负责监理资料的收集、整理和归档工作,在项目监理部,监理资料的管理应由总监理工程师负责,并指定专人具体实施,监理资料应在各阶段监理工作结束后及时整理归档。

(2)监理资料必须及时整理、真实完整、分类有序。在设计阶段,对勘察、测绘、设计单位的工程文件的形成、积累和立卷归档进行监督、检查;在施工阶段,对施工单位的工程文件的形成、积累、立卷归档进行监督、检查。

(3)可以按照委托监理合同的约定,接受建设单位的委托,监督、检查工程文件的形成积累和立卷归档工作。

(4)编制的监理文件的套数、提交内容、提交时间,应按照《建设工程文件归档整理规范》(GB/T 50328—2014)和各地城建档案管理部门的要求,编制移交清单,双方签字、盖章后,及时移交建设单位,由建设单位收集和汇总。监理公司档案部门需要的监理档案,按照《建设工程监理规范》(GB/T 50319—2013)的要求,及时由项目监理部提供。

(四)施工单位职责

(1)实行技术负责人负责制,逐级建立、健全施工文件管理岗位责任制,配备专职档案管理员,负责施工资料的管理工作。工程项目的施工文件应设专门的部门(专人)负责收集和整理。

(2)建设工程实行总承包的,总承包单位负责收集、汇总各分包单位形成的工程档案,各分包单位应将本单位形成的工程文件整理、立卷后及时移交总承包单位。建设工程项目由几个单位承包的,各承包单位负责收集、整理、立卷其承包项目的工程文件,并应及时向建设单位移交,各承包单位应保证归档文件的完整、准确、系统,能够全面反映工程建设活动的全过程。

(3)可以按照施工合同的约定,接受建设单位的委托进行工程档案的组织、编制工作。

(4)按要求在竣工前将施工文件整理汇总完毕,再移交建设单位进行工程竣工验收。

(5)负责编制的施工文件的套数不得少于地方城建档案管理部门要求,但应有完整施工文件移交建设单位及自行保存，保存期可根据工程性质以及地方城建档案管理部门有关要求确定。如建设单位对施工文件的编制套数有特殊要求的，可另行约定。

（五）地方城建档案管理部门职责

（1）负责接收和保管所辖范围应当永久和长期保存的工程档案和有关资料。

（2）负责对城建档案工作进行业务指导，监督和检查有关城建档案法规的实施。

（3）列入向本部门报送工程档案范围的工程项目，其竣工验收应有本部门参加并负责对移交的工程档案进行验收。

三、建设工程档案编制质量要求与组卷方法

对建设工程档案编制质量要求与组卷方法，应按《建设工程文件归档整理规范》（GB/T 50328—2014）国家标准，此外，尚应执行《科学技术档案案卷构成的一般要求》（GB/T 11822—2008）、《技术制图复制图的折叠方法》（GB 10609. 3—2009）、《城市建设档案案卷质量规定》（建办〔1995〕697 号）等规范或文件的规定及各省、市地方相应的地方规范执行。

（一）归档文件的质量要求

（1）归档的工程文件一般应为原件。

（2）工程文件的内容及其深度必须符合国家有关工程勘察、设计、施工、监理等方面的技术规范、标准和规程。

（3）工程文件的内容必须真实、准确，与工程实际相符合。

（4）工程文件应采用耐久性强的书写材料，如碳素墨水、蓝黑墨水，不得使用易褪色的书写材料，如红色墨水、纯蓝墨水、圆珠笔、复写纸、铅笔等。

（5）工程文件应字迹清楚，图样清晰，图表整洁，签字盖章手续完备。

（6）工程文件中文字材料幅画尺寸规格宜为 A4 幅面（297 mm × 210 mm）。图纸宜采用国家标准图幅。

（7）工程文件的纸张应采用能够长期保存的韧力大、耐久性强的纸张。图纸一般采用蓝晒图，竣工图应是新蓝图。计算机出图必须清晰，不得使用计算机所出图纸的复印件。

（8）所有竣工图均应加盖竣工图章。

（9）利用施工图改绘竣工图，必须标明变更修改依据；凡施工图结构、工艺、平面布置等有重大改变，或变更部分超过图面 1/3 的，应当重新绘制竣工图。

（10）不同幅面的工程图纸应按《技术制图复制图的折叠方法》（GB 10609. 3—2009）统一折叠成 A4 幅面，图标栏露在外面。

（11）工程档案资料的缩微制品，必须按国家缩微标准进行制作，主要技术指标（解像力、密度、海波残留量等）要符合国家标准，保证质量，以适应长期安全保管。

（12）工程档案资料的照片（含底片）及声像档案，要求图像清晰，声音清楚，文字说明或内容准确。

（13）工程文件应采用打印的形式并使用档案规定用笔，手工签字，在不能够使用原件时，应在复印件或抄件上加盖公章并注明原件保存处。